RITO Y ECONOMÍA EN CAJAMARQUILLA

Investigaciones arqueológicas en el Conjunto Arquitectónico Julio C. Tello

Rito y Economía en Cajamarquilla

Investigaciones arqueológicas
en el Conjunto Arquitectónico
Julio C. Tello

RAFAEL SEGURA LLANOS

Pontificia Universidad Católica del Perú
FONDO EDITORIAL 2001

Primera edición: diciembre de 2001

Rito y Economía en Cajamarquilla
Investigaciones arqueológicas en el Conjunto Arquitectónico Julio C. Tello

Carátula: Giselle Scheuch

Plaza Francia 1164, Lima 1
Teléfonos: 330-7410, 330-7411
E-mail: feditor@pucp.edu.pe

Hecho el Depósito Legal: 1501052001-3848

ISBN: 9972-42-434-0

Impreso en el Perú - Printed in Peru

A Patricia
Conjuro contra mis males

ÍNDICE

PRÓLOGO

La arqueología de la costa central goza de una tradición excepcionalmente larga. Se inicia ya en la primera mitad del siglo XIX, cuando el suizo Johann Jakob von Tschudi publica su obra *Peru. Reiseskizzen aus den Jahren* [Esbozos de Viajes en el Perú] [1846] (1963), en la que describe, crítica y minuciosamente, una serie de vestigios y sitios valiéndose de su sólida formación en las ciencias naturales. Poco después sale a la luz *Antigüedades Peruanas* (1851), obra escrita en colaboración con Mariano de Rivera y que contiene uno de los primeros planos del afamado sitio de Pachacamac. El atlas que aparece en *Antigüedades Peruanas* destaca por una calidad que solo será superada treinta años después por la obra monumental de Wilhelm Reiss y Alfons Stübel (1880-1887) sobre Ancón. Años más tarde, remontando el siglo, Max Uhle publica su emblemático libro *Pachacamac* (1903), mientras que casi al mismo tiempo Arthur Baessler (1902-1903) ofrecía los cuatro tomos de *Altperuanische Kunst* [Arte del Perú Antiguo]. En ellos Baessler ilustra muchas piezas arqueológicas, algunas de extraordinaria calidad, provenientes de la enorme colección que Wilhelm Gretzer había recopilado en la costa central.

A estos iniciales y notables esfuerzos emprendidos en la costa central, se agregaron, posteriormente, numerosos proyectos arqueológicos dirigidos por los más destacados arqueólogos peruanos y extranjeros. Sin embargo, a pesar de lo dicho, todavía perdura la justificable impresión de que estos logros no han merecido la atención debida. La constante, pero poco fructífera lucha de los arqueólogos contra la destrucción del rico legado dejado por las sociedades del Perú Antiguo, destrucción que, dicho sea de paso, se acrecienta dentro de la sociedad peruana moderna, reduce estos esfuerzos a actitudes casi quijotescas. Sucede además que ha predominado durante mucho tiempo un consenso tácito de que la costa central no destaca por la presencia de monumentos, tesoros o estilos esplendorosos, equiparables a muchos restos prehispánicos de la costa norte o de la sierra, tratándosele más bien como un área receptora de impactos de culturas más poderosas del norte o del sur. Esta situación explica en gran medida por qué un sitio tan importante como Pachacamac ha sido evaluado, hasta hace muy poco, más por los datos y descripciones contenidos en las crónicas del siglo XVI que por interpretaciones estrictamente arqueológicas.

Tampoco se ha logrado establecer una cronología completa, refinada y consolidada para la costa central. Probablemente hay varias causas; pero una que sin duda ha sido decisiva es la propensión de los arqueólogos de crear, y más aún aceptar, seriaciones de cerámica (normalmente fragmentada) sin el debido sustento de secuencias estratigráficas correlacionadas. La cuasi automática colocación de estilos en columnas verticales, entendidas únicamente como expresiones diacrónicas, a menudo impide reconocer la génesis, el desarrollo y el contexto de los elementos culturales. A ello se suma, finalmente, una asombrosa reticencia en publicar los datos obtenidos por proyectos de excavación o prospección, sean éstos descripciones y/o documentación gráfica, acompañados de sus respectivos análisis e interpretaciones. Si bien estas actitudes también pueden percibirse en otras áreas del Perú, no deja de extrañar encontrarla donde, por muchas razones, debería existir una amplia gama de ventajas menos presentes fuera de la capital. Estamos, en consecuencia, ante un conjunto de autolimitaciones creadas por los propios arqueólogos que han contribuido a un estado de conocimiento que en su totalidad es poco alentador.

En la perspectiva de lo dicho, el caso del estilo o la «cultura» Lima es particularmente sintomático. Pese a tratarse, como su denominación sugiere, del estilo «emblemático» de la costa central y de la ciudad de Lima en particular, su definición arqueológica es sumamente deficiente. Reco-nocido desde los trabajos pioneros de Uhle a inicios del siglo XX, el estilo fue finalmente sintetizado por Thomas Patterson (1966) a través de su tesis doctoral. Prontamente el trabajo de Patterson se convirtió en una suerte de guía para reconocer «fases» dentro del estilo en general. La secuencia de Patterson, sin embargo, cuenta con una base de datos tan reducida, tanto por la cantidad de tiestos de cerámica, generalmente recolectada en superficie, como por los pocos contextos disponibles o solo parcialmente publicados, que asombra que quienes trabajan en el área no la hayan cuestionado o perfeccionado con resultados concretos. Abiertamente ha existido una escasa confrontación con los nuevos datos obtenidos en los casi cuarenta años transcurridos desde la publicación de la obra de Patterson.

En una veintena de proyectos llevados a cabo en varios valles de la costa central durante los últimos diez o quince años, se ha estudiado exclusiva o parcialmente al tema de la cultura Lima desde diferentes puntos de vista (contextos funerarios, arquitectura monumental, arquitectura doméstica, subsistencia, etc.); pero solo muy poco de ello se ha publicado hasta la fecha con la necesaria rigurosidad que un problema de este tipo requiere. Tratándose frecuentemente de trabajos realizados por arqueólogos jóvenes, algunos de los datos se encuentran en tesis presentadas a la Universidad Nacional Mayor de San Marcos y a la Pontificia Universidad Católica del Perú. Trabajos similares seguramente continuarán siendo sustentados en el futuro cercano. En esta ocasión, doce años después de la publicación de *Personajes míticos, escenas y narraciones en la iconografía mochica* de Luis Jaime Castillo, el Fondo Editorial de la Universidad Católica vuelve a editar un trabajo de investigación arqueológica inicialmente presentada como tesis de grado. Este libro, escrito por Rafael Segura con el título original de *Rito y estrategia económica en Cajamarquilla. Un estudio de las evidencias arqueológicas del Conjunto Julio C. Tello del Horizonte Medio 1A*, le valió a su autor obtener el título de Licenciado en Arqueología a fines de 1999. La razón para publicarla no solamente se debe a la nota sobresaliente con la que Segura obtuvo su título, precondición para justificar la publicación de cualquier tesis, sino por los aportes que ofrece y que, desde mi punto de vista, merecen algunos comentarios que a continuación presento.

Entre 1996 y 1997, Segura trabajó en una parte del sector monumental del llamado Conjunto Tello, conjunto que, entre otros, conforman el enorme asentamiento de Cajamarquilla. El sitio, vale la pena recordarlo, lamentablemente no cuenta aún con un plano general de precisión razonable. Pese a tener su lugar en la literatura especializada, las intervenciones arqueológicas realizadas con anterioridad fueron menores y en general no escaparon de la tendencia esbozada líneas atrás: la ausencia de publicaciones apropiadas. Este punto de partida es poco prometedor ya que cualquier trabajo de excavación bajo tales condiciones proporciona evidencia que no se deja contextualizar dentro de un marco referencial acorde a la complejidad del sitio. Con vistas a esto Segura optó por un registro minucioso de las evidencias, a modo de seguimiento de microestratigrafías, logrando así aislar eventos de poca duración dentro de otros más largos. Tales eventos articulados, evidentemente se relacionan como totalidad con otros episodios sucedidos en otros lugares del sector monumental. Segura consigue relacionar la secuencia por él examinada con una serie de renovaciones del conjunto monumental. La pirámide del Conjunto Tello posteriormente se convierte en área funeraria, tras lo cual sigue un largo periodo de abandono y una posterior reocupación tardía.

En uno de los recintos al pie de la pirámide, las excavaciones permitieron hallar un conjunto de pozos y depresiones conformados y sellados durante la época de mayor crecimiento del complejo. Segura dedica la mayor parte de su tesis a la descripción y al análisis de las evidencias pertenecientes a esta fase. Su documentación permite definir una secuencia de eventos de poca duración que se centran en la construcción de los pozos, su uso y su posterior relleno con fragmentos de vasijas rotas en una o varias ocasiones. Con el afán de comprender estos eventos se plantea preguntas específicas que posteriormente contesta satisfactoriamente, *v.g.* ¿Las depresiones han servido para quemar vasijas de cerámica?; ¿se trata de receptáculos que cumplieron otras funciones?; ¿las vasijas conforman un conjunto homogéneo?; ¿su distribución vertical y horizontal muestra regularidades?; ¿fueron usadas en conjunto y para qué fin?; ¿cómo y por qué se las rompió? etc. Cada una de estas preguntas lleva a una respuesta positiva o negativa. De esta manera, un conjunto importante de resultados obtenidos permite descartar la hipótesis de que los contextos excavados fueron parte de un basural común. Otros indicadores sugieren fuertemente que varias de estas vasijas fueron usadas para la preparación y consumo de bebidas alcohólicas (chicha), aunque la elaboración de las vasijas mismas y algunas fases de preparación de la chicha y su consumo se efectuaron en otros lugares. Es de suponer, sin embargo, que también estas actividades deben haberse realizado en las cercanías o más precisamente dentro del conjunto arquitectónico estudiado.

Evidentemente surgen nuevas interrogantes acerca de la causa de esta secuencia, aparentemente ritualizada, y de los actores de estos eventos. La correlación estratigráfica con las construcciones monumentales permite sugerir que las prácticas rituales están relacionadas con el inicio de actividades constructivas importantes, mientras que las vasijas indican el reparto y consumo de bebidas (y probablemente de comida) dentro de un contexto festivo, y su descarte posterior igualmente ritualizado. A partir de los hallazgos de Segura pienso que la importancia de las fiestas en el Perú Antiguo no ha sido reconocida debidamente, pese a la abundancia de ejemplos respectivos en la iconografía y en contextos precisamente pertenecientes a la primera parte del Horizonte Medio. La complejidad de este tipo de actividades es realmente vasta si se considera lo que ocurría poco antes del contacto con los europeos. En las primeras crónicas del siglo XVI, en particular en la *Suma y Narración de los Incas* de Juan de Betanzos (1551) [1987], se sostiene que era el Inca quien invitaba a sus señores para emprender obras, pero antes de iniciarlas repartía regalos y concedía fiestas que duraban varios días; durante ese lapso se bebía y comía abundantemente. Concluida la obra se celebraba otra fiesta aún mayor y más prolongada. La gran relevancia de bebidas también se revela en los contextos funerarios como aquellos de Sipán con sus enormes cantidades de vasijas, así como en la iconografía mochica, donde la presentación de bebidas especiales es un acto de alto significado dentro de un contexto social dominado por la presencia de elites jerarquizadas. El enterrar las vasijas después del consumo no necesariamente es una especie de «derroche» material, sino, antes bien, la manifestación concreta de una memoria materializada, en la que un evento de alto significado, así como todo el conjunto de eventos relacionados, constituyen un acto de creación y legitimación del poder y sus símbolos físicos.

Estas reflexiones, sugeridas directa o indirectamente por Segura, también llevan a considerar otro problema: la atribución funcional de la arquitectura monumental. El uso irreflexivo del genérico y ampliamente utilizado término quechua «huaca», en realidad herencia de interpretaciones etnohistóricas, implica que la arquitectura monumental en su conjunto lleva un anónimo carácter exclusivamente sagrado, por lo que podría entenderse como testimonio de una sacralidad omnipotente y omnipresente. Tal razonamiento, casi sobra el comentario, representa un formidable obstáculo para postular interpretaciones serias. Resulta además que esta tendencia, obviamente aunada a la escasa presencia de datos arquitectónicos, o en su defecto escueto y con frecuencia arqueológicamente poco convincentes, ignora muchas otras posibilidades, entre las cuales cuentan las residencias de las elites. Solo recientemente se viene introduciendo un enfoque que considera la presencia de «palacios» en sitios complejos. Actualmente Segura ha retornado a Cajamarquilla, concentrándose esta vez en el estudio de otros conjuntos arquitectónicos potencialmente comparables al Conjunto Tello. En muchas partes del sitio los cementerios abundan sobre las estructuras previas, delatando quizás que hubo un acondicionamiento especial para estos fines ¿se tratará del destino final de las elites otrora vigentes? Debemos esperar resultados; pero todo parece indicar que es necesario subrayar que lo «político» evidentemente no excluye lo «sagrado», sino que lo fundamenta y lo «reviste». Hace tiempo en la arqueología mesoamericana se examinan y discuten planteamientos semejantes. El avance que allí existe respecto del estudio de los grupos dirigentes y su papel en el derrotero histórico de las sociedades prehispánicas es notable; indudablemente a causa de la mayor atención que los arqueólogos han puesto en el tema.

Un punto final relacionado a problemas de orden cronológico ha sido igualmente enfatizado por Segura. El estilo Lima claramente predomina en contextos asociados con la arquitectura monumental, lo cual no solamente sucede en Cajamarquilla sino en muchos sitios con arquitectura monumental y no monumental de inicios del Horizonte Medio o de un tiempo inmediatamente anterior en el valle del Rímac (Huaca Pucllana, Complejo Maranga en la Universidad Nacional Mayor de San Marcos, etc.). También la co-ocurrencia de las fases Lima 8 a 9, con evidencia esporádica de Lima 7, apunta hacia una contemporaneidad en vez de una secuencia ordenada como fuera previsto por Patterson, una observación sustentada por evidencias provenientes de otros sitios coetáneos; pero además tenemos que este conjunto incluye el estilo Nievería. La cerámica de estilo Nievería es evidentemente cerámica fina, y como tal corresponde a objetos de producción y distribución especializada, y probablemente de acceso restringido.

El estilo Nievería contiene elementos decorativos provenientes de áreas muy distantes como Ayacucho, la costa sur y la costa norte; pero este componente exógeno no basta para explicar el fenómeno social que le da origen. En realidad, la aparición de íconos foráneos en las vasijas del estilo no resulta de un proceso meramente pasivo, ya que recipientes Nievería han sido hallados a más de 500 kilómetros al norte, en contextos funerarios de San José de Moro (valle de Jequetepeque), en la sierra de Lima (Canta y Yauyos) y en la sierra sur-central. Como otros estilos de la misma época, el estilo Nievería muestra una «internacionalización», reflejando posiblemente un sistema de intercambio de bienes de lucro que definen la instalación de un nuevo tipo de elites. El poder creciente de estas nuevas, o antiguas pero renovadas, elites se manifiesta en la construcción de grandes asentamientos y edificios monumentales, junto a la intensificación de la producción agrícola y la especialización en la producción de bienes suntuarios (cerámica, metal, tejidos, plumería, adornos de concha, etc.). La escasez de los estilos «emblemáticos» Wari podría entenderse como un elemento inicialmente poco decisivo en la conformación de nuevas formaciones políticas en la costa central.

Estos y otros temas de debate suscitados por, y tratados en, la tesis de Segura muestran que, aún con trabajos de campo de pequeña escala, se puede alcanzar resultados que superan totalmente las especulaciones infundadas, las cuales abundan en la literatura de «divulgación» y aun en trabajos que se consideran ambiciosos y más «serios». Los planteamientos de este libro se basan, en cambio, en análisis que no se reducen a la estéril «ceramografía» de antaño, y se sustentan en la precisión de un total de elementos que sirven para la elaboración de hipótesis generalizables. Por este camino, este libro lo demuestra, es posible formular interpretaciones válidas conducentes a problemas de mayor envergadura, cuya meta final es la comprensión del Perú Antiguo a través de los vestigios que los pueblos del pasado nos han dejado.

Peter Kaulicke Roerman

INTRODUCCIÓN

Este libro fue originalmente presentado como tesis de grado para optar el título de Licenciado en Arqueología en la Facultad de Letras y Ciencias Humanas de la Pontificia Universidad Católica del Perú. Tuve ocasión de sustentarla en diciembre de 1999 luego de dos años y medio de trabajo de campo, laboratorio y oficina. Hoy, el Fondo Editorial de la universidad tiene la generosidad de publicarla y con ello darme la oportunidad de compartir información que, espero, sea útil para el lector.

Nada de lo escrito en estas páginas hubiera sido posible sin el concurso de quienes han hecho y continúan posibilitando la investigación en Cajamarquilla. Desde 1996, la Refinería de Zinc de Cajamarquilla S.A. con el apoyo de la Fundación Augusto N. Wiese vienen financiando y auspiciando un programa de investigaciones arqueológicas de largo plazo en el sitio. Alrededor de esta empresa se han reunido, durante estos años, un conjunto de profesionales y obreros especializados en las diversas labores de investigación, conservación y puesta en valor que un sitio como este reclama. Entre 1996 y 1997, el Proyecto Arqueológico Cajamarquilla (PAC) tuvo carácter interinstitucional, y fue en ese contexto que, como parte del proyecto, tuve oportunidad de recabar la información básica que se discute en este libro.

La tesis, que en su versión original tuvo el título de *Rito y estrategia en Cajamarquilla. Un estudio de las evidencias arqueológicas del Conjunto Julio C. Tello del Horizonte Medio 1A*, trata sobre uno de los sectores de Cajamarquilla que precisamente lleva el nombre del insigne arqueólogo peruano, y fue escrito en un formato y estilo demasiado técnico para ser editado directamente. Por esta razón, he intentado re-escribir algunos pasajes, especialmente en los capítulos más densos, a fin de conseguir un texto más comprensible y fluido. Ello, sin embargo, no significa que haya descuidado la precisión en la exposición. Quisiera que el lector considere que éste no es un libro de síntesis y de amplias interpretaciones, sino de análisis de datos «duros» de campo y laboratorio y que, consecuentemente, existe el riesgo, a pesar de mis esfuerzos, de que en ocasiones su lectura no sea del todo fácil, especialmente para el público no especializado.

Asimismo, ha sido necesario introducir algunos cambios en la presentación final de las figuras y cuadros con relación a la versión original. La mayoría de ilustraciones han sido procesadas nuevamente y renumeradas. La información arqueológica también ha sido actualizada, especialmente en lo que se refiere a los capítulos de discusión e interpretación. Lógicamente esto ha dado lugar a una bibliografía más amplia, ya que desde diciembre de 1999 a la fecha se han publicado varios trabajos que discuten el tema de la cultura o estilo Lima u otras materias tratadas en este libro.

El presente trabajo parte del análisis e interpretación funcional y contextual de un recinto del Conjunto Julio C. Tello. La hipótesis que sustento plantea que este recinto fue parte de una serie de espacios formalizados en los que se desarrollaron eventos de producción y consumo de chicha. Tales eventos tuvieron carácter ritual y simbólico, y estuvieron inscritos en un episodio mayor de manejo de mano de obra y consecuente ampliación física de los edificios del Conjunto arquitectónico, aproximadamente alrededor del año 600 d.C., cuando predominaba una ocupación Lima tardío en Cajamarquilla y, aparentemente, en gran parte del valle del Rímac.

El primer capítulo presenta un panorama general del estado de conocimientos respecto del centro urbano de Cajamarquilla, tomando en cuenta su entorno ecológico y los estudios hechos en el sitio hasta la fecha. Puesto que este no es un trabajo de subsistencia o temas afines, solo se ha considerado pertinente señalar las características geográficas y ecológicas más relevantes del inicio del valle medio del Rímac.

El segundo capítulo proporciona la información de campo relativa a los trabajos del PAC entre 1996 y 1997 en el Conjunto Julio C. Tello. La discusión se centra en las características constructivas y contextuales de una explanada adyacente al frontis de la pirámide que domina el Conjunto (Sector I), específicamente en un patio que se ha denominado Recinto 105. La secuencia constructiva y ocupacional que ha podido determinarse revela que los contextos de dicho recinto se asocian a la época de mayor actividad constructiva en el Conjunto.

En el tercer capítulo se inicia el análisis de una muestra de pozos y depresiones hallados dentro del Recinto 105, tomándolos como contenedores. Se discuten sus características formales y dimensionales, sus evidencias de renovación/ampliación y su distribución espacial. La perspectiva de este trabajo considera a tales contenedores más su contenido como contextos propiamente dichos. Tal contenido es presentado y analizado en al capítulo cuatro. Al final de esta sección se propone una secuencia de relleno de los pozos y depresiones y su posible vínculo con procesos de fermentación para la elaboración de chicha.

El capítulo quinto se centra en el material que resultó ser más frecuente en el interior de muchos contextos: los fragmentos de cerámica. La reconstrucción parcial de muchas vasijas y su deposición cuidadosa en algunos pozos permite hablar de un entierro organizado de los materiales, diferente de una simple acumulación de basural. Los análisis morfológicos, tecnológicos, decorativos y funcionales han permitido establecer unidades de significado social relevantes (alfares, grupos decorativos, unidades estilísticas diferenciadas, etc.). Desgraciadamente, una serie de factores externos me han impedido efectuar análisis de laboratorio para evaluar con mayor precisión algunos atributos físicos de la alfarería. Sin duda, posteriores análisis podrán afinar algunas de las unidades clasificatorias propuestas en este capítulo (*v.g.* grupos de pasta). Sin embargo, las correlaciones de los demás atributos cerámicos indican que los resultados obtenidos en las agrupaciones son consistentes. Análisis adicionales de algunos fragmentos de cerámica y de sedimento asociado (examen de polen y de actividad fermentativa) reafirman la asociación de la muestra de cerámica con la producción/consumo de chicha de maíz.

En el capítulo sexto se inician los análisis comparativos en el ámbito de la cronología y corología. La co-ocurrencia de estilos diferentes en los contextos (Lima tardío, Nievería y variantes de cocción reducida) obliga discutir su contemporaneidad relativa a la luz de las seriaciones estilísticas y las propuestas cronológicas concernientes al valle del Rímac y a la costa central. En los contextos del Recinto 105, estos tres componentes cerámicos se encuentran reunidos con diferente frecuencia. Se asume que estas diferencias cuantitativas son culturalmente significativas dado el carácter de los contextos en que aparecen. El análisis y las correlaciones arquitectónicas hacen concluir que los eventos que dieron origen a los contextos del Recinto 105 ocurrieron durante la época 1A del Horizonte Medio, dentro de un estrecho margen de tiempo.

El capítulo séptimo evalúa las hipótesis de la producción/consumo masivo de chicha y del entierro ritual de acuerdo a otros contextos arqueológicos y a datos etnohistóricos y etnográficos. A este respecto considero que la analogía con registros no propiamente arqueológicos se justifica, puesto que se parte de hipótesis previas planteadas a partir del análisis interno de las evidencias. Por otro lado, la relativa continuidad o cambio lento de muchos rasgos culturales en las sociedades andinas permiten realizar un examen de estas características, lo que desde luego no significa adoptar una posición ahistoricista. El uso de la analogía como método válido para proporcionar líneas de evidencia adicionales es un tema ardorosamente debatido en arqueología, pero no puede ser anulado considerando que el cambio cultural es un proceso complejo donde los componentes internos nunca se transforman a igual velocidad.

En el capítulo octavo se discute el significado de las evidencias presentadas en el contexto general de Cajamarquilla en tanto centro urbano. Se concluye que tales evidencias reflejan una parte de los mecanismos socio-ideológicos que los grupos con prestigio Lima tardío fomentaron en Cajamarquilla para la ejecución de obras públicas, y que esto estuvo enmarcado en una compleja red de hospitalidad, redistribución y propaganda de créditos sociales diferenciados. Estas relaciones habrían permitido el rápido crecimiento físico de Cajamarquilla poco antes del impacto cultural de los Huari de la sierra.

Finalmente, se presenta un epílogo que resume las conclusiones más importantes de este trabajo, y se añaden dos apéndices sumarios: A) una relación y descripción de todos los rasgos y elementos arquitectónicos que en el texto se mencionan pero no se discuten con detalle, y B) una lista de todas las vasijas de cerámica analizadas con sus datos de identificación. Debo advertir al lector que la reconstrucción de los contextos arqueológicos estudiados (pozos y depresiones con relleno complejo) podrá ser posible siempre que se complemente la información consignada en los cuadros, figuras y apéndices, de manera que independientemente de mis interpretaciones, podrían revisarse las asociaciones y recurrencias originales.

Investigar y escribir ha sido un trabajo apasionante, pero duro. Debo decir, sin embargo, que la suerte me ha acompañado, pues sin la ayuda de amigos y aún iniciales desconocidos, quizás yo no habría podido culminar este libro y menos aún la tesis que le dio origen. La lección es clara: se trata de una confirmación más de que la investigación arqueológica es ante todo y afortunadamente una experiencia grupal. Sin embargo, soy el único responsable de los posibles errores e imprecisiones en que pudiera haber incurrido.

Entre las numerosas personas a quienes deseo agradecer se encuentra en primer lugar el Lic. Juan D. Mogrovejo, director del Proyecto Arqueológico Cajamarquilla (PAC) entre 1996 y 1997, pues fue él quien me permitió trabajar en el proyecto y luego me otorgó facilidades suficientes para llevar a cabo mis propias líneas de investigación. Gracias a su confianza, asumí la total responsabilidad de las excavaciones en el Recinto 105 y de los análisis posteriores. Asimismo, guardo una profunda gratitud al Ing. Kieran Metcalfe, en esos años gerente general de la Refinería de Zinc de Cajamarquilla S.A., pues su iniciativa contribuyó a que el proyecto se hiciera realidad. El Ing. Metcalfe alentó en su momento la realización de mi tesis cuando aún me encontraba haciendo trabajos en el campo. La Fundación Augusto N. Wiese, bajo la gestión del desaparecido Guillermo Wiese de Osma, desarrolló en aquel tiempo el papel de entidad encargada de la gestión administrativa. En estas labores fue importante la contribución de su personal, en especial de su área de gerencia. Hoy, estas instituciones y otras recientemente involucradas con el proyecto continúan apostando por el re-descubrimiento de Cajamarquilla y de la historia antigua del Perú.

Gran parte del equipo del PAC me ayudó en varias tareas. Reconozco en ellos su amistad y colaboración. Especial mención merece Elizabeth Enríquez, hoy arqueóloga licenciada de la Universidad Nacional Mayor de San Marcos (UNMSM). Con Elizabeth, iniciamos la excavación de los contextos que son materia de este estudio en agosto de 1996. En la fase dedicada al análisis y conservación de los materiales, conté con la invalorable ayuda de la Lic. María Isabel Fuentealba (Instituto Riva Agüero). Claria Fierro y Nelly Cuadrado, en aquel tiempo estudiantes egresadas del Departamento de Biología de la Universidad Nacional Federico Villarreal, realizaron la identificación preliminar de algunas muestras botánicas y malacológicas, mientras que el Lic. Juan Rofes de la Especialidad de Arqueología de la Pontificia Universidad Católica del Perú (PUCP) efectuó el análisis del material óseo animal.

El Lic. Luis Huamán y el Mg. Gustavo Quispe (Departamento de Biología de la Universidad Particular Cayetano Heredia) han tenido una participación importante en análisis complementarios. Huamán examinó algunas muestras seleccionadas para su estudio palinológico, en tanto que Quispe se abocó a exámenes de levaduras y actividad fermentativa. La Dra. Emma Cerrate de Ferreyros (Museo de Historia Natural Javier Prado) también colaboró en la identificación de algunos especímenes botánicos especiales. El Ing. José Antonio Armijo tuvo a bien ayudarme en los temas de geología. En el Museo de Sitio de Puruchuco recibí plena confianza y facilidades del personal encargado, especialmente de Patricia Arana y Jenny Alcántara. Dante Casareto, director del PAC durante 1998 y 1999, me brindó información valiosa respecto de algunos de los hallazgos registrados por él y su equipo en el Conjunto Tello cuando se encontraba en plena temporada de excavaciones. Aquellas nuevas evidencias ya no forman parte de la base de datos que he analizado, pero confirman preliminarmente las hipótesis planteadas en este libro. También el análisis del material cerámico fue una labor enorme; sin la ayuda profesional de Patricia Habetler y Clorinda Orbegoso (PUCP), esta tarea se hubiera extendido demasiado. Les agradezco su tolerancia y comprensión durante los momentos más difíciles del trabajo. Casi al finalizar esta etapa colaboraron entusiastamente Cecilia Camargo y Cristina Rospigliosi de la PUCP.

Las ilustraciones que acompañan este libro han tenido un derrotero particularmente largo y sinuoso. Muchas personas han colaborado en estos menesteres, entre los que se cuentan varios miembros del PAC que confeccionaron algunos dibujos originales. Patricia Habetler elaboró algunos cuadros y esquemas en *Auto Cad*, y Rosa Segura se encargó de procesar y dar formato a todos los dibujos y fotografías en *Corel Draw* y *Photoshop* especialmente para este libro. He adquirido con ella una deuda singularmente grande.

Las conversaciones e intercambios de ideas han sido una experiencia reveladora durante y después del trabajo analítico propiamente dicho. Agradezco por sus sugerencias y comentarios a la Dra. Mercedes Cárdenas, Dr. Krzsyztof Makowski, Dr. John Earls, Lic. Julián I. Santillana y Lic. Rafael Vega-Centeno de la PUCP, y al Dr. Santiago E. Antúnez de Mayolo. Culminada ya la tesis, y con miras a su publicación, recibí con fortuna los consejos y comentarios del Dr. Duccio Bonavia y la Dra. Lupe Camino, así como la colaboración desinteresada del Dr. Alexander Grobman en el análisis de algunas tusas de maíz. Entre mis compañeros, no puedo olvidarme de Mónika Barrionuevo, Aurelio Rodríguez, Luis Felipe Villacorta y Víctor Curay. Algunos de ellos, junto con Jorge Montenegro, Jahl Dulanto y los doctores Warren de Boer y William H. Isbell, me proporcionaron bibliografía inédita o que de otro modo hubiera sido inaccesible para mí. Información etnográfica importante me fue facilitada amablemente por muchos obreros del PAC y por Zico Ccorahua.

El Dr. Peter Kaulicke, mi asesor de tesis, ha sido un factor fundamental para llegar a este tramo del camino. Sus argumentos me llevaron a orientar la investigación y a afinar la forma final del trabajo. Sus sugerencias han sido útiles y sus críticas oportunas. Si este libro sale a la luz, es en gran medida gracias a su iniciativa y consejos.

Finalmente, guardo el agradecimiento más especial para mi familia y para Patricia. Ellos han permitido, con su cariño y su compañía, que este libro, como cualquier otra cosa que haga, sea un pretexto más para seguir creciendo.

CAPÍTULO 1

NOTAS PRELIMINARES SOBRE EL SITIO ARQUEOLÓGICO DE CAJAMARQUILLA Y ANTECEDENTES DE INVESTIGACIÓN

Aunque tradicionalmente se ha definido a la costa peruana como una franja árida salpicada de oasis eventuales, cabe destacar que su realidad fisiográfica y ecológica es en verdad mucho más variada y compleja (TOSI 1960, DOLLFUS 1981). Más todavía, en muchas partes de la costa el paisaje y las condiciones de vida han cambiado de forma tan dramática en los últimos miles de años que sin duda las sociedades humanas se han visto seriamente afectadas (MOSELEY y FELDMAN 1982). La diversidad física, climatológica y ecológica de la costa peruana es fácilmente perceptible tanto si se la recorre en sentido horizontal (norte a sur) como vertical (oeste a este). Esta diversidad permite hablar de medio ambientes dispares como desiertos y tablazos, pampas, valles, áreas pantanosas, quebradas estacionalmente secas, lomas, etc.

Por otro lado, la investigación arqueológica ha establecido la necesidad de reconocer sub-áreas culturales al interior de grandes áreas de co-tradición (BENNETT 1948), lo que ha llevado a proponer regiones espacialmente cada vez más restringidas (KAULICKE 1994). La costa peruana no ha sido una excepción (cf. LANNING 1967). Para efectos de un primer ordenamiento espacial de las evidencias arqueológicas y de sus implicancias, hoy se habla, cuando menos, de costa norte, costa central y costa sur del Perú.

Por lo general, se acepta que la costa central peruana se extiende, de norte a sur, desde la cuenca sur del valle de Casma hasta la cuenca norte del valle de Mala, lo que quiere decir que comprende unos doce valles de diferente extensión. En verdad en muchos casos conviene mejor hablar de riachuelos o cursos semisecos de escasa vegetación. Empero, el valle del Rímac es, dentro del contexto de la costa central y del Departamento de Lima, un valle generoso. Como todos los ríos costeños, el Rímac presenta un régimen estacional irregular; sin embargo, nunca está seco. Ello lo distingue de los vecinos ríos Chillón al norte y Lurín al sur que suelen secarse durante la época de estiaje. En épocas de trastornos climáticos y de lluvias excepcionalmente intensas, el Rímac y sus afluentes pueden devastar las zonas bajas del valle, especialmente si se considera que el curso principal tiene un descenso de 5,000 m en tan solo 120 km de recorrido (MASKREY 1985).

La ocupación humana prehispánica ha sido desde épocas tempranas considerable y dinámica, tanto en el valle como en las quebradas laterales que alguna vez florecieron con cursos de agua más estables. En contraste a la margen sur, la margen norte del Rímac cuenta con los afluentes y quebradas más importantes de la cuenca (Río Santa Eulalia, Quebrada de Huaycoloro o Jicamarca, Quebrada de Lurigancho, etc.). En la llanura que se abre al finalizar una de tales quebradas, hoy completamente seca, los vestigios arqueológicos muestran una historia rica y cambiante. Hacia comienzos del siglo XVI, cuando los Incas se encontraban en la cúspide del poder en gran parte de los Andes centrales, uno de los sitios arqueológicos más grandes e importantes de la región, actualmente denominado Cajamarquilla, ya era un centro venido a menos, quizás en ruinas, acaso eventualmente ocupado.

1.1. Contexto geográfico

El sitio arqueológico de Cajamarquilla (11° 59' latitud sur y 76° 55' longitud oeste), se ubica dentro de la jurisdicción del distrito de Lurigancho-Chosica (Provincia de Huarochirí, Departamento de Lima) y, como ya ha quedado dicho, en la margen derecha del río Rímac, a 340 msnm y a 24 km del litoral Pacífico. Ocupa el amplio cono de deyección de la quebrada de Jicamarca, también conocida como quebrada de Huaycoloro (fig. 1).

Este sector del valle también es llamado Rinconada de Nievería. Denominación que se habría originado en el antiguo camino que ascendiendo por la quebrada de Jicamarca, alcanzaba los nevados de Tambillos en las alturas de Huarochirí, y desde donde los arrieros solían traer hielo («nieve») para la producción de helados en la ciudad antes de la introducción de sistemas mecanizados (Villar Córdova 1935: 184). En la década del treinta Pedro Villar Córdova presentó una serie de relatos y testimonios que delatan que este camino fue muy importante durante la Colonia.

El área corresponde a la sección superior de la región Chala (Pulgar Vidal 1946). A partir de esta zona, aguas abajo, el valle del Rímac se amplía y, aguas arriba, la cobertura de neblina costeña comienza a disiparse, aunque solo de forma relativa, para ser completa desde las localidades de Huampaní y Chaclacayo (sección inferior de la región Yunga Marítima, *circa* 600 msnm).

La extensión del cono de deyección, la existencia cercana a antiguos fundos agrícolas como Nievería y Huachipa, y los restos de importantes ocupaciones humanas prehispánicas (Palacios 1988, Silva *et al.* 1982, *inter alia*), señalan que en el pasado la quebrada pudo contar con agua suficiente y temporalmente estable, capaz de contribuir a la conformación de un medio ambiente propicio para el sustento de asentamientos significativos de población. Sin embargo, sin duda el mayor volumen hídrico de la zona provino de la red de canales que derivaban el agua directamente del río Rímac.

Actualmente el fondo de la quebrada principal exhibe una modesta vegetación, de tipo matorral desértico sub-tropical (TOSI 1960), y parte de la llanura aluvial inferior ha sido aprovechada para cultivos de panllevar. En las áreas marginales, en especial en las quebradas secundarias, la vegetación es sumamente escasa, generalmente compuesta de *Bromelias* atmosféricas tipo *Tillandsias* (RAUH 1979). La desertificación y un activo intemperismo han dado lugar a procesos erosivos de gran envergadura, especialmente cuando las quebradas se cargan de agua bajo un régimen irregular. Considerando estos aspectos, puede señalarse que el paisaje actual del área de Cajamarquilla se distingue tanto por su aspecto desértico como por su amplia vulnerabilidad a inundaciones y *huaycos*.

Si bien estas observaciones no pueden ser extrapoladas directamente hacia el pasado, debe mencionarse que las evidencias arqueológicas y geológicas locales señalan efectivamente una constante preocupación de las ocupaciones humanas prehispánicas en administrar eficientemente el agua del Rímac y de las quebradas colectoras del valle (cf. MOGROVEJO 1997, PALACIOS 1988, SILVA 1992, SILVA *et al.* 1982; SILVA y GARCÍA 1997, VILLAR CÓRDOVA 1935), así como una periódica destrucción de amplios sectores de Cajamarquilla por efectos de aluviones o *huaycos*. De hecho, la pendiente y la poca estabilidad del área, en función de la calidad de suelos, pudieron incrementar el poder destructivo de las avenidas durante posibles eventos de paleo-Niños (BUSE 1959, MOGROVEJO y MAKOWSKI 1999). Adicionalmente, Villar Córdova (*op. cit.*:183) ha llamado la atención sobre la toponimia del lugar, al precisar el término quechua de Jicamarca como «lugar de tierra agrietada».

La porción inferior del valle medio también se conoce como *Chaupiyunga*; esto es, la franja ecológica longitudinal de la costa que se extiende entre los 200 y 1,200 msnm, de clima cálido, ambiente endémico y condiciones muy favorables para el cultivo de ají (*Capsicum sp.*), maíz (*Zea mays*) y coca (*Erytrhoxylon coca*) (DOLLFUS 1981, ROSTWOROWSKI 1977). Dada la calidad de sus recursos, sobre la base de una infraestructura de irrigación adecuada, la *Chaupiyunga* representó una zona ecológica de alta valoración para las poblaciones del litoral y de las tierras altas (ROSTWOROWSKI *op. cit.*, 1981).

1.2. Configuración general del sitio

Cajamarquilla ocupa un área aproximada de 167 ha con arquitectura en la que se ha usado masivamente la tapia como material de edificación (fig. 2). La tapia, o adobón como también algunos la conocen, es un material constructivo hecho a partir de tierra humedecida y apisonada progresivamente dentro de un sistema de cajonería o encofrado, de modo que los grandes segmentos constructivos (tierra más agua) se van adosando y superponiendo necesariamente *in situ*. Sin embargo, también existen edificaciones menores de adobitos similares a los de los sitios Lima del valle bajo del Rímac —*vg.* Maranga (Jijón y Caamaño 1949, Kroeber 1954) y Huaca Pucllana (Flores 1981, Vázquez 1984)— así como de *quincha* y bloques de *yapana*.[1]

Los rasgos tecnológicos y formales de las construcciones de tapia parecen reflejar cronologías distintas, y permitirían distinguir preliminarmente dos grandes ocupaciones: una temprana correspondiente a fines del Período Intermedio Temprano y comienzos del Horizonte Medio, y otra tardía, quizás de fines del Horizonte Medio y del Período Intermedio Tardío (Mogrovejo, comunicación personal 1997). Aún falta mayor investigación; pero, como quiera que fuese, la variedad en las técnicas constructivas y su asociación diferencial a materiales muebles culturalmente diagnósticos señalan que el actual aspecto extensivo de la arquitectura del sitio no corresponde a un único horizonte constructivo, sino a la superposición de ocupaciones diferentes y a la reutilización de los edificios más tempranos, incluyendo períodos de abandono total o parcial.

El sitio exhibe grupos o conjuntos arquitectónicos, a modo de «barrios», de diferente planeamiento, extensión y estado de conservación. Alberto Bueno (1974-1975) los ha clasificado como: 1) grupos con grandes pirámides dominantes, 2) grupos con una pequeña pirámide dominante, 3) grupos sin pirámide y 4) áreas de servicios diversos. Cabe destacar que varios de tales grupos han sido definidos someramente, sin el respaldo de trabajos específicos que hayan deslindado las ocupaciones tempranas de las tardías. Si bien la tipología de Bueno constituye una bienvenida herramienta de descripción inicial, posee una utilidad limitada para la comprensión funcional del sitio, puesto que considera sus rasgos más generales sin evaluar realmente su cronología. Debe decirse, sin embargo, que en ocasiones dicha clasificación arquitectónica ha sustentado planteamientos más ambiciosos (cf. Franco 1998).

En conclusión, la conformación general de Cajamarquilla a partir de grupos o conjuntos recuerda en alguna medida el aspecto de otros sitios urbanos de la costa como Chan Chan —conjunto de ciudadelas (Moseley y Day 1982)—, o una parte de Pachacamac —conjunto de Pirámides con Rampa (Eeckhout 1999)—. Esta característica obliga que las interpretaciones generales de Cajamarquilla necesariamente sean precedidas por una correcta evaluación cronológica y funcional de cada uno de los conjuntos que la conforman.

[1] El vocablo quechua *yapana* designa al barro aluviónico solidificado y agrietado por su desecamiento y exposición al sol. A menudo los antiguos habitantes de Cajamarquilla humedecieron los depósitos de *yapana* y, aprovechando las grietas, extrajeron los bloques sólidos para emplearlos como material constructivo rústico en forma similar a las piedras toscamente canteadas.

1.3. Investigaciones arqueológicas previas

Aparentemente, a la llegada de los españoles el sitio ya había sido abandonado o solo tenía una ocupación muy pequeña, quizás circunstancial, puesto que no fue mencionado en las descripciones más tempranas de la Colonia. Jorge C. Muelle (1935) ha observado que los primeros europeos en llegar al valle del Rímac tuvieron en cambio noticias de otros sitios como Maranga en el valle bajo, Armatambo cerca del litoral o Pachacamac en el vecino valle de Lurín. Algunas menciones muy pasajeras aparecieron después, en las memorias del virrey Toledo hacia fines del siglo XVI, y en las descripciones del viajero francés La Porte durante el siglo XVIII (Bueno 1974-1975, Jiménez Borja 1969, 2000).

Es a partir de la segunda mitad del siglo XIX que el sitio merece atención detallada con las investigaciones de George Squier, quien describe, excava y hace dibujos a escala de algunos silos de almacenamiento, edificios y objetos diversos (Squier [1877] 1974). Un trabajo similar, actualmente inédito, parece haber sido realizado por Adolph Bandelier durante las postrimerías del mismo siglo.

En 1906 Max Uhle recorrió el sitio y excavó en un cementerio ubicado cerca del límite noroeste del núcleo con arquitectura extensiva, en terrenos de la Hacienda Nievería (Uhle [1910] 1998). Uhle excavó numerosos contextos funerarios, varios superpuestos, lo que le permitió afinar su secuencia cronológica local planteada años antes a partir de sus excavaciones en Pachacamac (Uhle [1903] 1991). El análisis posterior del material obtenido por Uhle (Gayton 1927, Menzel 1968a, 1977, Patterson 1966) ha develado que el cementerio estuvo en uso desde fines del Período Intermedio Temprano hasta la época 2A del Horizonte Medio. Posteriormente, Muelle (1935) excavó otro entierro parcialmente alterado muy cerca del lugar donde Uhle había trabajado. Dada la ubicación y características del cementerio de Nievería, este ha servido para fechar por extensión el sitio de Cajamarquilla (Patterson *op. cit.*).

Luego de Uhle, las siguientes excavaciones propiamente extensivas fueron efectuadas por Julio C. Tello en 1944 (Ravines 1989), en uno de los conjuntos con pirámide que posteriormente tomaría su nombre; pero de aquellos trabajos no existe a la fecha publicación específica alguna. Sin duda Tello conocía muy bien Cajamarquilla y es probable que, a juzgar por algunos documentos recientemente publicados (Tello 1999), haya efectuado algunos sondeos en otros sectores del sitio. Durante todo este tiempo, antes y después de Tello, varios estudiosos comenzaron a proponer interpretaciones generales relativas al significado de Cajamarquilla a partir de visitas, reconocimientos de campo y confrontación de datos conocidos, a veces con buena dosis de especulación (*e.g.* Casavilca 1939, Giesecke 1937). Sin embargo, merecen destacarse los trabajos de Villar Córdova (1935), quien hizo un estudio detallado de la arquitectura, y de Louis M. Stumer (1954b) quien, siguiendo las hipótesis de Richard P. Schaedel (1951) aplicadas a los asentamientos de la costa norte, calificó al sitio como un «centro urbano ceremonial y de élite».

En 1962 se inició un programa de excavaciones a largo plazo que se extendió hasta 1970 a cargo de la Misión Arqueológica Italiana (MAI), auspiciada por el gobierno de dicho país. Por la extensión de estos trabajos y la cantidad de material recuperado este proyecto es el más importante de todos, aunque sus informes suelen ser generales y breves (Cerulli 1967, 1969; Sestieri 1964a, 1964b, 1972). No obstante, algunos informes proporcionan una descripción más exhaustiva de las evidencias (Cavatrunci 1991; Sestieri 1963, 1971; Taschini 1968). Con respecto a la MAI, cabe resaltar que la carencia de una evaluación global de ocho años de investigación dificultan retomar los trabajos en Cajamarquilla desde un punto de partida consistente en cuanto a cronología y funciones posibles de los edificios.

Luego de efectuar excavaciones en varios sectores del sitio (aparentemente en los llamados Conjunto Laberinto y Conjunto Sestieri), la MAI concentró sus trabajos en el Conjunto Julio C. Tello, uno de los grupos con pirámide dominante de Bueno (1974-1975). El hallazgo más conocido de estos últimos esfuerzos fue una serie de contextos funerarios fechados estilísticamente en el Horizonte Medio 1B y 2A en la cima de la pirámide del Conjunto (Cavatrunci 1991, Sestieri 1971), los que muestran una sólida correspondencia cronológica con el cementerio de Nievería excavado por Uhle.

Tras las excavaciones de la MAI, el Conjunto Tello se constituyó en el conjunto arquitectónico de Cajamarquilla mejor conocido, a pesar de la poca información que en general se dispone para todo el sitio, si se le compara con centros similares más ampliamente investigados como Pachacamac. Frecuentemente las interpretaciones surgidas de este nuevo estado de conocimientos, plantean que el carácter urbano de Cajamarquilla se explicaría únicamente o en gran medida por el proceso expansivo de la cultura Huari durante el Horizonte Medio (Agurto 1984; Bueno 1974-1975, 1975; Jiménez Borja 1969; Lumbreras 1969, 1980; Williams 1980). No obstante una serie de posiciones alternativas han cuestionado estas interpretaciones, generándose un saludable debate (Shady 1981, 1982).

En la década anterior, los trabajos en Cajamarquilla han comprendido básicamente labores de conservación, restauración y excavaciones exploratorias pequeñas en diversos sectores dirigidos por Arturo Jiménez Borja (Franco 1998). El Con-junto Tello también fue objeto de excavaciones breves y restringidas bajo la dirección de Odón Rosales durante 1982. Desgraciadamente, a la fecha tampoco se dispone de documentación publicada de estos trabajos.

Capítulo 2

EXCAVACIONES DEL PROYECTO ARQUEOLÓGICO CAJAMARQUILLA (PAC) EN EL CONJUNTO ARQUITECTÓNICO JULIO C. TELLO

2.1. Objetivos generales

A pesar de la escasez de información publicada (cf. capítulo 1), el Proyecto Arqueológico Cajamarquilla (PAC) diseñó un programa de investigación de mediano-largo plazo en el Conjunto Julio C. Tello, en vista de la importancia de este sector de Cajamarquilla y de la factibilidad de aprovechar los trabajos de campo anteriores. La necesidad de partir de una base de información preliminar para arribar a estrategias e hipótesis de investigación propias, conllevó al planteamiento de los siguientes objetivos generales.

En primer lugar, recuperar información de campo que una vez evaluada permitiese comprender la metodología de excavación y por lo tanto las diversas publicaciones emitidas por la MAI con relación a este conjunto arquitectónico particular. Esto suponía la limpieza, registro y análisis de perfiles, la ubicación de unidades de excavación, la re-definición de elementos arquitectónicos parcial o completamente expuestos, la ubicación de áreas que habrían tenido prioridad de investigación, etc. Bajo estas motivaciones, era importante para el PAC ubicar las matrices de los entierros de las primeras épocas del Horizonte Medio que la MAI encontró en la cima de la pirámide que domina el Conjunto, a la vez que correlacionarlos con posibles pisos o niveles de ocupación, dada su reiterada mención en la literatura arqueológica referida al Horizonte Medio de la costa central.

En segundo lugar, definir en el Conjunto Tello posibles fases constructivas mediante un análisis arquitectónico detallado (morfología, tecnología, etc.), a fin de establecer las innovaciones y cambios que el Conjunto habría experimentado a través del tiempo. Como tercer punto, se planteó la necesidad de definir diversos aspectos funcionales, a base de una significativa muestra de áreas y espacios arquitectónicos; con el objeto de plantear hipótesis sobre las actividades que se efectuaron en el Conjunto y sobre sus posibles significados.

Finalmente, a partir del estudio de caso del Conjunto Julio C. Tello, se espera evaluar la proposición de hipótesis generales para el sitio de Cajamarquilla, en términos de las causas que habrían propiciado su auge y decadencia como centro urbano de la costa central.

2.2 Descripción general del Conjunto Julio C. Tello

El Conjunto Julio C. Tello se emplaza en el extremo nordeste de Cajamarquilla, próximo al cauce principal de la quebrada de Jicamarca, también llamada Huaycoloro (fig. 3). Exhibe una forma trapezoidal de aproximadamente 450 por 400 m definida a partir del recorrido de un muro perimétrico de tapias de ancho considerable (en algunos puntos de 3 m de espesor). El conjunto se halla orientado hacia el sudoeste y consta de: a) una pirámide ubicada más o menos en la porción central del conjunto, de casi 7 m de altura y 9,900 m^2 de base (fig. 4), y cuyo frontis principal se orienta hacia el sudoeste; b) patios frontales y laterales a la pirámide por el nordeste, sudoeste y sudeste, algunos de los cuales hoy se observan como plazas debido a sus grandes dimensiones de área (*v.g.* 50 x 60 m); c) recintos articulados o subdivididos ortogonalmente, concentrados especialmente en la parte baja del flanco nordeste de la pirámide; y d) un área abierta en el extremo nordeste con dos grandes excavaciones en el terreno (35 m de diámetro y 3 m de profundidad y 32 m de diámetro y 2 m de profundidad, respectivamente) comunicados con el exterior del Conjunto por un cauce estrecho e irregular que se orienta hacia la quebrada principal de Jicamarca.

El material constructivo predominante es la tapia, aunque se han detectado estructuras localizadas de bloques de *yapana*, *quincha* y adobitos.

2.3. Metodología general

La inspección y análisis preliminar de la arquitectura actualmente visible permitió definir doce sectores en todo el Conjunto, bajo la idea de que cada uno correspondiera aproximadamente a áreas formal y funcionalmente distintas. La gran plaza ubicada en el lado sudoeste y colindante con el frontis principal de la pirámide que domina el Conjunto conforma el Sector I (fig. 3). Dicho sector ya había sido objeto de algunas excavaciones efectuadas por la MAI, especialmente en los espacios centrales y contiguos al frontis de la pirámide.

Si bien en términos generales el procedimiento ideal para la ubicación de unidades de excavación y trazado de cuadrículas se hace mediante su alineación a los ejes cardinales, en el caso particular del Conjunto Tello, y especialmente del Sector I, fue necesario adecuar la metodología de trabajo a la orientación de las áreas excavadas por la MAI, las mismas que siguen la orientación general de todo el Conjunto; esto es, en dirección sudoeste/nordeste. En las unidades de excavación que se procedieron a abrir, la notación de las cuadrículas de 1 por 1 m en el eje sudoeste/nordeste llevó una letra consecutiva del alfabeto, y las del eje sudeste/nordeste un número correlativo (figs. 5 y 6).

El patio denominado Recinto 105[1] se encuentra ubicado en la explanada del Sector I, contiguo al frontis sudoeste de la pirámide. En general ocupa un área más o menos central en este sector, pero lateral con relación a un vestíbulo de ingreso a la pirámide que da vista a la explanada.

Al iniciarse los trabajos el recinto fue definido a partir de la relación entre un muro de tapias (muro IV) (fig. 5) y el frontis de la pirámide. Este muro parte de otro perpendicular de similares características (muro II) y se proyecta desde la parte central de la explanada hacia la base de la pirámide, a través de 11.40 m lineales. Aun cuando el muro no llega a empalmar con el frontis, es evidente que definía un ambiente diferente de aquellos otros adyacentes expuestos por la MAI.

Las excavaciones han permitido determinar los límites del recinto que se hallaban inicialmente ocultos. Estos límites se definen por muros de tapias severamente destruidos y en varios casos reemplazados por muros superiores que ostentan mejor estado de conservación. El R-105 exhibe una forma de cuadrilátero trapezoidal y ocupa un área de 233.82 m^2 (fig. 7).

Puesto que desde un comienzo se supo que sería imposible excavar en todo el patio, los trabajos se enmarcaron dentro de una estrategia de muestreo para la recuperación de datos. Por consiguiente, las unidades tuvieron un carácter básicamente exploratorio. Solo cuando la información obtenida lo ameritaba, se procedió a abrir unidades más grandes para confirmar hipótesis específicas de trabajo.

Los trabajos se iniciaron con el establecimiento de una primera unidad de excavación (unidad 4) ubicada en la parte central del ambiente arquitectónico. Esta porción del recinto había sido dejada expuesta por la MAI en dos capas mezcladas de desmonte y en un piso que a su vez presentaba varios hoyos y pozos, algunos vacíos y otros sellados con barro y tierra.

A partir de esta unidad se proyectaron otras a modo de trincheras hacia el nordeste, sudoeste y sudeste, a fin de determinar los límites del recinto, y de paso conocer la amplitud espacial de los hallazgos asociados con cada nivel cultural. La presencia de contextos o elementos arquitectónicos asomando en los perfiles justificó en varios casos la ampliación lateral de las unidades, aunque solo de forma restringida.

La excavación siguió el sistema de identificación y extracción de estratos de significado natural o cultural, y solo se emplearon los niveles arbitrarios para un mejor control cuando estas capas presentaron espesores mayores a 50 cm.

Se ha trabajado en seis unidades de excavación dentro del R-105 (fig. 6), cada una de configuración y dimensión variables, sumando en total 75.78 m^2 (32.4% del área total del recinto). El número que se asignó a las unidades no siempre resultó correlativo, ya que hubo otras que se fueron

[1] El sistema de notación empleado para designar espacios arquitectónicamente definidos toma como base la numeración general de cada sector. Sector I igual 100, Sector 2 igual 200, Sector 3 igual 300, etc. De acuerdo con esto, los recintos (patios, cuartos, pasadizos, etc.) del Sector I, se denominarán consecutivamente Recinto 101 (R-101), Recinto 102 (R-102) y así sucesivamente.

excavando paralelamente en otros recintos del sector. A continuación se presenta la descripción y características básicas de cada una de ellas.

Unidad de Excavación 4: Ocupó un área de 5 x 6 m (30 m^2) en el centro del R-105. Tuvo por objetivo exponer el mayor número de hallazgos asociados a una capa de barro. Casi todo el área de la unidad 4 fue excavada hasta el nivel de los contextos que son materia de este estudio, a excepción de algunas pocas cuadrículas excavadas hasta niveles intermedios o hasta el nivel estéril.

Unidad de Excavación 11: Contigua a la unidad 4 y de 2 x 4 m. Su excavación tuvo por objeto exponer un primer piso y sus asociaciones (piso 1, cf. más adelante), en vista que en la unidad 4 este piso tuvo que ser retirado para alcanzar los niveles inferiores. Posteriormente se profundizó una de sus cuadrículas a fin de determinar si los rasgos inferiores se seguían extendiendo por debajo de dicho piso.

Unidad de Excavación 12: Presentó la forma de una trinchera de 9.30 m^2, definida desde la unidad 4 hasta el muro de tapia II, ubicado fuera del R-105 en el extremo sudoeste. Fue excavada para hallar en este lado el límite del recinto y precisar el área de sus asociaciones. Durante su excavación se efectuaron algunas pequeñas ampliaciones para definir mejor algunos rasgos que habían quedado semiexpuestos en los perfiles. Se dejaron en exposición tres pisos, dos consecutivamente superpuestos y uno debajo de un grueso estrato de relleno (pisos 5, 6 y 8; cf. más adelante). Igualmente se expusieron parcialmente los muros que conforman el límite sudoeste del recinto.

Unidad de Excavación 13: A modo de trinchera de 2 x 5 m, más algunas pequeñas ampliaciones que hicieron un total de 10.48 m^2. Fue extendida desde la unidad 4 hasta la base de la pirámide con el fin de determinar el límite del recinto por este lado, la extensión del espacio con contextos asociados y su relación estratigráfica con el frontis sudoeste de la pirámide. Como en la unidad 12, aquí también se dejó en exposición tres niveles diferentes (piso 1, capa 14 y capa 21; cf. más adelante).

Unidad de Excavación 14: Tuvo un área de 2 x 5 m, extendiéndose a partir de las unidades 4 y 11 con dirección nordeste/sudoeste, y en forma paralela al frontis de la pirámide. Fue excavada con el objeto de precisar el posible límite del R-105 por este lado, teniendo en cuenta que muy cerca el frontis de la pirámide presenta la prolongación de un ingreso que lo comunica con el Sector I. Esta unidad fue expuesta en su totalidad hasta el piso 1, luego de lo cual se hicieron excavaciones exploratorias por cuadrículas alternadas hasta alcanzar el nivel de la capa 14 (cf. más adelante).

Unidad de Excavación 15: Esta unidad fue abierta en vista de los resultados negativos obtenidos en la unidad 14. Con el mismo propósito se definió un área de 2 x 4 m, a manera de proyección discontinua de la unidad 14, y en sentido transversal a lo que fue el ingreso a la pirámide. Efectivamente, su excavación expuso un camino epimural que corresponde al área de acceso observado en el frontis.

2.4. Secuencia y correlación estratigráfica del R-105

La caracterización estratigráfica que a continuación se presenta merece algunas observaciones importantes. Si bien se ha registrado los depósitos estratigráficos y sus relaciones independientemente en cada unidad de excavación, aquí se presenta una secuencia única y global conseguida en el campo a través de la asociación de estratos, la correlación de niveles de altura relativa y la lectura minuciosa de los perfiles expuestos (figs. 8, 9 y 10). Ya que gran parte de la estratigrafía registrada se encuentra confinada dentro de los límites de un espacio cultural arquitectónicamente definido (un recinto), puede procederse a una lectura unitaria de los procesos de formación deposicional y constructiva sucedidos en su interior (Harris 1979; Schiffer 1983, 1987).

Se ha establecido la existencia de 32 unidades estratigráficas dentro del R-105, desde la superficie actual hasta el nivel culturalmente estéril (fig. 11), las que han sido identificadas como *capas* (depósitos de origen natural, rellenos constructivos y depósitos de descarte), *pisos* (definidos por un mortero de barro consolidado y de superficie nivelada y enlucida) y *apisonados* (superficies relativamente consolidadas, irregularmente niveladas y sin enlucido). Muchos estratos de origen cultural son lógicamente anteriores o posteriores a los eventos específicos que se analizan en este libro, sin embargo reflejan con relativa claridad una notable persistencia en el tratamiento espacial y en las remodelaciones de la arquitectura del mismo período.

La interpretación de la secuencia estratigráfica presentada en la figura 11 merece algunas aclaraciones previas. En primer lugar, debe considerarse que el R-105 ya había sido excavado parcialmente por la Misión Arqueológica Italiana (MAI). Los resultados de estos trabajos específicos no han sido publicados hasta la fecha, lo que impide conocer datos estratigráficos y contextuales adicionales.

Igualmente, pese a la elaboración de hipótesis referentes a una secuencia ocupacional en el R-105, debe tenerse en cuenta que solo se ha excavado 32% del área total del recinto, pues casi siempre se evitó exponer áreas demasiado grandes, difíciles de proteger en el contexto de las condiciones de seguridad de Cajamarquilla.

En cuanto a la identificación de fases en los edificios, cabe destacar que si bien cada nivel de desplazamiento (piso, apisonado) refleja un momento concreto de uso del espacio, el establecimiento de fases constructivas y ocupacionales toma en cuenta aquellos eventos que modificaron los espacios arquitectónicos de modo intensivo y extensivo, involucrando grandes áreas y modificando su aspecto general y los patrones de circulación interna (Bailey 1990, Narroll 1962, Sanders 1990). De acuerdo con esto, cada unidad cronológica (fase) se manifiesta en un *conjunto estratigráfico* particular, definido por la agrupación coherente de un número dado de estratos.

Finalmente, debe señalarse que el sistema de nomenclatura de fases y subfases constructivas que a continuación se presenta ya ha sido preliminarmente discutido en diversos informes del Proyecto Cajamarquilla (cf. Mogrovejo 1996b, 1997). La secuencia estratigráfica identificada a través de nuestros trabajos se desarrolla en las líneas que siguen.

Estéril (Conjunto estratigráfico 1)

El R-105, como sucede en el resto del Conjunto Tello, fue construido íntegramente sobre una gruesa capa de barro aluviónico (capa 21) denominada *yapana*. Originalmente los niveles superficiales de los depósitos de *yapana* fueron removidos intencionalmente, a fin de obtener materia prima para edificar las plataformas, recintos y ambientes que conforman el Conjunto. Esta interpretación se sustenta en una serie de evidencias registradas en varias unidades contiguas al R-105: preservación de huellas humanas sobre el barro, áreas de *yapana* excavadas o removidas siempre adyacentes a los muros más tempranos de la pirámide, uso de bloques de *yapana* en los rellenos constructivos, componentes limosos dentro de las tapias, etc. (fig. 12). La capa 21 constituye el nivel más temprano registrado en el Conjunto Tello y define la superficie a partir de la cual se superponen los posteriores episodios constructivos. Esta descripción permite proponer un primer conjunto estratigráfico, unicomponente, pues comprende solamente un depósito de naturaleza aluviónica.

Fase A (Conjunto estratigráfico 2)

Directamente sobre la *yapana* y con solo un relleno no mayor de 4 cm de grosor, se ha registrado un piso muy antiguo medianamente conservado (piso 8). Aunque solo fue posible exponer porciones muy restringidas de este piso, se pudo comprobar que se asociaba funcionalmente a grandes muros de tapias (fig. 13).[2] Las dimensiones de estos muros reflejan una notable fuerza de trabajo invertida en las primeras edificaciones del Sector I del Conjunto Tello.

[2] Los elementos arquitectónicos asociados a pisos, apisonados o a cualquier superficie de ocupación mencionados en este capítulo que no son posteriormente discutidos con detalle, se encuentran brevemente descritos en el Apéndice A.

La ubicación y trazo de los muros indican que durante la fase A, el R-105 todavía no era concebido como un ambiente diferenciado dentro del Sector I. Antes bien, se enfatiza un tipo de organización del espacio muy diferente del que predominó posteriormente.

Fase B (Conjunto estratigráfico 3)

De esta fase constructiva se cuenta con más datos, pudiéndose proponer subfases más precisas. La permanente asociación entre algunos muros y pisos sucesivos le concede unidad a este conjunto estratigráfico, a la vez que permite aislarlo de aquellas unidades previas y posteriores.

Las evidencias más tempranas de la fase constructiva B se encuentran en la unidad de excavación 4. Allí se registró un apisonado (apisonado 3) extendido sobre un nivel de relleno (capa 19), todo lo cual descansaba directamente sobre el piso 8 de la fase A. El apisonado 3 fue hallado muy deteriorado y podría corresponder a los restos de un piso cuyo enlucido fue destruido, aunque también podría tratarse de una capa de nivelación para extender los rellenos y pisos superiores. La condición poco clara del apisonado 3 y su falta de asociaciones impide interpretarlo como vestigio de una primera subfase dentro de la fase B. En contraste, un piso superior (piso 7) y algunos muros asociados constituyen con seguridad los restos de una primera subfase (subfase 1) durante este momento.

En otras áreas del recinto no existen indicios de esta primera subfase. En esos casos (unidades de excavación 12 y 13) parece que tales restos fueron removidos, de modo que se halló una serie de rellenos (capas 16, 18 y 20) depositados para extender un nuevo piso (piso 6). Ello indica la existencia de una segunda subfase (subfase 2) dentro de la fase constructiva B. También en la unidad 4 se empleó un relleno de tierra (capa 17), superponiéndola sobre el piso 7 para extender el piso 6.

A partir de las evidencias registradas, puede afirmarse que el piso 6 (fig. 14) es el nivel más temprano correspondiente al R-105 como espacio independiente, diferente de los recintos aledaños. Antes de este, la organización arquitectónica y espacial de esta parte del Sector I se rigió por un formato diferente que solo podrá precisarse con excavaciones más extensas. El piso 6 ha sido detectado desde las cercanías al frontis de la pirámide (unidad de excavación 13), donde aparece alterado por eventos posteriores, hasta su extremo final opuesto (unidad de excavación 12), asociándose a varios muros destruidos (figs. 15 y 16). Una última subfase (subfase 3) sobrevino con el resane del piso 6 y la superposición inmediata de otro piso (piso 5), de iguales características y asociado a los mismos muros. El hecho de que varios de estos muros empalmen con los pisos 7 (subfase 1), 6 (subfase 2) y 5 (subfase 3) sin modificaciones sustanciales de la organización del espacio confirma la idea de unidad de este conjunto de pisos, y argumenta en favor de mantenerlos dentro de una misma fase constructiva.

Fase CI (Conjunto estratigráfico 4)[3]

Durante este momento los límites del R-105, como de todo el Sector I, se definen claramente, configurando un ambiente trapezoidal inmediatamente adyacente al frontis de la pirámide. El límite nordeste del R-105 está conformado por el frontis mismo y fue posible hallarlo mediante la excavación de la unidad 13. El límite opuesto (sudoeste) fue descubierto en la unidad 12, donde se definió por la presencia de un muro en uso desde la fase anterior. Igualmente en la unidad 15 se halló el límite sudeste del recinto, conformado por otro muro deteriorado (fig. 17). No ha sido posible excavar hacia el nordeste, dada la presencia de un muro más tardío (muro IV) que corre en sentido perpendicular a la pirámide. La excavación de un pozo de sondeo al otro lado del muro (Recinto 101 del Sector I) reveló la presencia de pisos superiores y rellenos de mayor volumen definiendo una estratigrafía diferente de la del R-105. Indirectamente, ello sugiere que efectivamente el muro IV se asienta aproximadamente sobre el lugar donde yace algún tipo de límite (¿muro?) entre el R-105 y el R-101. Esta hipótesis es muy posible si se considera que tanto en las excavaciones efectuadas por el PAC como en aquellas de la MAI se hallaron muchos muros del Sector I superpuestos casi directamente sobre muros previos.

El R-105 exhibe durante este momento al menos dos subfases de similar naturaleza (fig. 18). Todo el área del recinto fue acondicionada para extender una primera preparación de barro (capa 14, subfase Ia). Para ello se destruyeron y removieron elementos arquitectónicos previos (pisos 6, 5 y muros asociados de la unidad 4), y se colocaron rellenos de tierra y trozos de *yapana* (*e.g.* capa 15 de la unidad 13). Muchos de los pozos de contenido complejo, que constituyen el hallazgo más importante en el R-105 durante esta fase, fueron elaborados en este momento (cf. capítulo 3). La segunda subfase (subfase Ib) supuso la superposición de otro nivel de capa 14, a veces interrumpido por la presencia de lentes de basura orgánica muy descompuesta. Durante este momento los pozos previos fueron reacondicionados y se agregaron otros tantos al igual que muchas depresiones en los espacios todavía libres entre los pozos.

La capa 14 se torna más regular y toma las características de un piso (aunque no de buena calidad) hacia los extremos del R-105. Así, existen pisos (*e.g.* piso 4 de la unidad de excavación 15) que parecen corresponder solo a eventos de resane de este nivel. En algunos tramos la capa 14 exhibe algunos hoyos de poste y restos de paredes de *quincha*. Igualmente, la exposición de la unidad 13 permitió constatar que la capa 14 se extiende hasta y empalma con un muro alineado con el frontis de la pirámide inicial (fig. 19). La superficie de esta segunda subfase y los contextos asociados fueron posteriormente cubiertos por una capa de material orgánico descompuesto (capa 12). Aparentemente la presencia y características de la

[3] La nomenclatura de esta y las tres fases siguientes incluye respectivamente los números romanos I, II, III y IV, por su asociación con las cuatro fases constructivas de la pirámide.

capa 12 tienen relación directa con el contenido de los pozos, pues solo se asocia al nivel de las bocas de estos y en menor grado a la superficie general de la capa 14.

Fase CII (Conjunto estratigráfico 5)

Durante esta fase se continuó manteniendo las mismas proporciones del recinto, aunque agregando nuevos elementos para redefinir sus límites. Los pisos de las tres subfases de esta fase constructiva se asocian funcionalmente a nuevos muros superpuestos directamente sobre los muros anteriores. En la unidad 15, un muro que servía de límite sudeste durante la fase CI, fue rebajado hasta una altura promedio de 47 cm. Sobre este se sobrepuso un muro nuevo (fig. 20), hallado en buen estado de conservación. Dicho muro es un acceso epimural de tapias que corre en la misma dirección que el muro inmediatamente anterior; comunicando el área central del Sector I con el frontis de la pirámide.

Una situación análoga fue registrada en el extremo sudoeste en la unidad de excavación 12, ya que allí los muros más antiguos también fueron severamente cortados y rebajados casi hasta su base misma para sobreponer muros nuevos (fig. 21). Durante esta etapa se construyeron sucesivamente los pisos 3, 2 y 1. En consecuencia, aquí como en la unidad 15, los límites previos del R-105 mantuvieron su localización original aunque fueron definidos a partir de nuevos elementos.

Como ya se ha señalado, el límite nordeste del recinto durante la fase CI fue deducido a partir de la estratigrafía diferente que exhibieron el R-105 y el R-101 adyacente por este lado. Esta situación no parece haber cambiado hasta el último piso (piso 1) de la fase CII. A partir de este momento el límite nordeste se define claramente mediante la construcción de un gran muro de tapias (muro IV) que corre perpendicular al frontis y en sentido paralelo al acceso epimural que permite el ingreso a la pirámide. El muro IV separa el R-105 del R-101, y fue asentado sobre el piso 1 y los restos de muros más antiguos. No está claro si el muro IV alcanzó el frontis de la pirámide o si, acabando antes, definió algún vano de acceso entre el R-105 y el R-103 adyacente. Ha sido imposible resolver este problema por dos razones: a) excavaciones aparentemente arqueológicas efectuadas con anterioridad a nuestra intervención retiraron parcialmente este muro en las proximidades del frontis, y b) tratándose de un muro «flotante», no se observa con claridad sus huellas sobre el piso 1 en el que debió asentarse. Finalmente, el límite del R-105 por el lado nordeste continuó siendo el frontis del edificio principal.

El piso 3 del conjunto estratigráfico 5 señala la primera subfase (subfase IIa) dentro de este momento. Para extenderlo, fue necesario nivelar primero el área mediante un relleno de tierra (capa 11). Este relleno fue especialmente imprescindible en el área central del recinto, donde la mayor densidad de los pozos de la fase anterior originaba un relieve bastante desigual. Cabe destacar que el piso 3 se caracteriza por presentar evidencias de quema intensiva (enrojecimiento del enlucido y mortero de barro) y por carecer de desechos. Los únicos hallazgos en este nivel fueron algunos hoyos de poste irregulares.

Tres metros antes de llegar a la pirámide el piso 3 presenta un declive, de modo que poco antes del alcanzar el frontis se une con la capa 14 anterior. Aparentemente, el declive gradual del piso 3 no solo se debería a la existencia de las estructuras destruidas de las fases previas, sino también a un uso diferencial de esta parte del R-105. Esta hipótesis toma en cuenta que al pie del frontis el piso 3 no se encuentra tan conservado, no exhibe un mortero tan consistente ni presenta evidencias de combustión como en la porción correspondiente a la parte central del recinto.

Durante la segunda subfase (IIb) se construyó una pared de *quincha* que corría en sentido paralelo a la pirámide (fig. 22) y se extendió un nuevo piso (piso 2). La ubicación transversal de esta nueva pared de *quincha* induce a pensar que durante este momento hubo un reacondicionamiento del espacio, creando nuevos ambientes adyacentes a la pirámide o reduciendo momentáneamente el área de uso.

Hacia la base de la pirámide, el piso 2 se encuentra interrumpido por un relleno de desechos orgánicos, ceniza y piedras termofracturadas (capa 13). Quienes depositaron la capa 13 como relleno sin duda lo hicieron con el propósito de compensar la inclinación del terreno originada por el declive del piso 3 anterior, y de alcanzar el nivel inicial del piso 2 en las cercanías de la pirámide.

Durante la última subfase (IIc) de la fase CII se restableció un solo piso (piso 1) en todo el recinto empalmándolo con el frontis. No obstante, el piso 1 no logró ocultar completamente algunos rasgos anteriores; de modo que desde nuestra intervención inicial en el área algunas bases de paredes de *quincha* eran reconocibles en el terreno como rebordes sinuosos.

Después de la capa 14, el piso 1 es el nivel con mayor cantidad de elementos y rasgos (fig. 22). En este momento se levantó una habitación, a base de una pared «flotante» de *quincha* cuyo trazo algo irregular define parcialmente un ambiente aparentemente cuadrangular pero de esquinas redondeadas. La forma y extensión total de este cuarto no ha podido precisarse, ya que la pared en cuestión había sido destruida en todo el lado que da hacia la pirámide. Lentes de basura, hoyos de poste, un fogón y varios pozos con desperdicios completan las evidencias adicionales en el piso 1. Los pozos no representan un solo evento durante las postrimerías de la fase CII. La superposición entre sí de al menos dos de ellos (fig. 23), y la intrusión de uno sobre los restos de la pared del cuarto irregular de *quincha* sugiere la posibilidad de establecer unidades de tiempo menores, o incluso plantear una fase CIII.

Finalmente, sobre el piso 1 se registró una capa oscura de material orgánico descompuesto (capa 10). Esta capa delgada se extendía dentro de los linderos parcialmente definidos del cuarto irregular de *quincha*. A priori puede pensarse que la capa 12 es el resultado de las actividades realizadas en el cuarto. Sin embargo, es difícil corroborar esta hipótesis porque, como ya se ha indicado en páginas anteriores, esta y las capas superiores habían sido parcialmente retiradas por la MAI.

En varios ambientes del Sector I se han hallado evidencias de una fase inmediatamente posterior (fase CIV), pero esta no ha sido detectada en el R-105. Por el contrario, aquí la estratigrafía señala que luego de la deposición de la capa 10, el área total fue abandonada, sucediéndose un conjunto de eventos naturales que dieron forma a los depósitos posteriores.

Abandono (Conjunto estratigráfico 6)

En las unidades de excavación 14 y 15, las capas 8 y 9 que se superponen al piso 1 corresponden a material constructivo colapsado. Es probable que la ausencia de actividad humana en el R-105 y el colapso de rellenos, enlucidos, bloques de *yapanas*, etc. al pie de la pirámide se haya originado tras los efectos de un sismo de considerable intensidad. Algunas evidencias de este fenómeno han sido registradas en otras áreas del Conjunto Tello. La capa 7 siguiente, constituida por ceniza y material vegetal quemado depositado intermitentemente, es difícil de interpretar. La ausencia de estructuras quemadas y de focos de quema cercanos, la presencia de lentes de ceniza semejantes en otros sectores del Conjunto Tello en una relación estratigráfica similar, y la naturaleza volátil de los vegetales carbonizados, plantean la posibilidad de que la ubicación del foco original de combustión (¿cima de la pirámide?) y la acción del viento permitieron la deposición de esta capa sobre amplias áreas del Conjunto.

La posterior alteración de los patrones climáticos y de precipitación pluvial habría ocasionado la formación de una capa de arena y limo (capa 6). Sin embargo, las avenidas de agua atestiguadas por esta capa no alcanzaron la magnitud de aquellas que originaron los depósitos de *yapana* (barro aluviónico) que subyacen a todo el Conjunto Tello.

Seguidamente y quizás incluso parcialmente a la vez que la formación de la capa 6, continuaron cediendo y cayendo diversos materiales constructivos de la pirámide en las cercanías del frontis dando forma a la capa 5. La hipótesis del derrumbe y del continuo debilitamiento de las estructuras superiores por acción de lluvias más severas y constantes, parece confirmarse por la superposición de una nueva capa de sedimento aluvial (capa 4) sobre el desmonte en formación. Sin embargo, la deposición discontinua de la capa 4 en la unidad 15 indicaría que dichos episodios naturales tuvieron una intensidad menor que aquellos sucedidos anteriormente.

Fase D (Conjunto estratigráfico 7)

Tras un tiempo aparentemente prolongado el uso del Conjunto Tello fue restablecido. A partir de este momento el Sector I adopta la forma de una plaza, pues se nivela todo el terreno y se le encierra mediante la construcción de muros perimétricos hechos de tapia (fig. 24). El R-105, como los otros de las fases constructivas anteriores, quedaron enterrados a 80 cm ó 1 m de profundidad.

Esta última fase constructiva se inició con el nivelamiento de los escombros y depósitos anteriores, el relleno de amplias áreas para acondicionar el terreno y la extensión de un apisonado de mortero poco consolidado (apisonado 2). El movimiento de tierra para conseguir una superficie relativamente plana sobre las estructuras anteriores fue mayor en las áreas más distantes del frontis de la pirámide, pues en estas no se acumuló el desmonte colapsado proveniente de las secciones altas. Alternativamente, algunos muros fueron rebajados para hacerlos coincidir con la altura ganada por los trabajos de nivelamiento.

El apisonado 2 señala una primera subfase (D1) durante esta última etapa de uso del Sector I, y se encuentra asociado a algunos pocos entierros funerarios practicados tanto dentro como fuera de la plaza. Posteriormente sobrevino una segunda subfase (D2), a juzgar por la presencia de un relleno irregular de tierra (capa 3) y la extensión de un último apisonado (apisonado 1). Exceptuando los muros perimétricos que definen la plaza tardía, las excavaciones no han hallado ningún tipo de rasgo asociado al apisonado 1.

Abandono (Conjunto estratigráfico 8)

El conjunto estratigráfico 8 indica el abandono definitivo del Sector I. La erosión del apisonado 1 dio forma a la capa 2, un estrato de tierra amarillenta de grano grueso. Sobre esta finalmente se depositó la capa 1 de tierra fina asentada por acción eólica. En la actualidad, la capa 1 uniformiza todo el aspecto superficial del Conjunto Tello y de las demás áreas de Cajamarquilla.

2.5. Secuencia constructiva y ocupacional

Desde su primera temporada de campo en 1996, el PAC se trazó como meta la definición de fases constructivas en la pirámide, ya que esta representa el núcleo arquitectónico y monumental en función del cual se orientan y organizan los demás ambientes y recintos del Conjunto. El número y características de estas fases han sido presentados por Juan Mogrovejo en los diversos informes preliminares elaborados por el proyecto (Mogrovejo 1996a, 1996b, 1997). En esta sección se retoma parte de dicha información correlacionándola con los eventos del Sector I, a la vez que se enfatiza la relación estrecha entre episodios constructivos y ocupaciones culturales.

Los primeros episodios constructivos del Conjunto Tello han sido hallados precisamente en el Sector I, a 1.80 m de profundidad con relación a la superficie actual. Como se ha visto, las evidencias de al menos dos eventos de construcción y uso de las estructuras permiten hablar preliminarmente de una fase A y una fase B. Sin embargo, debe reconocerse que se trata de evidencias limitadas, consistentes básicamente en algunos muros y pisos muy destruidos sin materiales asociados que permitan estimar un fechado aproximado. La relación estratigráfica de estos rasgos con relación a la arquitectura posterior solo permite especular que se trataría de arquitectura Lima tardía o de un tiempo ligeramente anterior.

Por otro lado, estas primeras fases no han sido detectadas en la pirámide (Sectores II y III), aunque esto no necesariamente significa que allí no existan. Para hallarlas, si realmente subyacen a las estructuras superiores, habría sido necesario emprender excavaciones de gran envergadura, todavía mucho más profundas que las efectuadas por la MAI en la cima de la pirámide. Otra posibilidad habría sido retirar parte de la arquitectura que conforma el frontis sudoeste que da cara al Sector I. Sin embargo, estas alternativas no fueron consideradas desde un inicio dada la monumentalidad de las plataformas, el estado de sus estructuras y su necesaria conservación.

En consecuencia, no hay datos suficientes para discutir en detalle las fases constructivas A y B del Sector I. Las limitadas evidencias señalan que ambas fases son las más tempranas en el Conjunto, independientemente de la existencia o no de la pirámide.

Luego de estos episodios poco conocidos, se han identificado al menos cuatro fases constructivas en la pirámide, las mismas que se han hecho extensivas a todo el Conjunto Tello (CI, CII, CIII y CIV). De estas, la última constituye una fase *sui generis*, por cuanto se trataría de un uso semidoméstico que deterioró y alteró los espacios precedentes, pero que no afectó sustancialmente el aspecto general que para esta época había adquirido el edificio.

Hemos centrado nuestra atención en las fases CI y CII, pues durante ellas se construyeron, usaron y sellaron los pozos y depresiones del patio R-105. La fase CI ha sido detectada en dos sectores con diferente grado de amplitud. El nexo entre el R-105 y la pirámide está determinado por la presencia de un muro de tapia hallado debajo del frontis (fig. 19). Este muro se encuentra asociado al nivel de los pozos y depresiones y correspondería a un primer frontis cubierto por las ampliaciones posteriores. La poca altura del muro con respecto a la capa 14 no sorprende, por cuanto, como se ha visto, el rebaje de muros ha sido una práctica común a través de las continuas remodelaciones arquitectónicas.

A parte de este muro en el frontis, existen indicios de este episodio constructivo en una de las plataformas superiores de la pirámide (Sector III, fig. 3). Aquí, la limpieza y excavación de un ambiente (R-301) permitieron el hallazgo de un piso a 3.50 m de profundidad, debajo de un piso asignado a la fase CII. La posición estratigráficamente inferior, y por lo tanto anterior, de este piso con relación a las fases posteriores de carácter masivo permiten interpretarlo tentativamente como parte de la fase CI.

A partir de las evidencias mencionadas y de la orientación general de los recintos asociados del Sector I, puede plantearse como hipótesis la existencia de una primera plataforma piramidal, quizás más pequeña y actualmente oculta por las edificaciones posteriores.

La fase CII corresponde a la época de auge del Conjunto Tello. Durante ella la pirámide crece horizontal y verticalmente mediante el agregado de plataformas. Igualmente, se construyen nuevos recintos y se replantea en muchas áreas las vías de acceso y circulación. Por ejemplo, se construyó un acceso epimural, a fin de comunicar los ambientes del Sector I con la pirámide ampliada. De hecho, la mayor parte de la arquitectura del Conjunto actualmente visible corresponde a la fase CII.

La siguiente fase (fase CIII) incluyó, entre otros eventos, la remodelación del frontis este y la elevación de una gran plataforma en la cima de la pirámide. Tan importantes modificaciones emprendidas en el edificio principal deberían tener correlatos arquitectónicos en el Sector I. No obstante, cuando menos en el R-105 estas remodelaciones no han sido halladas con suficiente claridad.

El hecho que la fase CIII de la pirámide no haya sido detectada en el R-105 podría deberse a que el PAC ha trabajado sobre lo ya parcialmente excavado por la MAI. Una posibilidad que merecerá evaluación futura es que alguna de las dos últimas subfases de la fase CII en el R-105 podría corresponder en verdad a la fase CIII de la pirámide. Un conjunto de evidencias podría interpretarse en esa dirección. Para ello será necesario emprender excavaciones en áreas intactas adyacentes al frontis más tardío.

Las fases CI y CII (explanada y pirámide) y CIII (solo pirámide) se encuentran asociados a materiales Lima de las fases 7, 8 y 9 (fines del Periodo Intermedio Temprano y época 1A del Horizonte Medio). Una correlación más precisa entre estas fases estilísticas y los eventos de las fases constructivas CI y CII del Sector I será planteada y desarrollada más adelante (cf. capítulo 6).

Como ya se ha adelantado brevemente, durante la fase CIV los espacios del Conjunto Tello fueron prioritariamente reutilizados antes que modificados. Si bien se llevaron a cabo algunas edificaciones en el Sector I y la pirámide, éstas son de carácter perecedero y localizado (algunos muros de *yapana* recintos pequeños de *quincha*, hoyos, probables escalinatas hechos a partir de desmonte y basura acumulada, etc. (fig. 25). A menudo la ocupación de la fase CIV depositó basura, rompió pisos, retiró rellenos y alteró las evidencias de las fases anteriores en gran parte de los ambientes adyacentes al frontis de la pirámide. Estas características sugieren que durante esta fase el Conjunto J. C. Tello ya no poseía su anterior *status*, ingresando a un momento de franca declinación en sus funciones.

No se han recuperado materiales confiables para identificar con relativa precisión los eventos de esta fase. Los pocos fragmentos de cerámica obtenidos también corresponden a las fases finales de la tradición Lima. Sin embargo, tratándose de basura y rellenos, esta evidencia debe tomarse con cautela. Su ubicación estratigráfica entre las fases anteriores mejor definidas y el posterior uso de la pirámide como cementerio (Sestieri 1971, 1972; Cavatrunci 1991) permiten ubicarla hacia o poco después del final de la ocupación Lima.

La siguiente ocupación en el Conjunto Tello sobrevino después de un *hiatus* en la pirámide y del cese definitivo de las funciones del R-105. A ella corresponden los entierros y re-entierros funerarios registrados tanto por la MAI (Sestieri 1971) como por el PAC (Mogrovejo 1996a, 1996b, 1997) en la cima de la pirámide. Dichos entierros fueron practicados cuando el edificio ya había entrado en desuso. Sus características y objetos asociados son asignables a las épocas 1B y 2A del Horizonte Medio. Un nuevo *hiatus*, esta vez más prolongado o severo, separa las actividades funerarias de la primera parte del Horizonte Medio de la última ocupación aparentemente correspondiente a las postrimerías del mismo horizonte o a inicios del Período Intermedio Tardío. Durante esta, muchas áreas del Conjunto Tello volvieron a usarse como cementerios ocasionales, a la vez que se reacondicionó el Sector I dándole forma de plaza (fase constructiva D). Finalmente, hacia mediados del Período Intermedio Tardío el Conjunto Tello, así como otros sectores del centro urbano de Cajamarquilla, fue abandonado definitivamente quedando las edificaciones tardías confundidas con aquellas más tempranas, mediante un patrón de reuso y superposición que merece investigaciones detalladas.

La secuencia estratigráfica, constructiva y ocupacional que se acaba de discutir se muestra de forma resumida en el cuadro 1.

Las líneas desarrolladas en este capítulo conducen a plantear que de las siete fases constructivas definidas (A, B, CI, CII, CIII, CIV y D), solo las fases CI, CII y CIII corresponden a la época de las mayores edificaciones y del real funcionamiento del Conjunto y en especial de la pirámide. Estas fases corresponden a la ocupación Lima tardío (Horizonte Medio 1A) y al menos las dos primeras serían ligeramente previas al impacto de las influencias Huari en la costa central. El presente trabajo se enfoca en el análisis de los contextos (pozos y depresiones con contenido complejo) del R-105 durante las fases CI y CII.

Cuadro 1
Secuencia estratigráfica, constructiva y ocupacional del R-105, Sector I, del Conjunto Julio C. Tello
(El área sombreada indica las fases a las que pertenecen los contextos en estudio)

Conjunto Estratigráfico	***Fase***	***Subfase***	***Unidad Estratigráfica***
8	Abandono	------	Capa 1 Capa 2
7	Fase D	2	Apisonado 1 Capa 3
	(¿Fines del Horizonte Medio? Período Intermedio Tardío)	1	Apisonado 2
6	Abandono	------	Capa 4 Capa 5 Capa 6 Capa 7 Capa 8 Capa 9
	¿Fase CIII?	2c	Capa 10 Piso 1
5	Fase CII (Lima 7, 8 y 9)	2b	Piso 2
		2a	Piso 3 Capa 11 Capa 13
4	Fase CI (Lima 7, 8 y 9)	1b	Capa 12 Piso 4 Capa 14 (Nivel 2)
		1a	Capa 14 (Nivel 1) Capa 15
3	Fase B	3	Piso 5
		2	Piso 6 Capa 16 Capa 17 Capa 18 Capa 20
		1	Piso 7 Apisonado 3 Capa 19
2	Fase A	------	Piso 8
1	Estéril	------	Capa 21

CAPÍTULO 3

LOS CONTEXTOS ARQUEOLÓGICOS DEL R-105: DESCRIPCIÓN ANALÍTICA DE POZOS Y DEPRESIONES

3.1. Características generales de la muestra en estudio

Como ya se ha anotado, el Recinto 105 corresponde a un patio de planta trapezoidal de poco más de 233 m^2, definido por muros de tapia renovados a través de las fases constructivas CI y CII. Durante la Fase CI el recinto fue escenario de actividades relacionadas con la confección y uso de un conjunto de elementos soterrados (especialmente pozos poco profundos y depresiones) cuya descripción se inicia en las siguientes líneas.

También se ha señalado que la capa 14 de barro se caracteriza por exhibir un aspecto irregular, a veces similar a un piso. En este nivel se encuentra una serie de pozos que en ocasiones se interrumpen entre sí, de modo que se pueden distinguir dos momentos definidos, uno primero correspondiente a los pozos «cortados» y otro posterior correspondiente a los pozos «cortantes» (fig. 26).

Por otro lado, todos los pozos y depresiones presentaron los bordes romos; sea o no que estuviesen interrumpidos por las matrices de otros contextos similares (fig. 27). Esta observación es significativa, puesto que normalmente los pozos, especialmente los más tardíos, deberían haber cortado la capa 14 a manera de una intrusión irregular con bordes y talud abruptos, tal como lo muestran algunos hoyos de poste ubicados en las cercanías (fig. 26). En cambio, los pozos de la capa 14 parecían todos haber sido modelados cuando el barro estuvo húmedo, o en su defecto fueron cuidadosamente enlucidos. Consecuentemente, como se desarrollará más adelante en este capítulo, existen evidencias que señalan que la interrupción de un pozo por otro no se debió propiamente a un evento de «intrusión».

La disposición en área de los hallazgos también sugiere un crecimiento horizontal en el uso del espacio. Las excavaciones en el patio R-105 solo alcanzaron a exponer un 15.2% del área total del recinto. Sin embargo, ello fue suficiente para confirmar que la mayoría de los hallazgos se concentran en el espacio central del R-105 y que el patrón de aglutinación decrece hacia los extremos de dicho ambiente (fig. 28).

Los pozos y depresiones asociados a la Fase CI (45 rasgos en total) han sido clasificados en tres tipos, a partir de sus atributos formales y contenido general del siguiente modo.

1) Pozos: Se trata de 24 cavidades de forma regular y completamente enlucidos. En general pueden ser descritos como pozos cilíndricos, pozos hemisféricos, cónicos, etc. Contuvieron la mayor cantidad de material recuperado (fragmentos de cerámica, fragmentos de implementos líticos, sedimento orgánico, etc.).

2) Depresiones: Son hendiduras de poca profundidad, a veces de forma irregular y con el fondo generalmente plano o casi plano. También se encuentran enlucidos y su contenido fue similar al de los pozos. La muestra total comprende 19 depresiones.

3) Hoyos: Estos rasgos parecen haber sido excavados apresuradamente o sin cuidado en la capa 14, antes que modelados en ella. A diferencia de los pozos y depresiones, no exhiben paredes lisas y homogéneas, sino más bien taludes irregulares exponiendo los pisos y capas que destruyen. Su relleno no contiene fragmentería cerámica. Solo se cuenta con dos rasgos de este tipo. En el análisis siguiente los hoyos no son incluidos, ya que ellos no estuvieron involucrados en los eventos de deposición compleja.

La muestra de 24 pozos y 19 depresiones puede ser presentada del siguiente modo: 15 pozos y 8 depresiones fueron completamente excavados y registrados, lo que les otorga un carácter de muestra confiable de análisis. 4 pozos y 3 depresiones fueron parcialmente excavados, pues fueron encontrados en los perfiles de las áreas de trabajo o debajo de testigos mantenidos para preservar hallazgos superiores. En estos casos hablamos de una muestra comparativa de estudio. Finalmente, 5 pozos y 8 depresiones fueron solo identificados mediante su exposición y limpieza superficial. A estos llamamos muestra referencial. El cuadro 2 consigna de forma resumida toda esta información.

3.2. Establecimiento y descripción de subfases de los contextos en estudio

La existencia de dos fases en la construcción de los pozos y depresiones ha sido verificada a partir de varios indicadores durante el proceso de excavación. Particularmente resalta el hecho que la capa 14 se compone de dos niveles de barro de iguales características, y que generalmente entre ambos niveles yacía una capa fina de material orgánico descompuesto, a modo de lentes irregulares (fig. 29). Sin embargo, en el interior de los pozos y depresiones las huellas de superposición se hallaban casi siempre ocultas, sin duda por la forma en que habían sido construidos y

Cuadro 2
Muestra general de pozos y depresiones del R-105

Muestra Confiable (totalmente excavados)		Muestra Comparativa (parcialmente excavados)		Muestra Referencial (solo identificados)		Total General
Pozos	Depresiones	Pozos	Depresiones	Pozos	Depresiones	
H-73	H-78b	H-79	H-95a	H-106	H-98?	
H-74a	H-78c	H-90d	H-95b	H-128	H-104	
H-74b	H-85	H-97	H-116	H-132	H-130	
H-78a	H-86c	H-99		H-135	H-131	
H-83	H-87			H-136	H-133	
H-84	H-901				H-134	
H-86a	H-96				H-137	
H-86b	H-102				H-138	
H-88						
H-89						
H-89 p						
H-90						
H-90 p						
H-91						
H-93						
N = 15	N = 8	N = 4	N = 3	N = 5	N = 8	
	N = 23		N = 7		N = 13	N = 43

acabados. Una inspección más detenida reveló que a) en los casos de corte de una matriz por otra siempre intervienen una o varias depresiones; o 2) alternativamente interviene al menos un pozo cuya base tiende a ser plana o semiplana a un nivel superior que la base del pozo adyacente.

Todos estos datos mencionados sugieren que la identificación de las dos subfases depende, en gran medida, de la forma en que los pozos y depresiones fueron construidos y renovados. Este proceso tomó formas peculiares y se llevó a cabo mediante las siguientes variantes de superposición:

a) Elevando directamente el nivel del pozo preexistente (fig. 30a), y ocultando la juntura con el nivel previo al extender el barro húmedo para uniformizar la superficie de las paredes (pozos: 73, 83 y 99).[1]

b) Sobreponiendo el segundo nivel de barro y ampliando lateralmente la boca del pozo preexistente, de tal modo que se dio forma a un nuevo pozo de base plana o semiplana y a un nivel de altura relativa más alto (fig. 30b). A veces se colocó una porción de barro en la intersección de ambos pozos, a fin de mantenerlos separados (pozos: 74a-b, 86a-b, 89a, 89p, 90, 90p).

c) Elevando directamente el nivel del pozo preexistente, y modelando muy cerca y adyacentemente una o varias depresiones en el nuevo nivel de barro superpuesto (fig. 30c) (pozos y depresiones: 78a-c, 79-137, 95a-b).

[1] Solo se consignan los casos estrictamente verificados.

d) Emprendiendo la construcción de un nuevo pozo o depresión sin referencia alguna a algún pozo previo (fig. 30d). Estos nuevos pozos se abrieron en áreas periféricas o intermedias entre los pozos de la primera subfase (pozos y depresiones: 91, 93, 97).

Existe la posibilidad de que algunos pozos hayan sido sellados por el barro del segundo nivel, de tal modo que hoy se encuentran ocultos y debajo de los hallazgos posteriores. Sin embargo, las evidencias descritas indican que la intención de los usuarios de este sector del Conjunto Tello fue siempre la de renovar y no clausurar los pozos más tempranos. En conclusión, puede afirmarse que en un primer momento algunos pozos fueron modelados en el barro fresco. Sobre esta superficie irregular se depositaron algunos lentes de material orgánico severamente descompuesto. Durante la siguiente subfase se extendió un nuevo nivel de barro húmedo, sobre el que se modeló una mayor cantidad de pozos y todas las depresiones de la muestra.

Debe enfatizarse que las dimensiones y características formales que muchos pozos poseyeron antes de su renovación no siempre fueron fáciles de determinar, por efectos de las remodelaciones y refacciones posteriores. Por esta misma razón, la información que a continuación se proporciona es más precisa con respecto a los pozos nuevos y remodelados de la fase más tardía.

Subfase Ia

Corresponde al primer nivel de barro de la capa 14 y comprendió la construcción y uso de los pozos 73, 74b, 78, 79, 84, 86b, 89, 90 y 90d; todos ubicados en el área central del R-105.

Las formas de boca y perfil han sido los rasgos más difíciles de definir. Por esta causa, los datos que a continuación se presentan son en parte proyecciones de las porciones mejor preservadas en las que se efectuó un registro confiable.

Los pozos de esta primera subfase exhiben formas de boca circulares o ligeramente elipsoidales (cuadro 3). A pesar de su semejanza algunas relaciones de medidas sugieren cierta diferenciación formal. Los diámetros de boca se encuentran distribuidos regularmente en el rango de 70 a 93 cm, con una media de poco más de 79 cm (cuadro 4).

La forma de corte o de perfil de los pozos ha sido registrada tomando en cuenta la forma y dirección de las paredes. Las porciones conservadas sugieren al menos dos tipos de forma de perfil: una de paredes regularmente cóncavas, y otra de paredes más o menos rectas que convergen con diferente grado de inclinación hacia la base. Tomando como referencia la superficie original del primer nivel de la capa 14, se concluye que estos pozos fueron poco profundos, de 30 cm a 14 cm, con una media de poco más de 20 cm (cuadro 4). Sin embargo, estas medidas de profundidad son notablemente mayores que las de las depresiones de la segunda subfase, por lo que de ninguna manera pueden ser comparados con aquellos.

La forma de las bases es siempre cóncava a semicóncava, exceptuando el caso del pozo 78a que presenta una base semiplana (cuadro 3). El registro de los diámetros de base es menos preciso en los pozos de paredes cóncavas, habiéndose tomado como referencia el punto desde el cual el grado de concavidad de las paredes se cierra abruptamente para dar forma al de la base. En general los diámetros de base se encuentran en el rango de 48 a 73 cm, con una media de 60 cm (cuadro 4).

Finalmente debe señalarse que, independientemente de la naturaleza de su contenido, la capacidad de los pozos oscila entre 32 y 74 litros, con una media de 50 litros aproximados (cuadro 4).

La unidad de excavación 4 permite observar que los pozos de la primera subfase se encuentran en el área central del patio R-105, adoptando una disposición anular en perfecta orientación con el eje de la pirámide (fig. 31). Solo el pozo 78a no comparte este ordenamiento espacial, por hallarse rodeado de los pozos restantes. Si esta impresión fuese real, el conjunto de pozos no debería exceder el área de la unidad 11, a 3.50 m

Cuadro 3
Forma de pozos de la Fase CI, subfase 1a

Pozo	Base	Boca	Perfil
73	semiconvexo	elipsoide	recto-convergente
90	semiconvexo	circular	recto-convergente
74b	convexo	elipsoide	convexo
79*	convexo	circular	convexo
90d*	convexo	circular ?	convexo
86b	convexo	elipsoide	recto-convergente
84	convexo	circular	convexo
89	convexo	elipsoide	convexo
78a	semiplano	circular	recto-vertical

* Comparativo

Cuadro 4
Dimensiones de pozos de la Fase CI, subfase 1a

Pozo	Diám. boca (cm)	Diám. base (cm)	Prof. promedio (cm)	Capacidad (lit)
73	84	67	22	67
74b	74	48	25	50
78a	80	58	29	74
86b	93	58	14	43
89	85	73	15	50
90	70	64	15	36
84	73	54	15	32
79*	84	_	30	_
90d*	74	_	20	_
Media	79.6	60.2	20.5	50.2

* Comparativo

del frontis de la pirámide. La unidad 13 revela efectivamente la ausencia de pozos de la primera subfase cerca a la base del edificio piramidal.

Los pozos exteriores a este conjunto inicial en la unidad 4 son definitivamente posteriores. El pozo 83 no presenta indicios de remodelaciones, por lo que hipotéticamente también sería más tardío. En las unidades de excavación 14 y 15 los pozos constituyen únicamente una muestra referencial, siendo imposible determinar si pertenecen a esta fase. Sin embargo, dado que se han hallado asociados a depresiones, podrían corresponder a pozos remodelados, y por lo tanto superpuestos sobre los pozos del primer nivel.

Hacer una proyección relativamente confiable del número total de pozos que habrían existido en el R-105 durante esta primera subfase resulta un ejercicio frustrante, pues es imposible evitar resultados con amplios márgenes de error. Sin embargo, la concentración y disposición anular de los pozos en la unidad 4 permite efectuar algunas especulaciones. Si esta distribución fuese regular en todo el recinto, solo sería factible la conformación de una segunda agrupación en las unidades 14 y 15, con un número similar de pozos (10 ú 11). Asumiendo que pudieron existir pozos circundantes a ambas agrupaciones, el número total debió oscilar entre 22 y 26 pozos en todo el recinto.

Subfase Ib

La segunda subfase se define por un nuevo nivel de barro, y por la remodelación de los pozos de la primera subfase y la construcción de otros nuevos. Todas las depresiones corresponden también a este momento. Las muestras confiable y comparativa indican que se agregaron 9 pozos (90 p, 86a, 83, 91, 89 p, 74a, 93, 99 y 97[2]) y 12 depresiones (78b, 78c, 85, 86c, 87, 90_1, 96, 98, 102, 116, 95a y 95b). Si a este se suman los pozos previos renovados (79, 73, 74b, 84, 86b, 89, 90, 78a y 90d) y los 5 pozos y 7 depresiones de la muestra referencial (106, 128, 132, 135, 136, 104, 130, 131, 133, 134, 137 y 138), se obtiene un número total de 42 rasgos.

Los pozos remodelados mantienen básicamente sus formas originales (cuadro 5). Evidentemente los mayores cambios se registran en sus profundidades y capacidad, aunque esto no sucede de modo regular. Por ejemplo, el pozo 73 solo incrementó su profundidad en 2 cm, dado que el segundo nivel de barro se extiende únicamente como un enlucido irregular. En cambio el pozo 90 varió notablemente, pues su profundidad creció de 15 a 36 cm. En general, las capacidades totales de los pozos en el

[2] El pozo 97 fue incluido en la muestra inesperadamente, pues fue parcialmente huaqueado durante la temporada de campo de 1997. Afortunadamente, gran parte de su contenido fue posteriormente extraído de manera adecuada. El examen del pozo 97 indica que pertenece a esta fase, aunque algunos de sus rasgos han quedado imprecisos, de allí que no haya sido considerado en los cuadros 5 y 6.

transcurso de la primera a la segunda subfase se incrementaron en conjunto en un 82% (cuadro 6).

Los 9 pozos que se agregan en esta subfase también tienen bocas circulares o elipsoidales, con diámetros de 70 a 92 cm y una media de 83 cm. Las formas de perfil solo presentan una variante nueva: la forma cilíndrica o de paredes recto-verticales del pozo 91. Sus profundidades oscilan entre 17 y 35 cm, con una media de 26 cm; es decir, más profundos que los pozos de la primera subfase pero menores que aquellos remodelados (cuadro 6).

Por lo general, las bases tienden a ser planas o semiplanas (cuadro 5) con un promedio de 68 cm de diámetro. Conviene recordar que muchos de estos pozos son más elevados y tienen base plana o semiplana por el

Cuadro 5
Forma de pozos de la Fase CI, subfase 1b

Pozo	Base	Boca	Perfil
90 p.	plano?	circular	convexo?
86a	plano	elipsoide	recto-convergente
83	semiplano	circular	recto-convergente
91	plano	circular	recto-vertical
89 p.	semiplano?	circular	irregular?
74a	semiplano	elipsoide	irregular
93	Plano	circular	recto-convergente
99*	_	circular?	_

* Comparativos

Cuadro 6
Dimensiones de pozos de la Fase CI, subfase 1b

Pozo	Diám. boca (cm.)	Diám. base (cm.)	Prof. promedio (cm.)	Capacidad (lit)
Pozos remodelados				
73	86	67	24	75
74b	76	48	41	85
78a	89	58	41	120
86b	93	58	32	99
89	85	73	27	90
90	74	64	36	91
84	76	54	27	61
79*	90	_	35	114
90d*	79	_	30	89
Media	83.1	60.2	32.5	91.5
Pozos agregados				
90 p.	91	65	17	55
86a	95	72	26	97
83	92	73	35	128
91	90	89	24	102
89 p.	81	59	27	71
74a	77	62	26	67
93	74	58	35	82
99*	70	_	20	38
Media	83.7	68.2	26.2	80.0

* Comparativos

hecho de haberse asentado sobre el primer nivel de barro bajo las variantes de superposición b y d (figs. 30b, d) Los pozos 90p y 89p se encuentran mal conservados, aunque presentan porciones de base de tendencia plana. Solo el pozo 90d muestra una base cóncava, pero al haber sido excavado parcialmente no es posible asegurar que sea un pozo que ya existía desde la subfase anterior.

La capacidad de estos pozos se ubica en el rango de 38 a 128 litros con una media de 80, por lo que también son mayores que los pozos de la primera subfase, pero menores que aquellos remodelados. El cuadro 6 indica que los casos de mayor y menor capacidad (pozos 73 y 99 respectivamente) pertenecen a esta subfase.

Fueron 9 las depresiones excavadas totalmente.[3] Ocho de ellas podrían catalogarse del mismo tipo ya que presentaban forma en planta muy regulares, generalmente circulares o elipsoides, con diámetros y profundidades promedio de 51 y 5 cm respectivamente (cuadros 7 y 8).

Cuadro 7
Forma de depresiones de la Fase CI, subfase 1b

Depresión	Planta	Perfil	Base
78b	circular	irregular	irregular
78c	circular	irregular	convexa
85	irregular	irregular	semiplana
86c	circular	irregular	semiplana
87	?	?	semiplana?
901	circular	irregular	semiplana
95a*	circular?	?	?
95b*	circular?	?	?
96	elipsoide	irregular	semiplana
102	elipsoide	recto-convergente	semiplana

* Comparativos

Cuadro 8
Dimensiones de depresiones de la Fase CI, subfase 1b

Depresión	Diám. planta (cm)	Prof. promedio (cm)
78b	56	7
78c	58	8
85	40	5
86c	30	4
87	45	2
901	59	9
95a*	50	–
95b*	50	–
96	56	4
102	70	6
Media	51.4	5.5

* Comparativos

[3] El rasgo 98 no ha sido bien definido, pues se oculta en el perfil sudeste de la unidad 4 dejada como testigo. Es posible que se trate también de una depresión, a juzgar por la manera en que las capas superiores no han cedido hacia abajo. Sin embargo, no ha sido tomado en cuenta a falta de información más precisa.

Debido a su poca profundidad, adquieren la forma de sinuosidades irregulares, de base generalmente semiplana. Posiblemente la depresión 102 represente el caso morfológicamente más regular, pues exhibe los bordes y las paredes geométricamente muy bien definidos (fig. 32). La depresión 116 es distinta del resto, tanto porque su contenido fue básicamente ceniza y material quemado (incluyendo fragmentos de piedras termofracturadas), como por sus características formales. A pesar de no haber sido completamente excavada, la depresión 116 presenta una forma en planta muy irregular, difícil de predecir, y un tamaño ostensiblemente grande (en su porción expuesta alcanza una longitud de 160 cm). Hay que agregar también que esta depresión se encuentra muy cerca del frontis de la pirámide, en una ubicación periférica al área de concentración de las depresiones restantes.

La distribución espacial de los rasgos en el R-105 durante esta subfase, confirma que el área preferencial de las actividades relacionadas con los pozos y depresiones continuó siendo el espacio central del recinto (fig. 28).

Los nuevos pozos registrados en la unidad 4 tienden a disponerse cerca de los pozos construidos desde la subfase anterior. La ausencia de pozos nuevos en las unidades 12 y 13 sugiere que la dispersión de los hallazgos efectivamente no fue desordenada ni aleatoria. Cabe anotar que los pozos hallados en las unidades 14 y 15 son rasgos referenciales, por lo que no se puede afirmar si ya existían desde la primera subfase. Sin embargo, ellos también se emplazan en un espacio no demasiado cercano al frontis de la pirámide.

La observación detenida de la ubicación de las depresiones en la unidad 4 señala que estas también tienden a emplazarse en el área central del recinto, asociándose a los pozos mediante la variante de superposición c (fig. 30c). Resulta claro que las depresiones fueron construidas contiguas a algunos pozos, aprovechando las áreas intermedias entre ellos. De este modo tomó forma el aspecto aglutinado de los rasgos y su aparente desorganización (fig. 26). Aparentemente hubo la intención de ocupar los espacios libres a fin de no exceder ciertos límites predeterminados. Al no existir elementos físicos que definan tales límites, es posible que la aglutinación de los rasgos se haya debido a la necesidad de mantener y reforzar la cercanía espacial al grupo de pozos constituido desde la subfase anterior.

El mayor número de casos en la muestra permite efectuar un estimado más confiable del número total de rasgos durante esta subfase. Los rasgos de las unidades 4, 11, 12 y 13 ocupan un área proyectada de 48 m^2, distribuyéndose en dos subáreas relativamente fáciles de identificar: una central de 20 m^2 en el que aparece la mayor cantidad de rasgos (N = 27); y otra circundante o periférica de 29 m^2 en el que el número de pozos y depresiones decrece ostensiblemente (N = 7).

Puede por lo tanto asumirse dos posiciones alternativas. Primero, que los rasgos efectivamente se concentran en la porción central del R-105 en el marco de un único patrón de concentración y dispersión. En este caso la cifra estimada sería de 127 rasgos, divididos en 70 pozos y 57 depresiones. Una segunda opción supone hacer un cálculo simple, proyectando los datos del grupo mejor definido a todo el área central del R-105, de forma independiente a sus áreas de concentración y dispersión. Este procedimiento arroja un total de 50 pozos y 33 depresiones.

CAPÍTULO 4

CONTENIDO Y PROCESOS DE DEPOSICIÓN EN LOS CONTEXTOS DEL R-105

El contenido de los pozos y depresiones puede ser dividido en dos componentes principales:
a) rellenos y lentes, y b) materiales asociados.

4.1. Descripción y deposición de rellenos y lentes

Se entiende por *relleno* los depósitos de tierra, ceniza, arena, barro o sedimento orgánico contenidos dentro de los contextos, por razones de su deposición intencional; y por *lentes* las capas delgadas que por causas similares se han depositado en un nivel específico dentro de un relleno o entre rellenos diferentes. Los *materiales* incluyen los restos de artefactos y ecodatos presentes en los contextos, a veces asociados a un tipo de relleno o lente particular.

Los lentes son siempre de ceniza muy fina. El material quemado se encontró muy desintegrado, de modo que ha sido imposible reconocerlo macroscópicamente.

En cuanto a los rellenos, se han identificado cuatro tipos. Un primer tipo es el relleno de tierra amarillenta semicompacta y de textura granulosa, con escasos desechos orgánicos. Un segundo tipo consta de sedimento orgánico de color marrón oscuro y peso liviano. Se habría originado de la descomposición y pulverización de restos vegetales pequeños. Los análisis de polen efectuados (cf. capítulo 5) han determinado la presencia de varias familias botánicas. La especie predominante es el maíz (*Zea mays*) con 20 a 60% de presencia en las muestras analizadas, contándose además con otras familias de probable consumo doméstico (*Oxalidaceae, Solanaceae*), y con vegetales propios de hábitats de monte ribereño-desértico (*Bromeliaceae, Cyperaceae, Anacardiaceae*) y de tierras altas (*Poaceae* [*Festuca o Stipa*]).

Un tercer tipo de relleno se compone exclusivamente de barro, casi carente de desechos. Finalmente, algunos pozos presentaron un relleno de tierra sin restos orgánicos, suelta y de color beige a gris.

La presencia de estos rellenos en los pozos y depresiones analizados muestra características importantes. Esto obliga a adoptar cierto nivel de sistematización para una fácil comprensión del lector.

En primer lugar, se cuenta con contextos cuyo relleno es homogéneo, correspondiente a solo uno de los tipos mencionados (fig. 33). Así tenemos, con solo tierra amarillenta semicompacta, cuatro pozos (73, 74a, 84 y 93) y una depresión (96). Con solo sedimento orgánico, siete depresiones (78c, 85, 86c, 87, 90_1, 95a y 95b) y un pozo (90). Finalmente, solo un pozo (86b) contenía únicamente tierra beige suelta.

En contraparte se han hallado contextos con rellenos superpuestos o estratificados, al menos en tres variantes, los cuales ameritan una descripción más o menos detallada (fig. 33).

Existen casos (ocho pozos: 74b, 79, 83, 89, 89p, 90p, 90d y 97; y una depresión: 78b) que presentan una superposición de tierra amarillenta semicompacta sobre sedimento orgánico. Generalmente el relleno inferior de sedimento orgánico ocupa de 2/3 a 1/2 de la capacidad total de cada pozo. En el caso de la depresión 78b, el relleno superior de tierra amarillenta constituía tan solo un recubrimiento delgado. Como en algunos casos, el pozo 89 también presentó en el fondo un lente de ceniza limpia. El registro señala: a) cuando dos contextos se cortan entre sí (*e.g.* 89-89p, 90-90p), se constata que el relleno de tierra amarillenta (único relleno en unos casos y relleno superior en otros) se dispone de manera continua, extendiéndose sin interrupciones entre las matrices contiguas (fig. 34); b) un examen detallado del sedimento orgánico inferior revela que este se asentó sobre una cobertura vegetal que a su vez yacía sobre el fondo de los pozos. Esto se hizo evidente en los contextos 74a-74b, y 78c, 90_1 y 90. En esos casos se observó una disposición «anular» de vegetales desintegrados, rodeando el relleno de tierra o el sedimento orgánico pero ausente en el área de intersección de las matrices.

Otra variante, la presencia de sedimento orgánico bajo y sobre tierra amarillenta semicompacta, ha sido registrada únicamente en el pozo 78a. En este caso el sedimento orgánico constituyó el relleno principal (figs. 33 y 34).

Una variante final está constituida por tierra amarillenta semicompacta sobre barro. Este caso solo fue hallado en los pozos 86a y 91, los mismos que contuvieron la mayor cantidad de fragmentos de cerámica obtenida en las excavaciones. El barro ocupaba los dos tercios inferiores de ambos pozos y se presentó compacto y granuloso, pero diferente del que fueron hechas las tapias de la arquitectura (menos compacto y más oscuro), mientras que el tercio superior contenía una elevada densidad de tiestos mezclados con tierra amarillenta semicompacta. Ambos pozos presentaron un lente de ceniza fina cuidadosamente dispuesto sobre el fondo.

A partir de la información presentada, puede adelantarse algunas hipótesis acerca del proceso de relleno de los contextos.

Solo se ha verificado un caso de alteración. El relleno de barro del pozo 86a alteró parcialmente el relleno de tierra beige del pozo 86b. En el capítulo anterior se ha descrito el tipo de superposición/renovación que originó la configuración de ambos pozos. El desnivel resultante entre uno y otro implica que el pozo 86b debió haber estado total o casi completamente rellenado de tierra beige. El caso inverso no parece probable porque el barro del primero se hubiera deslizado necesariamente hacia la matriz vacía del segundo y hubiera aparecido debajo del relleno de tierra beige posterior.

En consecuencia, la relación entre uno y otro tipo de relleno adyacentes sugiere que el contenido del pozo 86a (quizás tierra beige) fue probablemente retirado para posteriormente rellenarlo con barro, tierra amarillenta semicompacta y numerosos fragmentos de cerámica. El análisis de este caso implica un hecho concreto: en la muestra, al menos un pozo (86b) ya estaba relleno cuando se depositaron los fragmentos de cerámica.

La presencia de la cobertura vegetal a modo de forro adherido en algunos pozos y depresiones sugiere algún grado de acondicionamiento antes de su relleno (fig. 34). Su ausencia en los demás contextos puede deberse a varios factores, como por ejemplo que los usuarios del recinto 105 forraron intencionalmente solo algunos pozos y depresiones, o que quienes procedieron a la deposición posterior de los rellenos y materiales retiraron previamente tales revestimientos aunque en no todos los casos. A veces, debido a su alto grado de desintegración y aspecto durante la excavación, tales recubrimientos pudieron ser confundidos con el sedimento orgánico. Al haber permanecido en contacto directo, sin duda los componentes botánicos del recubrimiento y del sedimento se han mezclado. Es probable que algunos de los tipos de gramíneas identificados mediante los análisis palinológicos hayan conformado esta cobertura vegetal.

Las variantes identificadas de tipos y estratificación de rellenos llevan a considerar sus posibles significados cronológicos. El relleno homogéneo de varios contextos sugiere un único evento de deposición o varios consecutivos difíciles de segregar en el tiempo, a juzgar por la ausencia de estratificaciones internas más finas. Exceptuando los pozos 86a y 91 que se analizarán en detalle más adelante, en general los contextos con relleno estratificado solo demuestran dos eventos de deposición, puesto que tampoco se han hallado evidencias de estratificación interna dentro de cada tipo de relleno.

La lectura general de los eventos de deposición debe aclarar si hubo contextos que se rellenaron en momentos diferentes o si todos se rellenaron sincrónicamente. Como ya se ha mencionado, los rellenos de tierra amarillenta semicompacta se extendían cubriendo varios pozos y depresiones adyacentes a la vez. En varios casos dicho relleno ocultó el revestimiento vegetal de aquellas matrices que casi se interrumpían entre sí (fig. 34). Esta evidencia indica que no hubo un relleno pozo por pozo, sino que al menos se rellenaron varios de ellos cercanos de una sola vez. La distribución en planta de los contextos señalados (fig. 33) sugiere que la deposición de tierra amarillenta alcanzó un conjunto de pozos vacíos o parcialmente rellenos con sedimento orgánico. Las depresiones casi no fueron cubiertas por el estrato de tierra amarilla; aparentemente porque dada su poca profundidad no fue necesario agregar más tierra para nivelar el terreno. En esos casos habría bastado el sedimento orgánico que contenían y el relleno posterior que cubrió el recinto para extender los pisos superiores de la fase CII.

4.2. Descripción y deposición de los materiales asociados

4.2.1. Materiales no cerámicos

La excavación de los contextos ha proporcionado los siguientes materiales: carbón, lítico, huesos de animal, textil, botánico y bloques de *yapana* (cuadros 9 y 10).

Cuadro 9
Tipos de materiales por pozo

Pozo	Cerámica	Botánico	Carbón	Lítico	Óseo animal	Textil	Bloque de *yapana*
86a	X	X	X	X	X	-	-
78a	X	X	X	X	-	-	-
90	X	X	X	X	-	-	-
89	X	X	X	-	-	-	-
73	X	-	-	-	-	X	-
74a	X	-	X	X	-	-	-
84	X	-	-	X	X	-	-
93	X	X	-	-	-	-	-
83	X	X	-	-	-	-	X
74b	X	X	-	-	-	-	-
91	X	-	-	X	-	-	-
86b	-	X	-	-	-	-	X
89 p	X	X	X	-	-	-	-
90 p	X	X	X	-	-	-	-

Cuadro 10
Tipos de materiales por depresión

Depresión	Cerámica	Botánico	Carbón	Lítico	Óseo animal
78b	X	X	X	-	-
78c	-	X	-	-	-
85	X	X	-	-	X
86c	-	X	-	-	-
87	X	X	X	-	-
901	X	X	X	X	-
95a	X	X	-	-	-
95b	X	X	-	-	-
96	X	X	-	-	-
102	X	X	-	-	-

Carbón: Los fragmentos de carbón estuvieron presentes en muy poca cantidad en varios contextos (pozos 86a, 78a, 90, 89, 74a, 89p, y 90p; y depresiones 78b, 87 y 90_1). Su presencia se asocia a los rellenos de sedimento orgánico y de tierra amarilla semicompacta. Casi siempre se trata de fragmentos pequeños (2 x 2 cm), sin ceniza o porciones de tierra enrojecida por quema.

Bloques de yapana: Dos bloques de *yapana* fueron hallados en el centro y fondo de los pozos 83 y 86b. La *yapana* del pozo 83 presenta una forma aproximadamente paralelepípeda (16 x 10 x 8 cm); en tanto que la del pozo 86b es morfológicamente mucho más irregular (aproximadamente 35 x 20 x 17 cm). No se halló ningún tipo de impronta o huella adicional en las superficies de ambos bloques.

Huesos de animal (cuadro 11): Los restos óseos de animales son escasos, y solo fueron registrados en el relleno superior de los pozos 84 y 86a, y de la depresión 85. En el pozo 84 se encontró el calcanio derecho de un camélido adulto, (¿alpaca?), probablemente femenino. En el pozo 86a se encontró una vértebra toráxica y un fragmento de costilla, ambos de camélidos. El fragmento de costilla perteneció a un individuo joven, pues no llegó a fusionarse con su epífisis proximal, y presentó huellas de corte en la superficie lateral. También en este pozo se halló la vértebra tostada de un pez de aguas marinas. En la depresión 85 se obtuvo un fragmento de costilla izquierda de camélido ligeramente tostado. Este fragmento tampoco se hallaba fusionado con la epífisis proximal; sin duda perteneció a un individuo joven.

La pertenencia de estos restos óseos a los contextos debe considerarse con cuidado. Su presencia en los niveles superiores del relleno sugiere que podrían haber sido arrojados al final de la deposición de materiales, o que pertenecen al relleno de tierra (capa 11) que cubrió el área y niveló el terreno para extender los pisos superiores. De hecho en la capa 11 se han ob-

Cuadro 11
Restos óseos de animales en contextos y unidades estratigráficas

			Camélido				Pez
Contexto	Cuadrícula	Capa/Nivel	Maxilar	Vértebra	Costilla	Pie	Vértebra
Pozo							
84						X	
86a				X	X		X
Depresión							
85					X		
	I5	Capa 11 (base Piso 3)				X	
	H3	Capa 11 (base Piso 3)				X	
	H5	Capa 12	X				

Cuadro 12
Restos de artefactos y desechos líticos en contextos

Contexto	Sin trabajar	Implemento (frag.)
Pozo		
74a		X
78a	X	X
84	X	
86a	X	
90	X	X
91	X	
Depresión		
90_1	X	

tenido algunos otros restos óseos de fauna con características similares (cf. cuadro 11). En todo caso, la presencia de huesos de animales es escasa y representativa de camélidos jóvenes y adultos muy desarticulados.

Implementos líticos y piedras sin trabajar (cuadro 12): Algunos implementos de piedra fueron depositados en el fondo o a mitad de relleno de los pozos 74a, 78a y 90. Significativamente, los tres fragmentos líticos recuperados pertenecieron a manos de moler. El ejemplar más pequeño, pero mejor conservado, corresponde a una mano incompleta recuperada en el pozo 90 (fig. 35). Dicho espécimen tuvo la porción distal ovalada (6.5 cm de ancho aproximadamente) y aplanada (2.5 cm de espesor aproximadamente). El fragmento recuperado mide 7.2 cm de longitud, y probablemente constituye menos de la mitad del artefacto original.

Todos los fragmentos obtenidos presentan huellas de desgaste, pero carecen de pigmentos o sustancias adheridas a su superficie. Varios pozos (78a, 84, 86a, 90 y 91) y una depresión (90_1) contenían además una o dos piedras sin trabajar de tamaño mediano y sin huellas ni restos de ningún tipo.

Textil: Se ha recuperado un pequeño fragmento de tela llana de algodón, de color natural, adherido al cuello de una olla en el pozo 73 en un estado sumamente frágil. Solo fue posible observar algunas improntas de textiles similares en otras porciones del cuello de la misma vasija.

Restos botánicos macroscópicos (cuadro 13): Como ya se ha anotado, muchos contextos son muy ricos en materiales orgánicos desintegrados o parcialmente pulverizados; en especial aquellos que contienen sedimento orgánico. Los restos macrobotánicos son escasos. Resaltan algunas corontas de maíz (*Zea mays*) enteras y bien conservadas (pozos 74b y 78a; y depresiones 95a y 95b), cáscaras de maní (*Arachis hypogaea*) (pozos 73 y 78), pepas de lúcuma (*Lucuma pouteria*) (pozo 79), un tallo no identificado (pozo 83) y una variedad de enredadera (pozo 90). Algunas de las tusas de maíz han sido gentilmente analizadas por Alexander Grobman, quien ha identificado la presencia de una raza muy antigua, un popcorn de coloración púrpura: el *Confite chavinense* (GROBMAN, comunicación personal

Cuadro 13
Restos macrobotánicos identificados en contextos

Contexto	Maíz *Zea mays*	Maní *Arachis hypogaea*	Lúcuma *Lucuma pouteria*	Algodón *Gossypium sp.*	Enredadera	Tallo sin identificar
Pozo						
73		exocarpio				
74b	tusas					
78a	tusas	exocarpio				
79			endocarpio			
83					frag. de tallo	
90						fragmento
Depresión						
95a	tusas					
95b	tusas					
Capa/Nivel						
C-13			endocarpio			
C-14	tusas	exocarpio		semillas		

2000).[1] Este maíz, que tradicionalmente se ha hallado asociado a contextos arcaicos o formativos, representa una variedad antecesora de un grupo de razas con mazorcas de forma semi-esférica (cf. *e.g.* GROBMAN *et al.* 1961, GROBMAN 1982: 172). La existencia de *Confite chavinense* en Cajamarquilla resulta interesante por cuanto confirma la información que Duccio Bonavia posee con relación al valle de Huarmey. En efecto, allí se ha comprobado la asociación en contextos del Horizonte Medio de razas más evolucionadas y modernas junto a razas arcaicas (BONAVIA, comunicación personal 2000).

La escasez de materiales y su poca variabilidad resulta bastante obvia. Exceptuando la fragmentería cerámica que más adelante se presenta, los restos de artefactos y ecodatos se reducen a unos pocos kilogramos.

El fragmento de textil hallado en el pozo 73 adherido al cuello de una olla, podría reflejar alguna forma de asociación funcional entre algunos tipos de textiles y vasijas de cerámica. De igual manera, la distribución de la mayoría de los materiales en los contextos no parece guardar relación con los tipos de relleno identificados. Los bloques de *yapana*, restos líticos sin trabajar, carbón y fragmentos óseos de animales fueron hallados indistintamente en rellenos de sedimento orgánico, tierra amarillenta y tierra beige, lo que podría indicar que su deposición fue independiente, quizás

[1] Es preciso aclarar que en los contextos del Conjunto Tello se recuperaron otros tipos de maíz, a juzgar por la morfología y tamaño de las tusas. Por diversas circunstancias ajenas a esta investigación, dos años después de su almacenamiento en el Museo de Sitio de Puruchuco, solo se hallaron algunos pocos ejemplares que el autor había separado de manera especial a causa de su tamaño pequeño y fragilidad. Son precisamente estos especímenes los que han sido identificados por el Dr. Grobman.

acompañando el relleno de los hallazgos mas no incluidos en un tipo de relleno particular.

Un caso diferente es el de los restos macrobotánicos y los implementos líticos, pues éstos tienden a aparecer más recurrentemente en los contextos con sedimento orgánico. Por su posición estratigráfica (siempre en contacto con el fondo de los pozos y depresiones) se concluye que el sedimento orgánico fue el primer relleno depositado en los pozos y depresiones, si no en todos, al menos en gran parte de ellos.

Es imposible determinar si la deposición del sedimento alcanzó a varios contextos a la vez, como sí sucedió durante los eventos de relleno subsiguientes. El hecho que los pozos no se encuentren completamente llenos con este sedimento puede deberse tanto a que efectivamente nunca se llenaron como a que se le extrajo parcialmente, a fin de dar cabida a los materiales posteriores. El grado de mezcla entre los restos macrobotánicos, los fragmentos de manos de moler y el sedimento sugiere que todo fue echado a la vez. Sin embargo, llama la atención el contraste entre el alto estado de desintegración de los materiales que originaron el sedimento y la relativa buena preservación de los restos botánicos macroscópicos, en especial tusas de maíz, cáscaras de maní y eventualmente pepas de lúcuma. De acuerdo a esto, parece razonable sugerir que estas diferencias en la integridad de los vegetales no se debe a su exposición desigual a los factores de intemperismo y/o descomposición, sino a un tratamiento diferencial de algunos materiales botánicos, donde las porciones comestibles o utilizables (¿el sedimento?) y las porciones desechables (cáscaras, pepas, tusas) se descartaron directamente.

4.2.2. Materiales cerámicos

Junto con el sedimento orgánico descompuesto, el material de cerámica conforma el tipo de contenido más importante de los contextos. Su cantidad, disposición y atributos indican que su presencia se debe a un conjunto de factores complejos e interrelacionados. En esta parte del trabajo se presentan los datos generales de su presencia en los pozos y depresiones, con el objeto de deslindar cómo es que fueron depositados, el marco temporal en que ello se llevó a cabo y su relación con los rellenos y materiales descritos previamente.

Como se ha anotado en el capítulo anterior, en términos del material extraído se cuenta con una muestra de contextos confiable (totalmente excavados), comparativa (parcialmente excavados) y referencial (no excavados). La muestra confiable y comparativa ha proporcionado en total 3,770 fragmentos, con un peso general de 525.838 kg.

Sin embargo, estas cantidades ocultan una notable variabilidad en el tamaño de los tiestos extraídos, pues se recuperaron desde fragmentos muy pequeños (1 ó 2 cm^2) hasta otros que conformaban porciones significativas de vasijas grandes o pequeñas (*v.g.* la base entera de una olla grande o el cuello completo de un cántaro mamiforme).

Durante la excavación de los contextos fue fácil constatar la posibilidad de armar, al menos parcialmente, muchas vasijas a partir de sus fragmentos. Por esta razón la cuantificación y distribución del material cerámico en los contextos toma como base a) los fragmentos, y b) las vasijas rearmadas. Del total de cerámica obtenida, intervinieron en la restitución de la vajilla 2,261 fragmentos (314.26 kg, 60% del total), en tanto que una importante cantidad (1,509 fragmentos, 210.47 kg, 40% del total) no fue posible asignar a una vasija específica, puesto que sus rasgos observables podían corresponder a más de una pieza.

Para un análisis de distribución es necesario tomar como base de estudio el material cerámico proveniente de los contextos completamente excavados, esto es 3,533 fragmentos. El registro de este material en el R-105 del Conjunto Tello muestra una serie de condiciones particulares de deposición que reflejarían actividades netamente culturales.

Ha podido comprobarse una recurrencia importante en los contextos con relleno de sedimento orgánico y/o tierra amarillenta semicompacta, a saber, que los fragmentos yacían encima o parcialmente encima del sedimento a la vez que mezclados o cubiertos por la tierra amarillenta. Si bien hubo algunos fragmentos ubicados en el fondo de los pozos y depresiones, es muy claro que ellos no se asociaban al sedimento orgánico, pero que sí podrían haber sido parte del relleno de tierra amarillenta. Esto es importante si se considera que cuando dos o más contextos se interrumpen entre sí, o se encuentran muy cercanos entre sí, la deposición de tiestos se extiende homogéneamente y excede las matrices de cada pozo o depresión particular. Por esta razón los fragmentos fueron asociados a un contexto específico cuando se circunscribían a una matriz definida, y a un conjunto de contextos cuando constituían una cobertura homogénea dispuesta a la vez sobre varias matrices contiguas (casos 74a-b, 78a-c, 89-89p, 90-90p).[2]

Por otro lado, cabe destacar que existe una clara distribución diferencial del número de fragmentos por contexto o conjunto de contextos. El cuadro 14 y la figura 36 presentan esta información resumida. El pozo 93 y la depresión 90_1 no han sido incluidos en esta contabilidad debido a problemas de registro preciso. No obstante, con seguridad el número de tiestos de cerámica en cada uno de estos contextos no fue mayor a 80 ni menor de 20, por lo que al menos podrían ser considerados dentro de un rango de cantidad.

Esta distribución irregular es más notoria si se analizan los pozos 91 y 86a, pues estos tuvieron una elevada cantidad de fragmentos. Un fenómeno similar fue observado en los pozos 90s, 84 y 89s. En todos los casos mencionados los contextos se hallaban colmados de fragmentería de cerámica, al punto que la impresión inicial que se tuvo durante su excavación fue la de acumulaciones de cerámica difíciles de delimitar (fig. 37). Solo después de retirar los niveles superiores de fragmentería fue posible definir

[2] En adelante, estos conjuntos de contextos se citan como 74s, 78s, 89s y 90s.

Cuadro 14
Cuantificación general de fragmentos de cerámica por contextos

Contexto	Nivel	Tipos de Fragmentos						Total fragm.
		Borde	Cuello-gollete	Cuerpo dec.	Cuerpo s/d	Asa	Base	
86a	1	21	1	44	106	2	4	178
	2	13	2	1	114	_	3	133
	3	4	2	43	84	1	_	134
	4	12	9	13	215	1	1	251
	5	4	2	7	83	_	_	96
	6	7	1	11	81	1	_	101
	7	_	_	5	1	_	_	6
Sub-Totales		61	17	124	684	5	8	899
91	1	13	3	30	123	_	2	171
	2	10	2	8	73	_	_	93
	3	22	16	37	204	3	1	283
	4	9	2	13	76	_	_	100
	5	29	14	69	205	_	1	318
	6	10	15	45	78	_	7	155
	7	_	_	_	33	_	_	33
Sub-Totales		93	52	202	792	3	11	1,153
73		18	6	36	315	_	1	376
90s		15	7	83	218	_	6	329
89s		4	_	40	121	1	3	169
78s		6	3	11	144	_	1	165
84		8	4	4	131	_	_	147
96		2	_	6	75	_	1	84
74s		9	1	2	68	_	_	80
85		7	2	7	25	_	1	42
87		_	_	4	30	_	_	34
88		1	_	1	30	1	_	33
83		2	1	1	18	_	_	22
Sub-Totales		72	24	195	1,175	2	13	1,481
Totales		226	93	521	2,651	10	32	3,533

la boca de los pozos y depresiones a los que se asociaban. Tal situación contrasta con aquellos pozos donde el número de fragmentos fue escaso.

Los pozos 86a y 91 fueron los únicos que presentaron un relleno inferior de barro y la mayor cantidad de fragmentos de cerámica recuperada (pozo 91 = 1,153 y pozo 86a = 899). Ambos contextos fueron registrados y excavados en siete niveles consecutivos de 5 a 10 cm cada uno. Algunos niveles inferiores fueron sugeridos por el modo horizontal en que los tiestos yacían en el barro y por el mayor o menor desorden que presentaban. La cantidad y tipo de fragmentos por nivel se presentan en las figuras 38 y 39.

Un detalle importante a mencionar es que, desde el segundo nivel hasta el último, fue posible observar que los fragmentos se hallaban recubiertos por una película arcillosa de aspecto limoso, tanto en las caras como en las fracturas, lo que permite afirmar que una suspensión de arcilla líquida fue vertida cuando las vasijas ya estaban rotas (fig. 40). Esta misma película fue detectada a modo de manchas y gotas en las paredes de los pozos y en algunas porciones del relleno de barro, señalando que al menos en varios momentos primero se depositaron los tiestos y luego se vertió la arcilla (fig. 41). Los fragmentos superiores que cubrían la boca de ambos pozos no presentaron dicha película arcillosa.

Nuestras observaciones deben complementarse, además, con el hecho que las bocas de los pozos 86a y 91 se hallaban a una altura relativamente mayor que las bocas de los contextos restantes. En general, hay un declive, no pronunciado pero sí constante, desde esta parte del R-105 hacia el nordeste o frontis de la pirámide. Tales relaciones de altura relativa descartan la posibilidad de que la presencia de la suspensión de arcilla en ambos pozos se haya debido a un hecho natural (inundaciones o anegamientos), puesto que de ser así, los contextos restantes necesariamente debieron también inundarse.

Finalmente, hay que agregar que debajo del último nivel de barro (nivel 7) se halló en ambos pozos una capa de ceniza limpia, lo que sugiere que el espacio se acondicionó entes de su relleno (fig. 42).

Los datos consignados permiten una reconstrucción tentativa del relleno de los pozos 86a y 91. Resulta claro que en ambos casos el relleno se inició con la deposición de una capa delgada de ceniza muy fina en el fondo, para continuar con la deposición de un relleno de barro fresco (fig. 43). La posterior introducción de fragmentos de cerámica en los pozos fue, a juzgar por los datos señalados, un episodio complejo. Las diferencias de cantidad de tiestos por niveles sugieren que su deposición habría sucedido de modo progresivo, mientras se rociaba intermitentemente una suspensión de arcilla (figs. 44, 45 y 46). Poco antes de llegar al nivel de la boca de los pozos se procedió a sellar los contextos con tierra amarillenta. Finalmente, cuando los fragmentos excedieron la capacidad de los pozos, se dejó de rociar la arcilla diluida (fig. 47). Considerando lo dicho, se concluye que los procesos de relleno en los pozos 86a y 91 fueron paulatinos y continuos. Dada la similitud de sus características, y puesto que comparten muchos tiestos asignados a las mismas vasijas, es posible que la deposición de cerámica haya ocurrido en forma paralela (¿alternada?) y en un lapso breve de tiempo.

El número mínimo de vasijas (NMV) se ha calculado en 137 especímenes, lo cual ha sido posible gracias a la comparación cruzada de los fragmentos formalmente diagnósticos de una vasija única (*v.g.* bordes, cuellos y bases), con los fragmentos de cuerpo que exhibían atributos tecnológicos y decorativos similares. Mediante este procedimiento se ha obtenido dos niveles de confiabilidad en el estimado del NMV. Ochenta vasijas han sido identificadas con seguridad a partir de sus fragmentos de borde, cuello y/o base y de sus atributos tecnológicos y decorativos; y cincuenta y siete vasijas tentativamente identificadas a partir de fragmentos de cuerpo con rasgos tecnológicos y decorativos particulares. A su vez, esto ha permitido clasificar el material en once categorías morfológicas inequívocas (vasijas abiertas: *platos* y *cuencos*; vasijas cerradas: *botellas*, *ollas pequeñas sin cuello*, *ollas medianas sin cuello*, *ollas pequeñas con cuello*, *ollas medianas con cuello*, *ollas grandes con cuello*, *ollas con vertedera*, *cántaros grandes con cuello y cántaros mamiformes*); y en dos categorías genéricas (*plato/cuenco* y *ollas/cántaros*), dado que en estos casos solo se cuenta con fragmentos del cuerpo o la base (cf. capítulo 5). La información detallada del número de vasijas por categoría se encuentra resumida en el cuadro 15. La distribución y el Número Mínimo de Vasijas (NMV) en cada contexto o conjunto de contextos se muestra en forma detallada y resumida en la figura 48 y el cuadro 16.

Cabe destacar que el grado en que las vasijas han sido rearmadas es muy variable. Solo una pieza (un *plato*, fig. 49) fue reintegrada en su totalidad con una minúscula proporción de fragmentos faltantes. Las vasijas medianas y grandes (ollas y cántaros) fueron rearmadas por lo general entre un 20 y 50%, mientras que las pequeñas (*platos*, *cuencos* y *botellas*) a menudo están representadas por unos pocos fragmentos. En el caso de las vasijas identificadas solo por fragmentos de cuerpo es muy difícil sugerir proporciones. La comparación con las piezas más completas puede ser útil. Según esto, los fragmentos casi nunca exceden el 20% del tamaño que las vasijas habrían tenido originalmente.

El cuadro 16 proporciona información valiosa. Según este todos los contextos tuvieron los fragmentos de al menos una vasija. Debe señalarse que las *ollas medianas con cuello*, los *cántaros grandes con cuello* y las *ollas/cántaros* fueron las vasijas más ampliamente distribuidas en contextos diferentes. Si bien no es posible asegurar que la presencia de fragmentos de una misma vasija en varios contextos haya resultado de un único evento de deposición, todas las evidencias reunidas señalan que, aun tratándose de varios episodios, los fragmentos fueron enterrados casi inmediatamente (presencia de porciones grandes de vasijas, ausencia de erosión diferencial por exposición de los fragmentos, posibilidad de armar vasijas enteras, etc.). Igualmente, a menudo los fragmentos conformaron un «estrato de tiestos» definido sobre y bajo rellenos diferentes, lo que aboga en favor de una deposición de duración temporal corta. Consecuentemente, la distribución de una vasija específica en contextos diferentes señala que todos o casi todos los pozos tuvieron un uso coetáneo como repositorio de cerámica.

Aunque no se encontró ningún espécimen distribuido en la totalidad de los contextos registrados, todos los pozos y depresiones se encuentran vinculados al compartir parcialmente al menos una vasija. Por otro lado, la ocurrencia de fragmentos de una misma vasija en contextos no adyacentes (por ejemplo el pozo 73 dista 2.30 m en línea recta del pozo 91) y en niveles distintos indicaría que su presencia no se debió a un evento «acci-

Cuadro 15
Número estimado de vasijas por categoría morfológica

Categoría morfológica		Número mínimo de vasijas (NMV)
Vasijas Abiertas		
Platos		12
Cuencos		3
Plato/Cuenco		1
Vasijas Cerradas		
Botellas		3
Ollas pequeñas sin cuello		8
Ollas medianas sin cuello		3
Ollas pequeñas con cuello		3
Ollas medianas con cuello		25
Ollas grandes con cuello		4
Ollas con vertedera		3
Cántaros grandes con cuello		7
Cántaros mamiformes		8
Olla/Cántaros		
	Probablemente vasijas medianas	24
	Probablemente vasijas grandes	33
Total de vasijas		157

dental», o a una simple remoción posterior de los tiestos más superficiales.

Las figuras 48 y 50 presentan el NMV y el Número de Clases Genéricas Diferentes de Vasijas (NCGV) por contexto y conjunto de contextos. Como en el caso de la contabilización de fragmentos, los pozos 86a y 91 sobresalen por contener el mayor número de vasijas (pozo 86a=60, pozo 91=54). Los tipos morfofuncionalmente diferentes se encuentran más homogéneamente distribuidos. De las 13 categorías identificadas, el pozo 86a presentó 9, mientras que la depresión 87 contuvo 2. Así, se observa que el NMV y el NCGV es reiteradamente elevado en los pozos 86a y 91. Estos resultados plantean la necesidad de detallar la presencia de los restos de cerámica en ambos contextos.

La distribución vertical de los fragmentos de una misma vasija en el pozo 91 exhibió un patrón sumamente errático. Los fragmentos de cuello aparecieron mezclados con los de la base, las bases pudieron aparecer en la boca del pozo y los cuellos en el fondo, la deposición de fragmentos a través de los diferentes niveles fue discontinua y con *hiatus*, o una porción de vasija pudo aparecer solo en un nivel dado y estar ausente en los niveles restantes. Esta aparente falta de organización de la deposición de las porciones de una misma vasija reduce drásticamente la posibilidad de que ellas hayan sido rotas *in situ* en el pozo, o que ya fragmentadas hayan sido colocadas individualmente de forma ordenada y progresiva a través de los niveles detectados. Una distribución similar fue hallada en el pozo 86a.

El hecho que los pozos 86a y 91 compartan entre sí la mayor cantidad de vasijas, induce a su necesaria comparación. La mezcla de los fragmentos de diferentes vasijas impide esclarecer si ambos pozos fueron rellenados a la vez o si uno siguió al otro, como ya se ha especulado en líneas anteriores. De acuerdo con lo dicho, cabe buscar algún tipo de recurrencia a partir de la presencia de un conjunto dado de tiestos. Si el contenido cerámico de los pozos y depresiones no ha sufrido mayores alteraciones o remociones después de su deposición (como parece ser el caso), es válido asumir que los fragmentos que yacen en el fondo o en las secciones inferiores fueron depositados primero, y que los que se encuentran en la boca o en las secciones superiores fueron depositados después. Bajo esta idea, es preciso destacar que las vasijas cuyos fragmentos se encuentran en las bocas de los pozos 86a y 91 están también diseminadas en otros contextos, mientras que las vasijas cuyos fragmentos se encuentran en el fondo o secciones inferiores de ambos pozos (las que se habrían depositado primero) casi nunca aparecen en los contextos restantes.

Si se tiene en cuenta que al momento de su descubrimiento los pozos 86a y 91 se encontraban colmados de fragmentos de cerámica, es sugerente interpretar que los tiestos sobrantes (los de la sección superior) fueron depositados en los contextos circundantes. En otras palabras, la deposición de fragmentos habría empezado en los pozos 86a y 91; y solo después de repletos estos, se habría procedido a rellenar con mucha menor cantidad de cerámica los pozos y depresiones restantes. Si se hubiese logrado excavar todo el recinto y armar todas las vasijas, esta inferencia sería inobjetable. Los datos disponibles, sin embargo, solo permiten sostener la hipótesis de que lo que se manipuló en el proceso de deposición no fueron vasijas enteras, sino conjuntos de fragmentos.

La secuencialidad en la deposición de los fragmentos (de los pozos 86a y 91 hacia los contextos restantes) y el patrón de concentración (pozos 86a y 91) y dispersión (los demás contextos), son inferencias sustentadas en solo una parte de las evidencias del R-105 del Conjunto Tello. Si la muestra es efectivamente representativa, es claro que su análisis propone dos conclusiones básicas: que el relleno de los contextos sucedió de forma organizada y que ello ocurrió paulatinamente pero en un lapso relativamente breve.

4.3. Reconstrucción hipotética de los procesos de relleno de los contextos

El análisis efectuado del contenido de los pozos y depresiones permite delinear con un importante respaldo empírico una secuencia probable de relleno y deposición. Dicha secuencia de eventos puede resumirse del siguiente modo.

Primero: Antes de los episodios de relleno, el patio R-105 presentaba, salvo algunas pocas excepciones, un conjunto de pozos y depresiones vacías. Varios de estos habrían conservado una suerte de revestimiento interno hecho con materiales vegetales.

Segundo: En algunos pocos casos se extendió primero una capa delgada de ceniza limpia y fina en el interior. Luego, en muchos pozos y en casi todas las depresiones, se depositaron un primer relleno de sedimento orgánico, mezclado con algunos restos macrobotánicos, fragmentos de manos de moler de piedra, pedazos muy pequeños de carbón y ocasionalmente algunos bloques de *yapana*.

Tercero: Los pozos 86a y 91 fueron acondicionados para la posterior deposición de fragmentos de cerámica que involucrará a todos los contextos registrados. En ellos se colocó cuidadosamente una capa de ceniza limpia en el fondo, y luego se depositó un relleno parcial de barro fresco.

Cuarto: Inmediatamente después, antes de que el barro se secara, sobrevino la deposición de los fragmentos de cerámica. Tales fragmentos corresponderían a vasijas que se habrían roto y mezclado muy cerca del lugar y, aparentemente, con no mucho tiempo de anticipación. Los fragmentos fueron colocados paulatinamente, a la vez que rociados con una suspensión líquida de arcilla. Una última carga de tiestos cubrió por completo las bocas de ambos pozos y se extendió fuera de las matrices. En ese momento ya no se vertió arcilla líquida sobre los fragmentos.

Quinto: La fragmentería restante, pero igualmente numerosa, fue depositada en otros pozos y depresiones. Dependiendo de la cantidad de relleno previo de sedimento orgánico, en algunos casos los tiestos excedieron las matrices en que fueron depositados. De este modo, la cerámica se asentó tomando la forma de una capa de tiestos uniformemente extendida sobre varios pozos y depresiones contiguos.

Sexto: Todos los pozos fueron luego terminados de rellenar con tierra amarillenta, depositada en diferente proporción según la capacidad de los pozos y la cantidad de material que contenían. Por lo general las depresiones no recibieron este tipo de relleno, ya que agregar tierra a las depresiones habría aumentado las irregularidades del terreno. Es probable que este tipo de tierra se haya encontrado mezclado con algunos pocos restos óseos de animales, o que dichos restos se hayan echado sobre algunos pocos contextos al final de su relleno.

Séptimo: Por último se depositó uniformemente en todo el área una capa de material vegetal descompuesto (capa 12) y luego un relleno grueso de tierra para nivelar el recinto (capa 11). Sobre todo esto se construyó el piso 3 como sello definitivo perteneciente a la fase constructiva posterior.

La evaluación general de las evidencias desarrollada en este capítulo descarta la posibilidad de interpretar los contextos del Conjunto Tello como un basural, sugiriendo más bien la hipótesis de un tratamiento ritual en el contexto de un área de elevada significación social. Las deposiciones de materiales seleccionados solo reflejan la última etapa de una serie de eventos que sin duda habrían estado profundamente interrelacionados. Dada la cantidad y calidad de los materiales cerámicos asociados a los contextos, su análisis representa un paso previo y de crucial importancia para arribar a interpretaciones generales posteriores. Los datos que el universo estimado de vasijas puede proporcionar, en términos de cronología, estilo y función, constituyen una fuente de examen muy confiable de los planteamientos expuestos en este capítulo.

CAPÍTULO 5

LA ALFARERÍA DE LOS CONTEXTOS DEL R-105: ANÁLISIS Y RESULTADOS

Las metas del presente análisis han sido: a) caracterizar la muestra al nivel de la forma, decoración y tecnología; b) identificar las posibles relaciones entre las vasijas según la información obtenida; y c) dilucidar aspectos de índole funcional. Para estos fines se ha optado por seguir una secuencia de exposición de lo más a lo menos evidente, a fin de mantener vigente una contextualización explícitamente jerarquizada de cada una de las variables de análisis examinadas. La lista completa de especímenes analizados acompañados de sus números de registro respectivo podrá ser revisada por el lector en el Apéndice B.

5.1. Morfología

Las 137 vasijas que componen la muestra en estudio han sido clasificadas en once categorías morfológicas inequívocas y en dos categorías genéricas. Desde luego el carácter inequívoco o genérico de las formas de las vasijas ha dependido de la calidad y cantidad de los fragmentos que han intervenido en su reintegración parcial o total. Esta clasificación inicial ha sido posible a partir de uno o varios de los siguientes criterios:

a) Relación entre el diámetro de la boca y el diámetro máximo del cuerpo.

b) Tamaño general de las vasijas estimado a partir de las porciones reconstruidas.

c) Espesor y acabado de los fragmentos de cuerpo.

d) Presencia/ausencia de cuello.

Debe señalarse que dentro de la categoría genérica *olla/cántaro* el criterio de espesor y acabado superficial de los fragmentos ha servido para identificar las vasijas grandes y medianas. El inventario general de categorías formales y el número mínimo de vasijas por categoría se presenta en el cuadro 15.

5.1.1. Descripción de categorías formales

Platos

Se definen como platos aquellas vasijas de servir, pequeñas y abiertas, en donde su diámetro de boca es siempre ampliamente mayor a su altura. Se han identificado 12 platos, uno de ellos reconstruido totalmente. Todos presentan cuerpos de paredes convexo-divergentes, aunque con diferentes grados de inclinación. Una clasificación relativamente exhaustiva a partir de la proyección de las paredes hacia la base permite subdividirlos en:

Platos simples (figs. 51-53): Llamados así puesto que es improbable que hayan sobrepasado los 5 cm de altura total. Los diámetros de boca van de 18 a 15 cm, con grosores de la pared del cuerpo de 4.2 a 5.2 mm. Los bordes convexos exhiben una tenue inflexión, apenas perceptible, poco antes de llegar al labio, lo que a veces sumado a un adelgazamiento interior produce cierto aspecto de concavidad. En algunos casos muestran también un labio ojival de extremo redondeado o un labio redondeado simple. Desconocemos el tipo y las medidas aproximadas de las bases de estas vasijas.

Platos hondos (figs. 54-60): Los 8 platos de este tipo muestran una altura total superior a los 5 cm, un promedio de boca de 18 cm, y el grosor promedio de las paredes del cuerpo de 4.4 a 5.5 mm. Las bases son planas y se unen al cuerpo mediante un ángulo abierto de vértice redondeado (fig. 57). Los bordes suelen ser de grosor homogéneo o adelgazados interiormente y los labios redondeados u ojivales de extremo redondeado.

Plato único (fig. 61): Se trata de un plato hondo de base plana, cuyo borde se curva hacia el interior de la vasija, de modo que produce una carena muy cerca de la boca. Remata en un labio adelgazado y redondeado.

Cuencos

Se trata de vasijas de servir pequeñas, a veces ligeramente restringidas, cuyo diámetro de boca es un poco mayor o igual a su altura. La muestra comprende tres cuencos pequeños. Dos de ellos presentan las paredes convexas y divergentes que definen un cuerpo hemisférico (figs. 62-64). El borde puede rematar en un labio redondeado o en uno plano de esquinas redondeadas. Uno de los ejemplares muestra una base unida de forma continua al cuerpo con una ligera concavidad central (fig. 64). Muestran diámetros de boca de 5.5 a 6 cm y paredes muy delgadas de 2.6 a 2.8 mm.

El tercer cuenco representa escultóricamente una calabaza (fig. 63). El borde se curva claramente hacia el interior de la vasija y remata en un labio ojival de extremo redondeado. Presenta una boca de 9 cm y un grosor promedio de la pared del cuerpo de 3.5 mm. Su altura total debió haber sido no menor de 5.5 cm.

Plato/cuenco

Se trata del fragmento de base de una vasija pequeña y abierta, cuya forma precisa no ha podido definirse. El fragmento muestra que la base se unía mediante una esquina redondeada al cuerpo y que tenía forma cóncava, por lo que el área central de la base no se asentaba directamente sobre la superficie de soporte (fig. 65). El tamaño pequeño del fragmento no permite registrar medidas importantes, salvo decir que el grosor promedio de la porción inferior del cuerpo es de 3.3 mm.

Botellas

Se denominan botellas a aquellas vasijas pequeñas y restringidas, útiles para preservar o transportar líquidos. Pueden presentar una o más aberturas angostas hacia el exterior. En la muestra su identificación ha sido indirecta, teniendo en cuenta el grosor de la pared, su curvatura y los acabados de superficie. Se han identificado al menos tres botellas diferentes a partir de los pocos fragmentos de cuerpo recuperados (figs. 66-68). El tamaño pequeño de los fragmentos no permite indicar características formales precisas.

Ollas

Genéricamente se trata de vasijas restringidas. La relación entre el diámetro de boca y el diámetro máximo del cuerpo en una olla de proporciones normales evita la total exposición del contenido hacia el exterior, pero sí su fácil manipulación o preparación. La muestra incluye vasijas que conservan estas proporciones a escala pequeña y grande con o sin cuello. Por esta razón, las ollas han sido subdivididas en: *ollas pequeñas con cuello, ollas medianas con cuello, ollas grandes con cuello, ollas pequeñas sin cuello* y *ollas medianas sin cuello.* Una categoría más ha sido identificada: las ollas con cuello medianas que poseen un pico o vertedera a las que simplemente denomino *ollas con vertedera.*

Ollas pequeñas con cuello

Se trata de tres piezas formal y tecnológicamente diferentes. Dadas sus características, seguramente si la muestra fuera mayor, estas vasijas se disgregarían al menos en dos grupos tipológicos separados. Por ello, a continuación, se les considera como casos únicos.

El primer ejemplar consta de un pequeño cuello cóncavo-divergente unido al cuerpo de forma continua y sin punto de unión definido (fig. 71). Presenta un borde engrosado que igualmente se curva progresivamente hacia el exterior y un labio ligeramente acanalado de esquinas redondeadas. Posee un diámetro de boca de 14 cm y habría tenido un cuerpo aproximadamente esférico. El grosor de la pared en la porción inferior del cuello es de 4 mm, siendo el espesor promedio del cuerpo aparentemente menor a esta medida.

Del segundo ejemplar solo se recuperó un fragmento de cuello y algunos fragmentos de cuerpo decorados con pintura (fig. 69). Aunque no es posible conocer la altura total del cuello, este tuvo claramente paredes cóncavo-divergentes, paulatinamente adelgazadas hacia un labio redondeado. El diámetro de la boca es de 12 cm y el grosor de la pared del cuerpo de 4.5 mm.

El tercer y último ejemplar se encuentra representado solo por un fragmento de borde de cuello (fig. 70). Esta olla, más grande que las piezas anteriores, pero de dimensiones significativamente menores que las vasijas medianas, exhibe un borde recto-divergente ligeramente adelgazado y el labio plano de esquinas redondeadas. Presumiblemente el cuello no habría sido muy alto.

Ollas medianas con cuello

Veinticinco vasijas corresponden a esta categoría (figs. 72-96) Se trata de ollas de cuerpo regularmente esférico u horizontalmente elipsoidal. Un caso excepcional exhibe el cuerpo ovaloide en posición vertical invertida (el diámetro máximo del cuerpo se encuentra en el tercio inferior de la vasija). En seis ollas fue posible registrar algunos datos de la base. Cinco de ellas muestran la base plana unida al cuerpo de forma continua o ligeramente redondeada, mientras que en un caso la base es ligeramente cóncava. En todos los casos los cuellos son divergentes, pero con una significativa variabilidad formal. Se han reconocido las siguientes subcategorías de cuello.

Cuello Recto (figs. 72-78): Incluye adelgazamientos o engrosamientos ligeros en el borde, y los labios en ojiva, media ojiva, planos o redondeados.

Cuello ligeramente convexo (figs. 79-85): Presentan bordes de grosor homogéneo, engrosados o adelgazados, en algunos casos de forma muy marcada, y los labios redondeados o semiredondeados (con una curva más cerrada hacia el interior de la vasija). Una relación muy clara es observable entre los cuellos de grosor homogéneo y los labios semiredondeados.

Cuello cóncavo (figs. 86-92): Los bordes son regulares o adelgazados con labios en ojiva, media ojiva, redondeados, convexos (redondeados pero de extremos esquinados) y planos.

Cuello cóncavo y corto (figs. 93-96): Son cuellos de poca altura (alrededor de 4 cm), espesor homogéneo y labios redondeados o planos levemente engrosados.

De las 25 vasijas, 16 están reintegradas casi completamente en la parte del cuello, con fragmentos numerosos, pero difíciles de rearmar, correspondientes al cuerpo; de allí que no sea posible ensayar correlaciones confiables entre la forma de los cuellos y la forma de los cuerpos. Los casos mejor reconstruidos indican la presencia de ollas de cuerpo esférico con cuellos rectos, levemente convexos y cóncavos. La única olla de cuerpo ovaloide de la muestra presenta un cuello de tipo cóncavo y corto (fig. 93), y las tres ollas de cuerpo elipsoide horizontal cuellos rectos (figs. 72, 74, 76). Estos tres últimos casos podrían sugerir algún grado de correlación entre dichos atributos.

La altura total de las *ollas medianas con cuello* se muestra notablemente uniforme. Más aún, las proporciones superiores del cuerpo y la regularidad constante de las formas indican que todas las vasijas debieron tener medidas similares. Esta regularidad en las proporciones también es perceptible en la altura de los cuellos. La mayoría de vasijas exhiben cuellos cuya altura promedio es de 7.7 cm, excepto aquellos casos que, como ya se ha mencionado, constan de cuellos cortos de menor altura (promedio de 4 cm). Por el contrario, los diámetros de boca presentan cierta variabilidad. La figura 101 muestra cómo la mayoría de especímenes presenta diámetros de boca de 21 a 35 cm. Aunque no hay manera de comprobarlo fehacientemente, por comparación, al menos algunos de los cuellos con diámetros de boca de 36 a 45 cm podrían corresponder más bien *a ollas grandes con cuello.*

Las *ollas medianas con cuello* tienen por lo general paredes de espesor de 5.6 a 8 mm en el cuerpo, con una ligera tendencia al engrosamiento en la unión con el cuello y con la base.

Ollas grandes con cuello

De las cuatro ollas grandes identificadas, una (fig. 97), aunque reconstruida parcialmente, proporcionó información confiable de forma y medidas totales. Dicha vasija presenta un cuerpo de forma elipsoide vertical, base ligeramente convexa y cuello divergente, de paredes ligeramente convexas y labio semiredondeado. Sus medidas principales son: altura total = 76.5 cm, diámetro máximo del cuerpo = 66 cm, diámetro de la base = 38 cm, altura del cuello = 12 cm, diámetro de la boca = 48 cm y espesor promedio de la pared del cuerpo = 1 cm. Las tres vasijas restantes (figs. 98-100) exhiben un promedio de diámetro de boca de 46 cm, de altura de cuello de 19 cm y cuerpos de dimensiones similares a la olla de la figura 97.

A diferencia de las *ollas medianas con cuello,* las *ollas grandes con cuello* presentan menos variabilidad en la forma de los cuellos, pues predominan aquellas de cuello divergente ligeramente cóncavo y labio redondeado.

Ollas con Vertedera

Se poseen al menos tres *ollas con vertedera* (figs. 102-104). Una de ellas fue reconstruida en porcentaje significativo, de modo que conocemos varias características formales importantes. La olla en cuestión (fig. 104) presenta cuerpo esférico, base plana, cuello recto divergente que culmina en un labio redondeado, y un gollete tronco-cónico que nace en la porción superior del cuerpo y se proyecta en forma oblicua hacia arriba. Su aspecto general recuerda sin duda una tetera grande moderna. La vasija presenta las siguientes medidas generales: altura total = 44 cm, diámetro máximo del cuerpo = 48.5 cm, diámetro de la boca = 28 cm, altura del cuello = 5.2 cm, diámetro de la base = 23 cm, largo del gollete = 12.3 cm, diámetro máximo del gollete = 8 cm, diámetro mínimo del gollete = 4 cm, y grosor promedio de la pared en el cuerpo = 7.3 mm.

Debe indicarse que hasta donde fueron reconstruidas, las dos ollas restantes mostraron medidas similares. No obstante aquellas se diferencian por poseer un cuello cóncavo divergente con labio plano de esquinas redondeadas, y una de ellas además, por exhibir un asa cinta horizontal corta, ubicada en el lado opuesto al gollete (fig. 103).

Ollas medianas sin cuello

Se cuenta con tres *ollas medianas sin cuello.* Dos vasijas muy similares (figs. 105-106) presentan el cuerpo ovaloide vertical invertido y diámetros de boca de 14 y 17 cm, respectivamente. Ambas comparten también la forma general del borde: con ligero engrosamiento interior y labio redondeado a semiredondeado. La reconstrucción parcial de una de estas ollas (fig. 105) permite calcular un diámetro máximo de cuerpo de 42.5 cm, y un grosor de la pared en el cuerpo de 7 mm. No poseemos la parte inferior de la vasija, pero la proyección lógica de sus paredes sugiere que su altura total fue mayor a 45 cm, aproximadamente.

También se cuenta con una *olla mediana sin cuello* que se asemeja a un perol (fig. 107). La vasija en cuestión es ligeramente restringida, exhibe una boca de 43 cm de diámetro y un cuerpo hemisférico cuyo diámetro máximo es de 47 cm. Muestra los restos de un asa cinta corta colocada horizontalmente sobre la línea de carena y un borde ligeramente engrosado que culmina en un labio plano de esquinas redondeadas. Aunque tampoco se tiene una idea precisa de la altura total de esta olla, la orientación inferior de las paredes del cuerpo sugieren que esta no debió ser muy profunda.

Ollas pequeñas sin cuello

Se cuenta con ocho *ollas pequeñas sin cuello*; cuatro de ellas de forma y proporciones casi idénticas (figs. 111-114). Se trata de vasijas de cuerpo esférico con diámetros de boca de 9 a 11 cm y diámetro máximo del cuerpo de 17 a 19.5 cm. Un ejemplar (fig. 111) presenta una altura total de 12.8 cm y una base convexa unida al cuerpo de forma continua. Todas las piezas exhiben un borde adelgazado en el interior y labio redondeado; dos agarraderas sólidas de longitud corta que pueden ser rectas o cóncavas, pero siempre orientadas oblicuamente hacia arriba; y una banda de perfil triangular que rodea la porción inferior del borde y se une a las dos agarraderas.

Además de estas cuatro vasijas, la muestra incluye una agarradera (fig. 110) y dos bordes (figs. 108-109) de vasijas diferentes. Uno de los bordes se diferencia por exhibir un grosor homogéneo y labio convexo, casi plano (fig. 109).

Cántaros

Se definen como cántaros aquellas vasijas restringidas cuyas proporciones permiten el fácil ingreso de sólidos y líquidos para su conservación y/o transporte, aunque no necesariamente su manipulación. Se ha identificado dos subcategorías: *cántaros grandes con cuello* y *cántaros mamiformes*.

Cántaros grandes con cuello

La muestra incluye siete *cántaros grandes con cuello* (figs. 115-121). A pesar de sus relaciones de medida, a veces pueden confundirse con las *ollas grandes con cuello*. Generalmente no es posible precisar la forma del cuerpo, salvo en un caso (fig. 116) en que este es elipsoide vertical de base más o menos plana. Independientemente del tipo de base, es posible que la forma ovaloide sea, por razones de capacidad y equilibrio estructural, la forma de cuerpo más común entre los cántaros de este tamaño. Los cuellos son siempre cóncavos y divergentes de labio redondeado.

La vasija mejor reconstruida (fig. 116) exhibe las siguientes medidas: altura total aproximada = 74 cm, diámetro aproximado máximo del cuerpo = 66 cm, altura del cuello = 12.8 cm, diámetro de la boca = 39 cm, diámetro aproximado de la base = 33 cm y grosor promedio de la pared en el cuerpo = 1.2 cm.

Los cántaros restantes muestran cuellos similares con diámetros de boca de 37 a 43 cm. Las porciones de cuerpo que se han reconstruido indican que algunos debieron ser más grandes que la vasija de la figura 116.

Cántaros mamiformes

Se cuenta con ocho *cántaros mamiformes* reconstruidos en diferente proporción (figs. 122-127). Se trata de vasijas que, vistas de frente, tienen cuerpo ovaloide o elipsoide, y de perfil una sección plana y otra convexa. El cuello siempre es recto ligeramente convergente y de labio redondeado. De acuerdo con las proyecciones de las medidas registradas, estas vasijas debieron tener una altura total mayor o igual a 60 cm, un ancho frontal del cuerpo de 44 a 54 cm y, al menos en un caso, un ancho lateral aproximado de 32 cm. Los cuellos exhiben medidas constantes: altura del cuello = 11 a 12 cm, diámetro de la boca = 8 a 8.5 cm.

Ollas/cántaros

Esta categoría genérica se compone de 57 especímenes cuya identidad no es clara, pues pudieron corresponder bien a un tipo de olla o bien a un tipo de cántaro, pero de ninguna manera a botellas, platos o cuencos. Se han identificado los siguientes tipos de fragmentos: bordes de cuello, bases, cuerpos sin decoración, cuerpos decorados, grandes porciones de cuerpo, unión cuerpo/cuello, unión cuerpo/base y asas.

Bordes de cuello (figs. 128-130): La orientación y proyección de los tres bordes obtenidos indican que habrían pertenecido a vasijas grandes de cuello cóncavo divergente, labio plano o casi plano con esquinas redondeadas, y de diámetros de boca de 32, 42 y 48 cm. La asociación entre este tipo de cuello/labio y los diámetros de boca señalados es bastante recurrente entre los *cántaros grandes con cuello* definidos con anterioridad. Sin embargo, no puede descartarse la posibilidad de que se trate de *ollas grandes con cuello.*

Bases (figs. 131-139): Trece bases han sido identificadas. La mayoría (9 especímenes) son planas o ligeramente cóncavas, unidas al cuerpo mediante un ángulo abierto y redondeado, con diámetros que oscilan entre 18 y 23 cm. Estos atributos sugieren que se trataría de vasijas de tamaño mediano.

Las cuatro piezas restantes son formalmente menos evidentes. Dado el grosor de sus paredes hacia el cuerpo (siempre mayor a 1 cm) puede postularse que representarían vasijas grandes, tipo cántaros u ollas con cuello. Una de estas bases, además, es convexa, sin unión definida con el cuerpo (fig. 131). Este tipo de base no está presente en la muestra de vasijas medianas mejor reconstruidas.

Cuerpos no decorados: Los dieciséis especímenes analizados muestran diferentes grados de curvatura. El grosor de la pared y el acabado sugieren que se trata de vasijas medianas o grandes. De hecho, solo cuatro piezas muestran paredes delgadas (media de 7 mm), mientras que la mayoría (11 vasijas) presentan paredes gruesas de espesor mayor a 1 cm.

Grandes porciones de cuerpo (figs. 140 y 141): Se trata de porciones sustancialmente grandes de cuerpo, pero que carecen de aquellas secciones consideradas como mejores indicadores formales (bases, cuellos, bordes y carenas en el cuerpo). Seis especímenes corresponden sin lugar a dudas a vasijas grandes (ollas o cántaros). Algunas de estas porciones pueden llegar a pesar 18 ó 24 kg; es decir, 8 a 10 veces más que una olla mediana completa en promedio. En un único caso (fig. 140), las porciones inferiores del cuerpo comprenden parte de la base de la vasija de fondo convexo y unida al cuerpo de forma continua. Si esta vasija hubiese sido reconstruida al menos hasta el cuello, seguramente mostraría una medida cercana o incluso algo mayor al metro de altura. Los tres especímenes restantes corresponderían a vasijas medianas.

Unión cuerpo/cuello: El tamaño pequeño de los tres fragmentos de este tipo impide obtener una idea aproximada del diámetro del orificio del cuello, aunque por el grosor de sus paredes es probable que una haya pertenecido a una vasija mediana y las otras dos a vasijas grandes.

Unión cuerpo/base: Se trata de un fragmento pequeño, por lo que no es posible tener medidas y proyecciones de forma precisas. La base se unía al cuerpo mediante un ligero ángulo de perfil redondeado. El espesor de la pared en el área aproximada de juntura entre el cuerpo y la base es de 6 mm. Este tipo de unión entre el cuerpo y la base, así como los espesores de pared no mayores a 1 cm, se presentan más frecuentemente en vasijas de tamaño mediano.

Asa (fig. 142): Se cuenta con un fragmento de asa cuya forma en corte es plano-convexa, de 1.2 cm de espesor y un promedio de 3.5 cm de ancho. Puesto que carece de la porción del cuerpo a la que estuvo adherida, no es posible establecer su orientación, ubicación original en el cuerpo de la vasija y longitud total. Aparentemente perteneció a una vasija mediana.

Cuerpos decorados (figs. 143-150): La muestra incluye 12 fragmentos pertenecientes a vasijas diferentes. La curvatura y grosor de los fragmentos son variables. Dos vasijas presentan grosores de pared de 1 y 1.1 cm, por lo que preliminarmente se trataría de piezas grandes. El resto exhibe un promedio de grosor de 7.5 mm, consistente con las vasijas de tamaño mediano. Una de estas vasijas podría identificarse tentativamente como cántaro mamiforme, debido a la curva cerrada del cuerpo y grosor de la pared (fig. 145).

5.1.2. Inferencias preliminares

El análisis efectuado indica que el corpus de vasijas analizadas se subdivide claramente en tres categorías de tamaño: grandes, medianas y pequeñas. En términos del contenido, esta categorización supone un manejo de cantidades claramente diferenciadas. Por otro lado, la forma de los especímenes sugiere un rango probable de funciones que deberían corroborarse con análisis de residuos o de uso. Preliminarmente se cuentan especímenes para preparar/almacenar (*cántaros* y *ollas*), repartir (*ollas con vertedera* y eventualmente *ollas medianas*) y consumir/transportar (*platos*, *cuencos* y *botellas*).

Las vasijas de preparación (*ollas*) y en menor medida de almacenamiento (*cántaros*) abarcan casi todo el espectro de tamaños, lo que sugiere un manejo de cantidades diferenciadas antes del consumo o traslado final (*platos*, *cuencos* y *botellas*). Asimismo, resalta el número elevado de vasijas de preparación y almacenamiento con respecto a las relativamente poco numerosas vasijas para servir y transportar. Existe por lo tanto una notable desproporción numérica entre las vasijas que «ofertarían» el contenido y aquellas que lo «demandarían».

Finalmente, es significativo constatar que a menudo las categorías de vasijas presentan variaciones formales específicas, en la forma del cuello, el labio, el cuerpo, etc.; lo que podría entenderse como una falta de estandarización en su producción.

5.2. Decoración

5.2.1. Técnicas decorativas

Se cuenta con cincuenta y una vasijas con algún tipo de decoración, lo que representa el 32.5% del total de la muestra. Los *cántaros grandes con cuello* y las *ollas medianas sin cuello* nunca están decorados. En cambio las *ollas medianas con cuello* casi siempre llevan decoración.

La pintura pre-cocción constituye la técnica predominante de decoración. Ocasionalmente se hizo uso del bruñido en zonas pintadas, y menos frecuentemente de la decoración modelada aplicada.

Casi en la totalidad de las vasijas decoradas se empleó pintura de color rojo, negro y/o blanco. Veintiséis vasijas exhiben los tres colores a la vez, dieciocho al menos dos colores, una vasija el rojo combinado con el anaranjado y seis solo uno de los colores mencionados.

El color rojo empleado en la decoración presenta algunos rasgos importantes. Por lo general se distingue fácilmente del rojo usado en los engobes por ser de tono más bien púrpura (por lo general 10R 3/4 y 10R 4/4) y aspecto brillante. Su aplicación en capas sucesivas y aparentemente densas, originó frecuentemente una superficie lustrosa que contrasta con las superficies adyacentes no pintadas o pintadas con otros colores. El pigmento negro utilizado es más bien mate, no siempre bien diluido y aplicado. Los tonos van de un gris oscuro a un negro de mediana saturación (comúnmente 2.5YR 3/0, 2.5YR 4/0 y 5YR 3/1). El blanco (casi siempre 10YR 8/2, 2.5YR 8/3 y 2.5Y 8/2), como el rojo, es muy peculiar. Cuando se trata de líneas, suele aparecer en trazos tenues, a veces con secciones en las que el color no se ha preservado. Cuando se trata de puntos o lunares, su aspecto grumoso y terroso se hace evidente. La consistencia y poca capacidad de fijación de la pintura blanca induce a llamarla pintura fugitiva, pero sobre todo a confundirla con pintura aplicada después de la cocción. En cuanto a la pintura anaranjada (2.5YR 4/4), esta solo aparece en el diseño de una *olla pequeña con cuello* (fig. 70). En ese caso la pintura es relativamente brillante y de buena fijación sobre la superficie.

Uno de los rasgos más notables en la decoración de las vasijas es la forma casi invariable en que los colores principales han sido sucesivamente aplicados. El trazo y pintado de los diseños con los colores rojo, negro y blanco, siguen constantemente el siguiente orden: Luego de aplicado el engobe o de conseguir una superficie lisa sin engobe, se aplica la pintura roja como fondo de las bandas anchas o de los campos de color. En ocasiones las áreas de color rojo son bruñidas, a fin de resaltar aún más su aspecto brillante. Luego, las bandas o campos de color son delineados con pintura negra, la que al superponerse parcialmente sobre la pintura roja no solo define los contornos del diseño, sino también una frontera nítida entre el fondo lustroso y el delineado mate. Finalmente, con la pintura blanca se efectúa un segundo delineado, siguiendo el borde exterior de los trazos hechos previamente en negro, y se rellena el fondo de las bandas o campos de color con puntos, lunares o aros. La calidad de los pigmentos, pero también el cuidado en su aplicación, le conceden evidente realce al color rojo.

Esta relación en el orden de aplicación de los colores no se altera aun si se emplease solo dos de los tres colores principales; es decir, el negro siempre antecede al blanco, o el rojo a alguno de los dos.

En muchos casos el descuido con que la pintura negra o blanca han sido aplicada brinda una idea de los instrumentos y técnicas de decoración. Esto se observa claramente en los cuellos de los *cántaros mamiformes*, en donde las aplicaciones de pintura negra dejan ver que los pinceles debieron tener de 2 a 3 cm de ancho, y que la pintura se aplicó en sentido vertical, de arriba hacia abajo o viceversa siguiendo el eje de la vasija.

Como ya se ha mencionado, la muestra solo incluye un caso de modelado aplicado sobre el fragmento de una botella. El tamaño pequeño y único de dicho fragmento impide una descripción detallada de esta técnica decorativa.

5.2.2. Diseños decorativos

Los diseños decorativos que han sido identificados se muestran de forma esquemática en la figura 151 y su distribución general en el cuadro 17. En algunos casos estos diseños exhiben una complejidad significativa, hasta tal punto que podrían ser catalogados como motivos. En el presente trabajo prefiero usar el término de «diseño» como una denominación preliminar independiente de cualquier contenido semántico. Desde luego, estudios iconográficos más profundos podrían develar, en alguna medida, la relación

Cuadro 17
Distribución de diseños decorativos por clase de vasija*

	TIPO DE VASIJA		INTERIOR CUERPO	EXTERIOR CUELLO PRIN.	EXTERIOR CUELLO SEC.	EXTERIOR CUERPO PRIN.	EXTERIOR CUERPO SEC.	EXTERIOR CUERPO NO DETERM.
VAS. PEQ.	PLATOS	810	1b					
		1021	2a					
		1116	3a					
	CUENCOS	3383				1b		
	OLLAS CON CUELLO	3321		1b				
		3384				6d		
	BOTELLAS	3333						A
		3381						2a
		3382						B
VASIJAS MEDIANAS	OLLAS CON CUELLO	3280		3b		8		
		3281		3b		8		
		3282		4b		7b		
		3284		5a		10b	6a	
		3285		3d	2b?	10b	6c	
		3286		5a		7a		
		3287				14		
		3289		3d	2b?			
		3291		3d	2b?			
		3292		3d		10a	6a	
		3293		2b?				
		3294		2b?				
		3295		4a	2b?			
		3296		3d/7a				
		3297		3b				
		3312		3b?				
		3314		3b?				
		3315		3b?				
	OLLAS CON VERTED.	3328				14		
		3329				14		
		3330				14		
	CÁNTAROS MAMIFORMES"	3263				2b		
		3264		13		2b		
		3265		13		2b		
		3266				2b		
		3267				12		
		3268		13		2b		
	OLLAS/ CÁNTAROS	3215				1b		
		3235				11a		
		3251				11a		
		3253				11a		
		3256						C
		3257						D
		3258				14?		
		3259				8	6a	
		3260						C
		3261						C
		3262				10b	6a	
VAS. G.	OLLAS CON CUELLO	3283		3b		10a	6b	
		3288		5b		8		
	OLLAS/ CÁNTAROS	3213						2c
		3239		11b				

* Para identificar los diseños cf. Fig. 151.

entre los diseños que a continuación se presentan y el mundo real o simbólico de sus creadores.

1) Líneas: Se definen como trazos de pintura, simples y de poco grosor, dispuestas vertical u horizontalmente al eje de las vasijas, bien de forma individual o en serie.

1.a) Líneas individuales (fig. 151-1A): El *cuenco* de la figura 63 exhibe una línea (ancho = 4 mm) de color rojo, que se inicia en el labio y se proyecta hacia la porción baja del cuerpo exterior. La manufactura escultórica del cuenco indica que habría representado un tipo de fruto (quizás una calabaza) y que por lo tanto originalmente habría presentado una serie de líneas casi paralelas rodeando el cuerpo. Un fragmento de *botella* (fig. 68) presenta igualmente una línea exterior roja de 3 mm de ancho. No obstante, dado el tamaño pequeño del fragmento, en este caso es difícil establecer la dirección original del diseño. En ambos casos las líneas resaltan por el acabado posterior (un bruñido hecho con cuidado) y por el fondo engobado de color naranja (5YR 6/8, 5YR 6/6).

1.b) Líneas en serie (fig. 151-1B): Existen platos (fig. 54) que muestran al menos tres líneas paralelas, trazadas con cierto descuido desde el labio hacia la porción baja del cuerpo interior. Aparentemente la decoración original consistía de pares de líneas de color blanco plomizo (5YR 8/1) dispuestas radialmente en el interior de la vasija. Las líneas en serie también han sido halladas en el cuello de una *olla pequeña con cuello* (fig. 70), donde al menos se observan dos líneas horizontales trazadas irregularmente, una de color naranja y otra blanca.

2) Bandas: Se entiende por bandas los trazos lineales, cuyo ancho es mayor a los 4 mm y que preferentemente siguen un sentido irregular horizontal o vertical.

2.a) Banda simple sin delineado (fig. 151-2A): El plato de la figura 51 muestra una banda simple de 5 mm de grosor mínimo y 1.4 cm de grosor máximo, sin delineado, de color rojo e irregularmente trazada en el borde interior.

2.b) Banda simple delineada (fig. 151-2B): Son más frecuentes que el caso anterior, siempre trazadas horizontalmente al eje de las vasijas. Se trata de bandas de color rojo delineadas con blanco en ambos o en un solo lado. Aparecen preferentemente a las *ollas medianas con cuello*, y se disponen siempre en o muy cerca de la unión del cuello con el cuerpo.

2.c) Banda delineada con aros internos (fig. 151-2C): Este tipo de banda ha sido hallado en el cuerpo de algunas *ollas/cántaros* (fig. 144). La banda consta de un fondo rojo mientras que el delineado y la fila de aros internos fueron hechos con pigmento blanco. En un caso, el tamaño y la curvatura del fragmento, así como el sentido del acabado interior sugieren que la banda se orientaba horizontalmente, sobre alguna sección del cuerpo de la vasija.

3) Semicírculos: Cuatro son las variedades de semicírculos identificadas, dependiendo si son líneas, bandas o áreas semicirculares.

3.a) Semicírculos simples inscritos (fig. 151-3A): Este diseño solo ha sido hallado en un *plato* (fig. 55). Se trata de tres semicírculos simples inscritos, trazados irregularmente con pintura blanca y delineados con negro. El diseño ha sido plasmado en el borde interior del plato y se extiende hacia el fondo de la vasija. A partir del arco que describe cada semicírculo, es posible que la longitud del diseño total en el borde haya sido de 7 a 8 cm aproximados.

3.b) Banda semicircular delineada (fig. 151-3B): Este diseño se define por una banda semicircular de color rojo delineado con negro y blanco por ambos lados. Siempre se representa de manera repetida en el cuello de las *ollas medianas*, trazado desde el borde.

3.c) Bandas semicirculares delineadas e inscritas (fig. 151-3C): Diseño muy similar al caso anterior, solo que esta vez comprende dos bandas inscritas. Ha sido identificado únicamente en el cuello de una *olla grande con cuello* (fig. 100).

3.d) Área semicircular (fig. 151-3D): Se trata de semicírculos tipo media luna, totalmente pintados de negro o rojo y delineados únicamente de blanco. Estos semicírculos han sido diseñados repetidamente en el cuello de al menos dos *ollas medianas con cuello* (figs. 74, 79, 87).

4) Semicírculos en greca: Corresponde a aquellos semicírculos consecutivos entre sí, de manera que se define una greca o banda ondeada que circunda el cuello de las vasijas.

4.a) Semicírculos en greca simples (fig. 151-4A): Se trata de grecas curvadas de fondo rojo, delineadas con negro y blanco, y frecuentemente presentes en las *ollas medianas con cuello* (figs. 72-80)

4.b) Semicírculos en greca con aros internos (fig. 151-4B): Existe un solo caso, identificado en el cuello de una *olla mediana* (fig. 73). El fondo rojo se complementa con aros de color blanco dispuestos linealmente siguiendo la dirección de las curvas de la greca.

5) Semicírculos alternos con greca: Estos son diseños complejos que combinan los semicírculos y los semicírculos en greca, siempre ejecutados bajo el patrón del fondo rojo y el doble delineado negro y blanco.

5.a) Semicírculos alternos con greca simples (fig. 151-5A): El diseño se compone de las bandas semicirculares tipo 3b y de los semicírculos en greca tipo 4a, ubicándose los primeros en una sección superior y los segundos en la porción baja del diseño conjunto. Solo ha sido identificado en el cuello de una *olla grande* (fig. 100).

5b) Semicírculos alternos con greca y puntos internos (fig. 151-5B): La organización del diseño es similar al caso anterior: los semicírculos ubicados arriba y la greca, abajo. Los semicírculos superiores corresponden al tipo 3d (área semicircular), y los semicírculos y la greca se hallan rellenados con puntos de color blanco. Este diseño complejo solo se encuentra presente en el cuello de una *olla grande* (fig. 97).

6) Triángulos: Son diseños de conformación triangular, pero que exhiben tratamiento interno variable. También podría llamárseles paneles triangulares.

6.a) Triángulo tipo «Ala» (fig. 151-6A): Recibe este nombre puesto que el tratamiento interno representa simplificadamente un tipo de ala de ave, a base de los colores rojo, negro y blanco en el cuerpo de varias *ollas medianas con cuello* (figs. 74, 76) y una *olla/cántaro* (fig. 148), o bien solo diseñado en blanco y negro (fig. 150a).

6.b) Triángulo en banda con puntos internos (fig. 151-6B): La banda roja conforma un triángulo cerrado, que a su vez encierra un espacio triangular más pequeño rellenado con puntos de color blanco. Ha sido identificado en el cuerpo de una *olla grande con cuello* (fig. 100).

6.c) Triángulo con puntos internos (fig. 151-6C): Se trata de un área triangular simple con fondo de color negro, rellenado con puntos blancos. Fue registrado en el cuerpo de una *olla mediana con cuello* (fig. 81b).

6.d) Triángulos inscritos (fig. 151-6D): Corresponde a triángulos sucesivamente inscritos, hechos a partir de líneas finas de color rojo. Este diseño solo ha sido hallado en el cuerpo de una *olla pequeña con cuello* (Fig. 69b).

7) Triángulos en greca: En este caso la sucesión de triángulos define una banda aserrada.

7.a) Triángulos en greca simple (fig. 151-7A): Han sido diseñados siguiendo el patrón simple de decoración pintada, combinando el fondo rojo con el doble delineado en negro y blanco. La *olla mediana con cuello* de la figura 88 exhibe este tipo de diseño alrededor del cuello, de modo que los triángulos se proyectan hacia arriba, sin alcanzar el borde de la vasija.

7.b) Triángulos en greca con puntos internos (fig. 151-7B): Esta variante solo ha sido hallada en el cuerpo de una *olla mediana con cuello* (fig. 72). Sigue el mismo esquema del diseño anterior; pero en este caso se agregan dos filas de puntos hechos con pintura blanca sobre el fondo rojo, a la par que los triángulos se encuentran proyectados hacia la base de la vasija. En este caso, dadas las dimensiones y número de los triángulos, la idea de greca puede resultar no fácilmente perceptible.

8) Triángulos en greca alternos (fig. 151-8): Corresponde a un diseño complejo subdividible en dos partes. La sección superior se define por una greca de triángulos pendientes proyectados hacia abajo, y la sección inferior por triángulos aislados que siguen un patrón de repetición. Este diseño se encuentra presente al menos en dos *ollas medianas con cuello* (figs. 85-86), siempre con los colores rojo, negro y blanco.

9) Triángulos en greca alternos con diseños de «V» (fig. 151-9): En este caso el esquema de diseño es muy similar al caso anterior salvo que: a) la sección inferior se compone de diseños aislados a modo de «V invertidas» siguiendo un patrón de repetición; y b) el fondo rojo se encuentra siempre rellenado con dos filas de puntos o lunares blancos. Este diseño complejo se encuentra presente en el cuerpo de una *olla grande con cuello* (fig. 97).

10) Volutas: Son diseños de disposición ondulante, ocupan siempre el cuerpo de algunos tipos de ollas con cuello, e invariablemente asociadas a puntos o lunares blancos.

10a) Volutas en «S» horizontal (fig. 151-10A): El fondo de la voluta puede ser de color rojo (*olla grande con cuello* y *olla/cántaro* de las figuras 100 y 150) o bien la pasta sin engobe de la vasija (*olla mediana con cuello* de la figura 74). En este último caso, el exterior del diseño se encuentra pintado de rojo, consiguiéndose un contraste de color mediante un efecto negativo. Los puntos o lunares internos se disponen en dos filas no siempre bien distinguibles.

10b) Volutas en forma de olas/espirales (fig. 151-10B): Se trata de olas o espirales interconectados orientados hacia la derecha. También aquí se registran los puntos o lunares de color blanco sobre el fondo sin engobe de la pasta de la vasija. Este tipo de voluta ha sido identificado en una *olla mediana con cuello* y una *olla/cántaro* (figs. 76, 148).

11) Aros: Dos tipos de aros han sido identificados.

11a) Aros aislados (fig. 151-11A): Se trata de aros grandes, cuyo trazo negro y delineado en blanco define un fondo circular de color rojo. El tamaño del fragmento de la *olla/cántaro* de la figura 145 (probablemente un *cántaro mamiforme*) sugiere que la vasija presentó solo aros ocasionales.

11b) Aros en serie (fig. 151-11B): Corresponde a un conjunto de aros que son empleados para rellenar espacios, trazados en blanco sobre un fondo negro. Solo se identificaron en una *olla/cántaro* (fig. 143).

12) Interlocked simplificado (fig.151-12): Designa la representación geométrica, en negro y/o blanco, de una serie de serpientes entrelazadas dentro de bandas o paneles. Este diseño ha sido identificado en el cuerpo de un *cántaro mamiforme* y en el fragmento de una *olla/cántaro* (figs. 127, 146).

13) Área pintada de color (fig. 151-13): Solo los cuellos de los *cántaros mamiformes* se encuentran pintados en su totalidad de color negro o rojo (fig. 122).

14) Zig-Zag o banda quebrada (fig. 151-14): Se trata de un diseño hecho mediante el típico patrón de fondo rojo y doble delineado negro y blanco.

Circunda y ocupa gran parte del cuerpo de las *ollas con vertedera*, algunas *ollas medianas con cuello* y posiblemente de varias *ollas/cántaros* (figs. 93, 102-104, 147).

15) Diseño en «V» (fig. 151-15): Son diseños de fondo rojo o negro, con o sin delineado y ocasionalmente con puntos o lunares blancos internos. Se presentan aislados en el cuerpo de algunas vasijas (cf. *olla grande con cuello* de la figura 100).

Existen además diseños que no pudieron ser identificados en su totalidad, dado que solo se cuenta con fragmentos pequeños. Sin embargo pueden ser descritos del siguiente modo:

A) Líneas radiales de color negro asociadas a decoración modelada en una *botella* (fig. 151-A, 69).

B) Bandas contiguas de color blanco y negro, asociadas a puntos en el cuerpo de algunas *botellas* (fig. 151-B, 67). Es posible que se trate de un panel triangular doblemente delineado y con relleno de puntos.

C) Arco de fondo rojo y doble delineado en negro y blanco, presente en los fragmentos de cuerpo de varias *ollas/cántaros* (figs. 151-C, 149). Podría corresponder a un semicírculo, semicírculo en greca o semicírculos en greca alternos. No obstante, llama la atención que en este caso el diseño aparece en el cuerpo y no en el cuello de la vasija. Alternativamente podría corresponder también a una porción de zig-zag o banda quebrada de secciones ligeramente curvas.

D) Ángulo de fondo rojo y doble delineado en negro y blanco en una *olla/cántaro* (fig. 151-D, 147). Podría corresponder a diseños de triángulos en greca, triángulos en greca alternos, o zig-zag o banda quebrada.

5.2.3. Patrones asociativos de diseños y grupos decorativos

Existen tres niveles de asociaciones que involucran los diseños presentados:

a) Asociaciones diseño - categoría de vasija
b) Asociaciones diseño - espacio o zona de la vasija
c) Asociaciones diseño - diseño

Como se puede fácilmente colegir a partir de la descripción previa de los diseños, las *ollas sin cuello* (medianas y pequeñas) y los *cántaros grandes con cuello* son las únicas categorías de vasijas que carecen de decoración. Las vasijas pequeñas (*platos, cuencos, ollas pequeñas con cuello* y *botellas*) exhiben decoración técnicamente diversa. En ellos, a menudo, los diseños son similares (*e.g.* líneas individuales o en serie) o insuficientemente definidos (*e.g.* líneas radiales, bandas contiguas asociadas a puntos). Con un corpus mayor de estos tipos de vasijas seguramente se podrían establecer asociaciones decorativas sólidas y claras, pero en este caso solo se les puede tratar como un conjunto variable, diferente del resto de vasijas decoradas.

Consecuentemente, el grueso de vasijas decoradas bien definidas se compone de *ollas medianas con cuello, ollas grandes con cuello, ollas con vertedera, cántaros mamiformes* y, por comparación, aproximadamente la mitad de las *ollas/cántaros*. La ubicación de los diseños en estas vasijas puede ser resumida:

En el cuerpo: zigs-zags
triángulos en greca alternos
volutas en «S»
volutas en ola
triángulos en greca alternos con diseños de «V»
triángulos en greca
bandas simples delineadas
triángulos
diseño de «V»

En el cuello: semicírculos
semicírculos en greca
semicírculos en greca alternos
área de color
banda simple delineada
triángulos en greca

Las asociaciones de diseño que respetan esta organización del espacio de acuerdo al tipo de vasija ha proporcionado cinco grupos de fuerte grado de estandarización. Tales grupos se definen por las vasijas más completas (casos definidos) y se complementan con aquellas vasijas menos completas, pero que podrían corresponder a algunos de los grupos propuestos (casos probables) (cf. cuadro 18).

Grupo Decorativo 1: Comprende exclusivamente la categoría *cántaro mamiforme*. Se define por el cuello totalmente pintado de color (negro o rojo) y por las bandas negras con blanco en la unión cuerpo/cuello, las carenas laterales del cuerpo y/o en ambas caras (plana o convexa) del cuerpo mamiforme. Tres casos definidos (figs. 122-123, 125). Dos casos probables (figs.124, 126). Número máximo de vasijas = 5.

Grupo Decorativo 2: Comprende los tipos *olla mediana con cuello, olla con vertedera y olla/cántaro*. Se define únicamente por la presencia de la banda quebrada o zig-zag rodeando el cuerpo de las vasijas. Cuatro casos definidos (figs. 93, 102-104). Un caso probable. Número máximo de vasijas = 5.

Grupo Decorativo 3: Incluye solo la categoría *olla mediana con cuello*. Consta de semicírculos aislados en el cuello y triángulos en greca alternos

Cuadro 18
Estimados de número de vasijas por grupos decorativos

Grupo Decorativo	Categoría Morfológica	No. aprox. de vasijas	No. total aprox. de vasijas
Grupo 1	Cántaros mamiformes	5	5
Grupo 2	Ollas medianas con cuello	1	
	Ollas con vertedera	3	5
	Ollas/Cántaros	1	
Grupo 3	Ollas medianas con cuello	5	5
Grupo 4	Ollas medianas con cuello	6	
	Ollas/Cántaros	1	7
Grupo 5	Ollas medianas con cuello	5	
	Ollas grandes con cuello	1	7
	Ollas/Cántaros	1	
Grupo 6	Ollas medianas con cuello	4	
	Ollas/Cántaros	3	7

en el cuerpo. Tres casos definidos (figs. 73, 85-86). Dos casos probables (figs. 83, 92). Número máximo de vasijas = 5.

Grupo Decorativo 4: Incluye las categorías *olla mediana con cuello* y *olla/cántaro*. Se define por los semicírculos aislados o en greca en el cuello, y por la voluta en ola y triángulos aislados en el cuerpo. Tres casos definidos (figs. 76, 81, 148). Cuatro casos probables (figs. 78, 80, 91). Número máximo de vasijas = 7.

Grupo Decorativo 5: Comprende las categorías *olla mediana con cuello, olla grande con cuello y olla/cántaro*. Consta de semicírculos aislados o en greca en el cuello, y en el cuerpo volutas en forma de «S» acompañadas de triángulos aislados o el diseño en «V». Tres casos definidos (figs. 74, 100). Cuatro casos probables (figs. 71-80, 91). Número máximo de vasijas = 7.

Grupo Decorativo 6: Este grupo se observa con menos claridad en la muestra, puesto que ha sido definido a partir de cuellos de vasijas. La ausencia de porciones significativas del cuerpo impiden saber la existencia o no de otros diseños asociados. No obstante, resulta significativa la poca decoración de los cuellos, en contraste con los grupos anteriores. Consta de una banda horizontal con o sin delineado alrededor de la unión cuerpo/cuello. Dos casos definidos (figs. 89-90). Cinco casos probables (figs. 77, 85, 128-130). Número máximo de vasijas = 7.

Casos únicos

La muestra comprende cuatro vasijas (*ollas grandes* y *medianas con cuello*) con diseños y/o asociaciones exclusivas. En algunos ejemplares la ausencia de mayores áreas del cuerpo ha impedido establecer asociaciones completas.

a) *Olla grande con cuello* (fig. 97): Semicírculos en greca alternos en el cuello y triángulos en greca alternos con diseños de «V» en el cuerpo.

b) *Olla mediana con cuello* (fig. 72): Semicírculos en greca en el cuello y triángulos en greca en el cuerpo.

c) *Olla mediana con cuello* (fig. 87): Banda delineada simple y semicírculos aislados en el cuello.

d) *Olla mediana con cuello* (fig. 88): Semicírculos aislados y triángulos en greca en el cuello.

5.2.4. Inferencias preliminares

La información presentada indica que a nivel de las vasijas decoradas, el rango de colores y los diseños representados conforman dos sub-muestras claramente perceptibles: una muy homogénea y mayoritaria asociada a las vasijas grandes y medianas; y otra variable y escasa asociada a algunas pocas vasijas pequeñas (incluye un caso de modelado). Como se verá más adelante (cf. capítulo 6), ambas sub-muestras tienen correlatos estilísticos diferentes. En el corpus de vasijas grandes y medianas decoradas existe una tendencia a la agrupación de piezas en un número más o menos constante (cinco a siete) a partir de patrones decorativos compartidos (Grupos decorativos 1 al 6), sumándose a ellos algunos casos únicos.

Al nivel de las vasijas no decoradas el repertorio formal es ostensiblemente amplio, pues se incluyen vasijas pequeñas, medianas y grandes. No obstante, existe una relación constante entre la ausencia de decoración y los *cántaros grandes con cuello*, las *ollas medianas sin cuello* y las *ollas pequeñas sin cuello.*

5.3. Tecnología

Bajo este rubro se desarrollan los aspectos de pasta, manufactura, acabado y cocción. Ello sin embargo no es independiente de los atributos de forma y decoración. Esta perspectiva tecnológica no restringida ha tenido por objeto identificar las posibles relaciones de las vasijas en términos de su producción.

5.3.1. Tipos de pasta

Los análisis macroscópicos efectuados han permitido identificar preliminarmente los siguientes cinco tipos de pasta (Cuadro 19).

Cuadro 19

Tipos de pasta y presentación de características generales

	TIPO DE TEXTURA PASTA	COMPACTACIÓN POROSIDAD	COLOR	INCLUSIONES						
				Inclusiones principales	Cantidades relativas	Tamaño*	Granulometría		Distribución	Porcentaje total
							Redondez	Esfericidad		
I	Homogénea Grano mediano Fractura regular	Semicompacto a Semiporoso (3 - 7 %)	Naranja Gris Naranja-Gris Gris-Naranja	Cuerpo opaco negro Cuarzo Caolín ? "Pirita"	5 % 4 % 1.5 % 1.5 %	MS MS-FS CS-VCS S-VFS	Subangular Subredondeado ----------- Angular	Media Alta ----------- Alta	Irregular Regular Regular Uniforme	12 %
II	Homogénea Grano grueso Fractura irregular	Semiporoso (5 - 7 %)	Marrón oscuro Caolín ?	Cuarzo Cuerpo opaco negro "Pirita" 1 %	8 % 4 % 1.5 % MS	CS MS S-VFS ------------	Subredondeado Subangular Angular -----------	Alta Alta Alta Uniforme	Irregular Bueno Bueno	14 %
III	Homogénea Grano fino Fractura regular	Compacto (< 1- 1 %)	Naranja Gris-Naranja	Cuerpo opaco negro Cuarzo	1 % 1 %	VFS FS	Subangular Redondeado	Media Alta	Regular Regular	2 %
IV	Homogénea Grano fino Fractura regular	Semicompacto (3 - 4 %)	Naranja Marrón	Cuarzo Cuerpo opaco negro	5 % 3 %	MS MS	Redondeado Subangular	Alta Baja	Regular Regular	8 %
V	Heterogénea Grano Grueso Fractura irregular	Poroso (7 - 10 %)	Naranja	Cuarzo Cuerpo opaco negro Roca gris	11 % 3 % 1 %	MS MS VCS	Subredondeado Subredondeado Subredondeado	Alta Media Alta	Regular Irregular Uniforme	15 %

* Escala de tamaños según el sistema Wentworth (cf. Sheppard 1963, Rice 1987: 38-39)

Pasta I: Pasta de textura homogénea y de grano medio. La fractura es sinuosa aunque básicamente regular. En términos relativos, los poros constituyen del 3 a 7% de las áreas expuestas analizadas, por lo que se le cataloga como semicompacta a semiporosa. Sus principales inclusiones (cuerpos opacos de color negro, cuarzo, ¿caolín? y pirita —en ese orden— conforman el 12% del área expuesta, con tamaños que generalmente se asignan a las categorías «arena fina» y «arena media».[1] Por lo general todas las inclusiones muestran grados medios de esfericidad y redondez,[2] excepto la inclusión tipo arcilla blanca (¿caolín?) que solo se presenta a modo de concreción adherida en los poros de la pasta sin una forma determinada. En general, las inclusiones se hallan regularmente distribuidas.

Generalmente la arcilla y las condiciones de cocción (atmósfera, temperatura y tiempo) facilitaron los procesos de oxidación, con la consecuente obtención de colores naranja y rojo claro (principalmente 2.5YR 6/6, 2.5YR 6/8, 10R 5/6 y 2.5YR 5/6). Sin embargo, existen algunos pocos casos en que se observa un núcleo naranja y una cobertura delgada de color gris claro (5Y 5/1, 5Y 6/1) hacia el exterior, o un núcleo gris claro y una cobertura difusa de color naranja hacia el exterior. Estas variaciones indicarían condiciones de cocción relativamente inestables, en especial poco antes o durante la fase de enfriamiento. Otros pocos especímenes hechos con la pasta I exhiben paredes de color gris (7.5YR 4/0, 2.5YR 4/0), aspecto conseguido mediante una completa y homogénea atmósfera reductora durante la cocción.

Pasta II: Caracterizada por una textura homogénea pero de grano grueso. La fractura se presenta claramente sinuosa e irregular. La porosidad en las áreas expuestas se ubica en el rango de 5 a 7%, por lo que se le identifica como una pasta semiporosa. Las inclusiones que prevalecen de más a menos son: cuarzo, cuerpos opacos de color negro, pirita y concreciones blanquecinas, sumando todas 14%; generalmente en tamaños de «arena media» y «arena gruesa». El aspecto granular y poroso de esta pasta se debe a la inusual cantidad de cuarzo presente, alrededor del 8% de la conformación de la pasta, en tamaños de «arena gruesa» irregularmente distribuida. Las demás inclusiones exhiben distribuciones más bien homogéneas y esfericidad y redondez típicamente de grado medio, exceptuando siempre la inclusión tipo concreción blanquecina.

El color de la pasta II es siempre marrón (7.5YR 4/2, 2.5YR 5/4, 2.5YR 4/4), lo que sumado a su baja dureza y relativa friabilidad indicarían una cocción de baja temperatura o corta duración aunque de atmósfera oxidante.

Pasta III: Pasta de textura y grano fino, y aspecto homogéneo. La fractura es muy regular y en ocasiones casi lisa. Los poros son pequeños y no

[1] Estas y las siguientes referencias de tamaño de las inclusiones corresponden a la escala sedimentológica de Wentworth (cf. Sheppard 1968: 117-121, Table 5; Rice 1987: 38-39).

[2] La esfericidad y redondez han sido definidas como alta, media o baja de acuerdo con las escalas proporcionadas por Rice (1987: 406-408) y Orton *et al.* (1993: fig. 5A).

sobrepasan el 1% de las áreas expuestas; por ello ha sido identificada como una pasta compacta. A diferencia de los tipos de pasta anteriores, en la pasta III solo prevalecen como inclusiones los cuerpos opacos de color negro y el cuarzo, sumando ambos no más del 2% de presencia relativa. Dichas inclusiones se caracterizan por exhibir grados medios de esfericidad y redondez, aunque los cuerpos opacos tienden con mayor frecuencia a presentarse con contornos sub-angulares. En general el tamaño de ambas inclusiones varía entre «arena fina» y «arena muy fina», distribuidas con bastante homogeneidad.

El tipo de pasta III a menudo se asocia a arcillas con escaso material orgánico y a condiciones de cocción notablemente estables y oxigenadas, lo que produjo colores naranja claros (generalmente 2.5YR 6/6). En algunos pocos casos los fragmentos dejan ver un núcleo gris claro (5Y 5/1) y una capa muy delgada y definida de color naranja claro hacia el exterior. Ello sugiere condiciones inestables de oxidación y una probable y súbita oxigenación al final de la cocción.

Pasta IV: También de textura y grano fino, aspecto homogéneo y fractura regular, aunque no lisa. Los poros constituyen de 3 a 4% de las áreas expuestas. Ha sido catalogada como una pasta semicompacta. Las inclusiones mayoritariamente observables son el cuarzo y los cuerpos opacos de color negro, alcanzando juntos una presencia relativa de 8% en un tamaño constante de «arena media» homogéneamente distribuida. Aunque ambas inclusiones son muy similares y regulares en cuanto a redondez y esfericidad, los cuerpos opacos son los de menor esfericidad en toda la muestra analizada.

Las fracturas dejan ver constantemente colores anaranjado (2.5YR 5/6) y marrón claro (5YR 5/3), sugiriendo que las vasijas confeccionadas con la pasta IV fueron cocidas en condiciones estables de atmósfera de oxidación.

Pasta V: Presenta una textura heterogénea de grano grueso, y fractura sinuosa e irregular. Se le ha asignado la categoría de pasta porosa, puesto que los poros constituyen entre el 7 y 10% de las áreas expuestas analizadas. Predominan las inclusiones de cuarzo, cuerpos opacos y un tipo de roca gris no identificado (en ese orden), sumando un total relativo de 15% en la pasta. El tamaño de las inclusiones oscila entre «arena muy gruesa» y «arena media», con grados medios de esfericidad y redondez, y sin un patrón de distribución claramente definido.

Predomina el color rojo-anaranjado (2.5YR 6/8, 2.5YR 6/6); probablemente debido al empleo de una arcilla con escaso contenido orgánico combinado con condiciones de cocción estables, y aunadas a una constante atmósfera de oxidación.

El cuadro 20 muestra la cantidad de vasijas por cada tipo de pasta identificado. Como puede apreciarse, la pasta I es considerablemente mayoritaria, al estar presente en el 83.2% (N = 114) de las vasijas de la muestra. Con la pasta I fueron confeccionadas gran parte de los *platos*, todas las *ollas medianas* y *grandes con cuello*, parte de las *ollas medianas sin cuello*,

Cuadro 20
Distribución general de vasijas por tipo de pasta

Tipo de pasta	Platos	Cuencos	Plato/Cuenco	Ollas Grandes c/c	Ollas Medianas c/c	Ollas Pequeñas c/c	Ollas con Vertedera	Ollas Medianas s/c	Ollas Pequeñas s/c	Cántaros Grandes c/c	Cántaros Mamiformes	Botellas	Ollas/Cántaros	Total	%
I	10	0	0	4	25	0	1	2	0	7	8	1	56	114	83.2
II	0	0	0	0	0	1	0	1	0	0	0	0	1	3	2.2
III	0	3	1	0	0	2	0	0	0	0	0	2	0	8	5.9
IV	2	0	0	0	0	0	0	0	8	0	0	0	0	10	7.3
V	0	0	0	0	0	0	2	0	0	0	0	0	0	2	1.4
N	12	3	1	4	25	3	3	3	8	7	8	3	57	137	100

al menos una *olla con vertedera*, todos los *cántaros grandes con cuello* y *mamiformes*, una *botella* y casi todas las *olla/cántaros*. El restante 16.8% (N = 23) de vasijas fue confeccionado con las pastas II, III, IV y V. Estas vasijas comprenden algunos *platos*, todos los *cuencos*, el único caso de *plato/cuenco*, una *olla mediana sin cuello*, todas *las ollas pequeñas sin cuello*, dos *ollas con vertedera*, dos *botellas* y una *olla/cántaro*.

Los datos presentados conducen a establecer tres observaciones importantes: a) La pasta I tuvo un uso ampliamente preferencial en la confección de las vasijas, frente a pastas de empleo más restringido. b) La pasta I fue usada para confeccionar vasijas grandes a medianas, mientras que, en términos de cantidades relativas, su empleo en las vasijas pequeñas fue mucho menos frecuente. c) Las pastas II, III, IV y V fueron empleadas exclusivamente para confeccionar vasijas medianas a pequeñas, con una clara preferencia por estas últimas. El panorama resultante señala que, en términos de pastas, las vasijas grandes y gran parte de las medianas presentan un evidente grado de uniformidad, mientras que las pequeñas y algunas medianas, inversamente, se definen por su variabilidad.

5.3.2. Manufactura y acabados de forma y superficie

La técnica más ampliamente usada para confeccionar las vasijas fue el enrollado, aunque no ha sido posible precisar alguna variante. Como técnica principal, el enrollado fue empleado para dar forma a las *ollas medianas* y *grandes con cuello*, *ollas con vertedera*, *cántaros grandes con cuello*, *ollas/cántaros* y quizás *ollas medianas sin cuello*. Las evidencias más ilustrativas han sido observadas en las vasijas grandes. En esos casos, los rollos exhiben en corte forma elipsoidal, debido a la compactación que sirvió para unirlos y dar solidez estructural a las vasijas. A menudo presentan un diámetro máximo aproximado de 3 cm, aunque realmente debieron ser un poco más pequeños antes de la compactación (alrededor de 2 cm de diámetro). Los cuellos fueron hechos también a base de algunos pocos rollos, posteriormente compactados y aplanados mucho más severamente que en las secciones del cuerpo. Frecuentemente se recubrió con una capa delgada de arcilla las áreas compactadas, a fin de asegurar una superficie más regular. Si las vasijas llevaban vertedera, se hacía un corte circular en la porción superior del cuerpo, cerca del cuello, y se insertaba un tubo asegurándolo interiormente a través del orificio principal de la vasija, y si llevaban asa, esta era adherida al cuerpo a modo de un simple aplicado.

La superficie interior de los cuerpos de las vasijas hechas por enrollado muestra huellas de desbastado, presuntamente hecho con un instrumento cortante (fragmentos de cañas o hueso, hojas de metal, conchas de borde liso, etc.). Existe una notable variabilidad en el resultado conseguido, pues hay vasijas con una mayor cantidad de grietas y poros, y otras con un aspecto más compacto. Este efecto poroso u agrietado no se deriva de las pastas empleadas, sino, aparentemente, del momento en que, y quizás del instrumento con que, se decidió rebajar y uniformizar las sinuosidades de la superficie interior. Tomando en cuenta estos detalles, debe resaltarse dos observaciones: a) Las vasijas grandes exhiben una mayor diversidad en el resultado del desbastado, pues se consiguieron acabados tanto porosos como compactos, b) existen casos de *ollas/cántaros* (probablemente vasijas grandes) con evidencias de dos tipos de desbastado diferentes a partir de un punto no determinado en el cuerpo.

A menudo las superficies internas de las piezas muestran gotas o salpicaduras del engobe usado en el exterior. Debe señalarse que resaltan tres casos (2 *ollas/cántaros* y 1 *olla con cuello grande*, fig. 141) que llevan engobe de color en el interior, perfectamente delimitado al área de la base.

El acabado exterior de las vasijas incluye casi siempre la aplicación de un engobe de color en todo el cuerpo, incluyendo la superficie interior de los cuellos. Los colores de engobe más frecuentes son el rojo (10R 5/6, 2.5YR 5/4) y el marrón rojizo (5YR 5/4, 2.5YR 4/2). Ocasionalmente se empleó el color anaranjado (2.5YR 5/6). En las vasijas grandes el autoengobe (engobe hecho a base del mismo tipo de arcilla empleado en la confección de las vasijas) fue tan frecuente como el engobe de color. Las vasijas medianas suelen aparecer totalmente bruñidas en el exterior o combinando el alisado en el cuello y el bruñido en el cuerpo. Las vasijas grandes ocasionalmente muestran este patrón, asociándose preferentemente a un simple acabado por alisamiento. No obstante, dos vasijas grandes (una olla y un cántaro, figs. 99, 116) exhiben un acabado cuidadoso por bruñimiento en el cuello y pulimento en el cuerpo.

Los *cántaros mamiformes* muestran un particular proceso de confección, definido por la elaboración de secciones parciales posteriormente unidas entre sí. La técnica general comprendió la confección independiente (presumiblemente por estirado sobre algún tipo de soporte) de las secciones convexa y plana del cuerpo de la vasija. La sección convexa presentaba un orificio grande en el centro. Durante la unión de ambas secciones, el artesano introducía su mano por dicho orificio, asegurando interiormente las junturas a lo largo del cuerpo de la vasija, aparentemente de la base hacia los hombros. Desde aquí, el artesano también aseguraba la inserción correcta del cuello sobre el área de los hombros, cerrando las últimas aberturas laterales en el cuerpo. Finalmente, una cantidad suficiente de arcilla era adherida alrededor del orificio de la sección convexa del cuerpo. El continuo estiramiento hacia el centro de estas porciones de arcilla fue cerrando el orificio, hasta conseguir un agujero pequeño con sobrantes de arcilla alrededor. Finalmente el orificio fue cerrado haciendo un movimiento de torniquete. Con un simple alisado exterior, las huellas del torniquete eran borradas posteriormente (fig. 152).

El acabado interior de estas vasijas se hizo mediante restregado o arrastrado, especialmente en las áreas de carena lateral del cuerpo. Sin embargo, las secciones plana y convexa exhiben algunas improntas delgadas de 2 mm de ancho, a modo de líneas más o menos rectas de corta longitud. Puesto que casi siempre las huellas de restregado interrumpen las improntas, estas debieron resultar del uso de algún tipo de soporte en la confección de la vasija con el objeto de asegurar la forma plana de una parte del cuerpo y la forma convexa de la obra.

Por lo general el interior de los *cántaros mamiformes* no es muy poroso u agrietado. El acabado exterior incluyó la aplicación de engobe de color rojo (2.5YR 5/6, 10R 5/8) y en especial naranja oscuro (5YR 5/6). Las vasijas fueron bruñidas exteriormente, excepto un caso que presenta el cuello bruñido y el cuerpo alisado. Esta misma pieza presenta una superficie interior bastante porosa, de forma similar a las vasijas grandes (fig. 127).

Las *ollas pequeñas sin cuello* muestran en el interior algunas pocas sinuosidades y un área de juntura entre las porciones inferior y superior del cuerpo, en el punto en que las paredes del cuerpo comienzan a cerrase hacia la boca. Tentativamente estas huellas, a la par que el tamaño de las vasijas, podrían indicar que su confección se hizo en dos partes mediante una variante de estirado digital. Las piezas fueron concluidas adhiriendo una banda de sección triangular alrededor del borde, y posteriormente aplicando las agarraderas sólidas parcialmente sobre el cuerpo y parcialmente sobre la banda triangular.

Interiormente estas vasijas exhiben un acabado por alisamiento efectuado con poco cuidado. En el exterior, todas las ollas de este tipo se encuentran bruñidas, aunque tampoco sin buena calidad. No existen huellas de engobe de color, aunque sí es posible el uso de autoengobe, lo que sumado al acabado por bruñimiento produjo superficies de color marrón a marrón rojizo oscuro (2.5YR 4/4, 5YR 5/4, 7.5YR 4/4).

Finalmente, el buen acabado de los *platos* y *cuencos*, y los escasos fragmentos de las *botellas* no proporcionan evidencias directas de una técnica de manufactura particular, salvo un cuenco que fue modelado en forma de calabaza. Presumiblemente el resto de vasijas habrían sido manufacturadas con la técnica del estirado digital.

Los *platos* exhiben una notable variabilidad. Los engobes, por ejemplo, muestran tonos de color diversos: rojo (2.5YR 5/6, 10R 5/6), marrón rojizo (2.5YR 4/6), marrón claro (5YR 5/4) y naranja (2.5YR 6/8). Igualmente muestran alisado o bruñido total, o alisado en el exterior y bruñido en el interior. Este panorama contrasta con el de los *cuencos*: todos engobados de color naranja (5YR 5/6, 2.5YR 6/8) y cuidadosamente bruñidos en ambas superficies. Las *ollas pequeñas con cuello* se encuentran cubiertas en el exterior con engobes de color rojo (2.5YR 5/8, 10R 5/6) o marrón rojizo (5YR 4/2) y bruñidas con cuidado. Interiormente se muestran áreas con restregado y sin acabado. Las *botellas* también exhiben en el interior áreas con restregado o sin acabado, y en el exterior engobe naranja (5YR 5/6, 5YR 6/6) y pulimento.

5.3.3. Cocción

Como se ha visto a partir de la descripción de tipos de pasta, la mayoría de vasijas fueron cocidas en un ambiente de oxidación adecuada, consiguiéndose tonos de color rojo a naranja homogéneos. Algunas vasijas grandes muestran en las fracturas un color gris en el interior y un color naranja en el exterior, o bandas grises laterales al corazón de la pasta de color claro. Dada la presencia localizada de estas variantes y el tamaño de las vasijas, cabe pensar en una pérdida accidental del control de la oxigenación durante la cocción, más que en un tratamiento intencional. No obstante, este panorama relativamente homogéneo tiene dos excepciones: a) existen vasijas de alta friabilidad y pasta marrón, lo que indicaría una temperatura baja de cocción (figs. 71, 107, 132); y b) existen algunas pocas vasijas (una *olla grande con cuello*, un *cántaro grande con cuello* y un *plato* (figs. 49, 99, 116) cocidos en atmósfera reductora. De estas resaltan las vasijas grandes ya que exhiben el cuerpo pulido.

5.3.4. Establecimiento de alfares

Los datos tecnológicos consignados, sumado a la forma y decoración de las vasijas, han permitido establecer unidades asociativas de alta coherencia interna. Tales unidades son interpretadas en el presente trabajo como alfares, los que a su vez indicarían unidades de producción diferenciados (Cuadro 21). Aunque los tipos de pasta permiten identificar preliminarmente un alfar particular, los atributos tecnológicos restantes también han contribuido a identificar variantes internas dentro de un tipo de pasta ampliamente usado. Más aún, cuando ha sido posible, se ha procedido a la

Cuadro 21
Distribución general de vasijas por alfares

ALFAR	GRUPO	PASTA	Vasijas pequeñas: Platos	Vasijas pequeñas: Cuencos	Vasijas pequeñas: Plato/Cuenco	Vasijas pequeñas: Botellas	Vasijas pequeñas: Ollas con cuello	Vasijas pequeñas: Ollas sin cuello	Vasijas medianas: Ollas con cuello	Vasijas medianas: Ollas sin cuello	Vasijas medianas: Cántaros mamiformes	Vasijas medianas: Ollas con vertedera	Vasijas medianas: Ollas/Cántaros	Vasijas grandes: Ollas con cuello	Vasijas grandes: Cántaros con cuello	Vasijas grandes: Ollas/Cántaros	TOTAL	%
A	1	I	–	–	–	–	–	–	–	–	–	–	–	3	6	30	39	28.5
A	2	I	–	–	–	–	–	–	25	2	–	1	24	–	–	–	52	38
A	3	I	–	–	–	–	–	–	–	–	7	–	–	–	–	–	7	5.1
A	4	I	6	–	–	–	–	–	–	–	–	–	–	–	–	–	6	4.3
A	Indeterm.	I	3	–	–	1	–	–	–	–	1	–	2	–	–	–	7	5.1
B		I	1	–	–	–	–	–	–	–	–	–	–	1	1	–	3	2.2
C		II	–	–	–	–	1	–	–	1	–	–	1	–	–	–	3	2.2
D		III	–	3	1	2	2	–	–	–	–	–	–	–	–	–	8	5.9
E		IV	2	–	–	–	–	8	–	–	–	–	–	–	–	–	10	7.3
	Indeterm.	V	–	–	–	–	–	–	–	–	–	2	–	–	–	–	2	1.4
	TOTAL		12	3	1	3	3	8	25	3	8	3	27	4	7	30	137	100

identificación de sub-unidades (grupos) dentro de un alfar. Tentativamente tales sub-unidades se encontrarían vinculados a la función primaria de cada forma de vasija. Existen casos aislados, ambiguos o poco numerosos que no han podido ser definidos o asignadós a un alfar específico.

ALFAR A

Grupo 1

Pasta : I
Manufactura: Enrollado
Acabados : Desbastado en el interior y alisado en el exterior, con presencia de autoengobe o engobe de color rojo-naranja.
Cocción : Oxidación parcial o completa. Presencia habitual de defectos de cocción.
Formas : *Ollas grandes con cuello* N = 3
Cántaros grandes con cuello N = 6
Ollas/cántaros (vasijas grandes) N = 30
Total de vasijas N = 39

Decoración : Generalmente sin decoración, pocos casos decorados que incluyen: Grupo Decorativo 5, caso único A, diseño 11b, diseño no definido D (cf. fig. 151, Cuadro 17).
Figs. : 97-98, 100, 115,119-121, 128-131,143-144, 150

Grupo 2

Pasta : I
Manufactura: Enrollado
Acabados : Desbastado en el interior. Exterior totalmente bruñido, o alisadoen el cuello y bruñido en el resto del cuerpo. Engobe exterior de color rojo-naranja, con claro predominio de los tonos rojos.
Cocción : Oxidación completa y bien controlada
Formas :

Ollas medianas con cuello	N = 25
Ollas medianas sin cuello	N = 2
Olla con vertedera	N = 1
Ollas/cántaros (vasijas medianas)	N = 24
Total de vasijas	N = 52

Decoración : Este alfar comprende la mayoría de piezas decoradas. Incluye: Grupos Decorativos 2, 3, 4, 5 y 6; casos únicos B, C y D; y diseños 2c, 2b y 11a.
Figs. : 72-96, 104-106,132-139, 145,147-149.

Grupo 3

Pasta : I
Manufactura: Emplacado (elaboración por secciones independientes)
Acabado : Restregado en el interior y bruñido en el exterior. Engobe de color rojo-naranja en el exterior.
Cocción : Oxidación completa y bien controlada
Formas :

Cántaros mamiformes	N = 7
Total de vasijas	N = 7

Decoración : Solo incluye el Grupo Decorativo 1
Figs. : 122-126

Grupo 4

Pasta : I
Manufactura: ¿Estirado digital?

Acabados : Exterior e interior alisados, o alisado en el exterior y bruñido en el interior. Presencia de autoengobe y engobes de color naranja, rojo y marrón rojizo.

Formas : *Platos* N = 6

Total de vasijas N = 6

Decoración : Muy poca decoración. Incluye diseños 2a y 3a

Figs. : 51-52, 55, 57, 59-60

Sin asignación a un grupo preciso

Tres platos (figs. 53, 56)
Un *cántaro mamiforme* con diseño interlocked simplificado (fig. 127)
Dos *ollas/cántaros* medianos, uno con diseño interlocked simplificado (fig. 143) y el otro un fragmento de asa (fig. 144).
Una *botella* con diseño no definido 4 (fig. 66)
Total de vasijas = 7

ALFAR B

Pasta : I

Manufactura: Vasijas grandes por enrollado. Vasijas pequeñas por probable estirado digital.

Acabados : Vasijas grandes con desbastado interior y el exterior con bruñido en el cuello y pulido en el cuerpo. Vasijas pequeñas con bruñido interior y exterior. Empleo de probable autoengobe.

Cocción : Reducción homogénea

Formas : *Olla grande con cuello* N = 1
Cántaro grande con cuello N = 1
Plato N = 1

Total de vasijas N = 3

Decoración : Sin decoración

Figs. : 61, 99, 116

ALFAR C

Pasta : II

Manufactura: Vasijas medianas por enrollado, vasijas pequeñas por estirado digital

Acabados	:	Interior alisado o desbastado y exterior alisado o bruñido. Uso de autoengobe.	
Cocción	:	Oxidación a baja temperatura	
Formas	:	*Olla/cántaro* (vasija mediana)	N = 1
		Olla mediana sin cuello	N = 1
		Olla pequeña con cuello	N = 1
		Total de vasijas	N = 3
Decoración	:	Sin decoración	
Figs.	:	71, 107	

ALFAR D

Pasta	:	III	
Manufactura	:	Estirado digital	
Acabados	:	Vasijas abiertas bruñidas en el interior y exterior. Vasijas cerradas con restregado interior y pulido exterior. Engobe de color naranja	
Cocción	:	Oxidación homogénea, eventuales casos de oxidación parcial.	
Formas	:	*Cuencos*	N = 3
		Plato/cuenco	N = 1
		Ollas pequeñas con cuello	N = 2
		Botellas	N = 2
		Total de vasijas	N = 8
Decoración	:	Incluye diseños 1a y 6d	
Figs.	:	62-65, 67-70	

ALFAR E

Pasta	:	IV	
Manufactura	:	Estirado digital (aparentemente en dos partes)	
Acabados	:	Vasijas cerradas interiormente alisadas y exteriormente bruñidas. Vasijas abiertas con alisado en el exterior y bruñido en el interior. Uso de autoengobe y engobe de color marrón rojizo.	
Formas	:	*Platos*	N = 2
		Ollas pequeñas sin cuello	N = 8
		Total de vasijas	N = 10
Decoración	:	Sin decoración	
Figs.	:	54, 58, 108-114	

Casos indeterminados

Insuficiente información para definir o asignar los siguientes especímenes a un alfar:

Pasta	: V	
Manufactura	: Enrollado	
Acabados	: Desbastado en el interior, y en el exterior alisado en el cuello y bruñido en el cuerpo. Uso de engobe de color rojo-naranja.	
Formas	: *Ollas con vertedera*	N = 2
	Total de vasijas	N = 2
Decoración	: Grupo decorativo 2	
Figs.	: 102-103	

5.3.5. Inferencias preliminares

El análisis realizado indica que el alfar A incluye la mayoría de vasijas grandes y medianas, y algunos *platos* y una *botella* (fig. 153). Ha sido posible identificar variantes internas derivadas de la confección particular de vasijas funcionalmente diferentes. Tales funciones conciernen básicamente a la preparación y almacenamiento de productos (*ollas* y *cántaros*), y en menor medida a la repartición de productos *(ollas medianas, ollas con vertedera)*, y al transporte y consumo directo (*botella* y *platos*). En el ámbito decorativo este alfar es notablemente homogéneo. Debe señalarse que en términos del repertorio formal, el alfar B (una versión de cocción reducida y mejor acabada que el alfar A) es numéricamente escaso.

Por otro lado, existe una evidente variabilidad de alfares al nivel de las vasijas pequeñas y algunas medianas (alfares C, D y E). Estos alfares comprenden vasijas de preparación (*ollas*, especialmente *ollas sin cuello*, y una *olla/cántaro mediana*) y vasijas de consumo directo y transporte (*platos, cuencos*, un *plato/cuenco* y *botellas*) (fig. 153). Contrasta esta variabilidad con el hecho que conforman una sub-muestra poco numerosa (solo 23 ejemplares). Igualmente, desde el punto de vista decorativo, son un conjunto diverso, pues carecen de decoración o presentan una decoración de alta calidad, a veces mejor lograda que la del alfar A.

Finalmente, algunos pocos ejemplares no han podido ser asignados a una variante tecnológica precisa, aunque genéricamente se adscriben a los cánones tecnológicos del Alfar A. Tampoco se han podido definir como alfar las vasijas hechas con la pasta V (dos *ollas con vertedera*). Las vasijas de este tipo, como aquellas hechas con la pasta I, forman parte de un mismo grupo decorativo.

5.4. Indicadores específicos de uso/función

5.4.1. Hollín y restos quemados

Si bien existen casos en que la presencia de hollín se debió a eventos de combustión sucedidos cuando las vasijas ya estaban rotas, ha sido posible distinguir vasijas tiznadas por razones de su función primaria. Esos casos son presentados en el cuadro 22.

Puede suceder que la presencia de hollín en algunas vasijas (*vg. cántaro mamiforme* de la figura 127) se encuentre en contradicción con la función primaria que hipotéticamente se desprende de sus características formales. No obstante, debe considerarse que independientemente de su forma, una vasija puede ser *usada* de diferentes maneras, dependiendo del contexto cultural en el que se enmarca (cf. LUMBRERAS 1983, 1984; SCHIFFER 1972). De cualquier manera, es conveniente recordar que muchas vasijas han sido identificadas a partir de escasos fragmentos y que ello impide una evaluación más certera.

Por lo general, las vasijas del cuadro 22 muestran dos recurrencias importantes. En primer lugar, excepto las *ollas pequeñas sin cuello*, las deposiciones de hollín se encuentran en las porciones bajas de los cuerpos. Sin embargo, todas las bases recuperadas de vasijas grandes y medianas carecen de hollín. Por lo tanto el ahumado debido a la exposición al fuego no afectó las bases mismas pero sí las porciones laterales al cuerpo. Este tipo

Cuadro 22
Presencia de restos de hollín en vasijas de cerámica identificadas

Categoría Morfológica	No. Registro	Presencia de hollín en:	Alfar
Olla Grande con cuello	3303	Cuerpo inferior (exterior)	B
Olla Mediana con cuello	3312	Cuerpo inferior (exterior)	A
Olla Pequeña sin cuello	1326	Cuerpo inferior (exterior)	
	3271	Base (exterior)	E
	3274	Cuerpo inferior (exterior)	
Cántaro Grande con cuello	3308	Cuerpo inferior (exterior)	A
	3305	Cuerpo inferior (exterior)	
Cántaro Mamiforme	3267	Cuerpo inferior (exterior)	A
Olla/Cántaro	3208	Cuerpo (exterior)	
	3224	Cuerpo (exterior)	
	3233	Cuerpo (exterior)	A
	3234	Cuerpo (exterior)	
	3209	Cuerpo (exterior)	

de distribución de hollín es compatible con los casos en que las vasijas son asentadas directamente sobre la brasa, de modo que el centro de la base se oxida y las áreas bajas y laterales del cuerpo se ahuman por la flama (HALLY 1986, RICE 1987). El tamaño de las vasijas y la ausencia de asas fortalece esta sospecha. No obstante, como se verá más adelante, son frecuentes las bases con huellas de abrasión y desportilladuras. En estos casos es fácilmente perceptible el fuerte contraste de color entre la pasta expuesta por las rayaduras y desportilladuras, y la superficie exterior de las vasijas. Una repetida exposición directa al fuego vivo debería proporcionar oxidaciones más o menos homogéneas en todo el área en contacto con el fuego, de modo que el color, tanto de las rayaduras y de las áreas desgastadas, como de la superficie original, se habría uniformizado, seguramente a tonos rojos o naranjas. No obstante, los contrastes de color entre las rayaduras y las superficies intactas en la base son frecuentes en todos los casos analizados. Por lo tanto, puede sostenerse que el fuego no incidió en las vasijas desde abajo, sino desde el costado, de modo que resulta posible que muchas de las vasijas, en especial aquellas grandes, hayan estado semienterradas en el suelo, de cara al fuego lateral. Esta hipótesis explicaría el ligero tiznado de las secciones superiores de algunas vasijas. Para reforzar este planteamiento mediante el análisis de las vasijas mismas, se esperaría encontrar una estrecha asociación entre las bases con abrasión y rayaduras limpias, y las porciones inferiores del cuerpo con hollín. Lamentablemente, esto no ha sido posible dada la carencia de un número razonable de vasijas completas.

Las *ollas pequeñas sin cuello* son las únicas vasijas no grandes con restos de hollín. Una de ellas exhibe la base tiznada. Dado su tamaño y puesto que cuentan con asideros o agarraderas, es bastante probable que hayan sido suspendidas sobre el fuego.

La segunda recurrencia importante es la ausencia de material quemado en el interior de las vasijas. Todas (grandes y pequeñas) muestran solo hollín en el exterior. La observación directa en comunidades tradicionales permite afirmar que la cocción repetitiva de elementos sólidos produce invariablemente el ennegrecimiento interior de las vasijas, en especial del fondo de la base. Si las vasijas no fuesen lavadas, la acumulación de material quemado adoptaría la apariencia de capas de hollín endurecidas. Si por el contrario las vasijas fuesen constantemente lavadas después del procesamiento de los alimentos, las partículas quemadas se preservarían en los poros, de forma que el aspecto general sería similar a un área ahumada por defecto de cocción de la vasija. No obstante, ninguna evidencia de ennegrecimiento o de material quemado en el interior de las vasijas ha sido hallada. Por el contrario, estas se encuentran completamente limpias, aún cuando varias de ellas, como se ha visto, fueron expuestas al fuego. De acuerdo con esto, parece probable que el contenido de las vasijas no fueran sólidos sino líquidos, o en todo caso sólidos en abundante líquido, sea para hervirlos o calentarlos (presencia de fuego), o mezclarlos y preservarlos.

Las inferencias precedentes tienen solo carácter general. No es posible en el momento atribuirle funciones específicas a cada vasija individual o tipo de vasija a partir de asociaciones sólidamente identificadas (*v.g. ollas grandes con cuello* solo para mezclar, *ollas medianas con cuello* solo para hervir, etc.) Dado el número de casos (N = 13) es posible que el uso de fuego se haya restringido a algunas pocas vasijas. Para dilucidar estos puntos es requisito importante contar con vasijas casi totalmente reconstruidas en su porción inferior. A partir de la información presentada, solo puede decirse que la muestra en estudio incluye vasijas con funciones de preparación (con y sin fuego) y de almacenamiento, aparentemente solo o básicamente de líquidos.

5.4.2. Abrasión y desportilladuras

Se emplea aquí el término *abrasión* en lugar del de *erosión* como una forma de diferenciar huellas de desgaste por uso (abrasión) de aquellos naturales post-deposicionales (erosión). Para distinguirlas se ha procedido macroscópicamente a: a) determinar la presencia de desgaste y definir el área de su presencia en la vasija (una vasija que ha sido constante o intensamente usada debería presentar desgaste localizado); b) comparar las evidencias de desgaste con el número, tamaño y procedencia de los fragmentos que han intervenido en la conformación de una vasija dada (el patrón de desgaste debería ser mejor observado en grandes porciones rearmadas a partir de fragmentos diferentes); y c) identificar un orden o dirección aparente de las huellas de desgaste.

Estos tres criterios han permitido identificar las huellas de abrasión como áreas o rayaduras lineales en la base y secciones inferiores de una variedad de vasijas. Por lo general las huellas de abrasión y rayaduras en las vasijas medianas y grandes son severas, lo que sugeriría que fueron usadas intensamente durante corto tiempo o constantemente durante un tiempo prolongado (fig. 154).

Las evidencias de desportilladuras son escasas, pero reveladoras. Aunque su presencia es más común en los bordes, también se han registrado en gran parte del cuerpo exterior de un *cántaro grande con cuello* (fig. 119) y en el interior del cuello de una *olla grande con cuello* (fig. 97). En estos casos se ha determinado que el desportillamiento ocurrió antes de que las vasijas estuviesen fragmentadas, ya que solo al armarlas se completan muchas desportilladuras individuales. El caso de la *olla grande con cuello* de la figura 97 es ilustrativo porque las desportilladuras solo se encuentran en el interior del cuello, en el área de mayor constricción interna (cuello cóncavo). Este patrón solo resultó observable al unir los fragmentos que provenían de pozos y depresiones diferentes.

5.4.3. Huellas de golpe

La reconstrucción parcial de las vasijas ha permitido observar huellas de impactos en sus superficies. A juzgar por sus características particulares, tales huellas solo pudieron ser producidas por golpes dirigidos por acción humana. El análisis y la experimentación con vasijas de cerámica[3] y una serie de implementos para golpear, han permitido identificar dos tipos de golpe en el material arqueológico.

a) *Golpe con percutor convexo*: Este tipo de golpe resulta ser el más evidente. El uso de un percutor duro de superficie convexa (por ejemplo el borde de una mano de moler, un canto rodado o la cabeza esferoide de una porra) produce un agujero irregular en el punto de impacto con rajaduras radiales. La vista posterior del punto en que sucedió el impacto es bastante ilustrativa. Alrededor del agujero irregular, los fragmentos de cerámica desprendidos por el golpe dejan concavidades regulares, de forma similar a los negativos obtenidos durante el lascado de artefactos líticos (fig. 155).

b) *Golpe con vara:* El impacto de un artefacto alargado y regularmente liso produjo en las vasijas una gran rajadura. Los experimentos efectuados indican que la rajadura siempre sigue la dirección del golpe; es decir que nunca es horizontal al eje de la vara en el momento del impacto. El contacto violento de la vara sobre el cuerpo de cerámica produce un resultado sumamente diagnóstico: un punto de impacto a modo de desportilladura semilunar pequeña en el filo y aproximadamente en la sección media de la rajadura mayor (fig. 156).

Las vasijas que presentan huellas de golpe de uno y otro tipo se muestran en el cuadro 23. Como se observa, se trata mayoritariamente de vasijas grandes, de paredes gruesas y estructura sólida. Esta recurrencia tiene una explicación lógica. Cuanto más sólido un objeto a golpear, se necesita imprimir mayor fuerza en el golpe, lo que posibilita la preservación de las huellas del impacto en el cuerpo y en los fragmentos resultantes. Los objetos de piedra tallada, por ejemplo, conservan las huellas de los golpes en razón de su solidez y dureza. Por el contrario, las vasijas con paredes finas y estructura débil se quiebran fácilmente con golpes poco violentos. De hecho, los cuerpos frágiles ofrecen poca resistencia al impacto, por lo que a menudo no preservan las huellas diagnósticas del golpe. Esta es la razón por la que no se puede establecer si la mayoría de vasijas medianas y todas las pequeñas fueron rotas de modo similar a las vasijas grandes.

Tampoco no todas las vasijas grandes presentaron huellas de golpe. Una posible explicación es que los fragmentos diagnósticos aún no han sido recuperados. Alternativamente puede pensarse que los eventos de rotura intencional no necesariamente afectaron a todas las vasijas por igual.

[3] Experimentos efectuados por el autor con vasijas de cerámica de diferente tamaño y técnica de manufactura, y con diversos implementos de golpe.

Cuadro 23
Presencia de huellas de golpe en vasijas de cerámica identificadas

Categoría Morfológica	No. Registro	Área de golpe	Tipo de golpe	Alfar
Olla Grande con cuello	3303	cuello	percutor convexo	B
Olla Mediana con cuello	3281	cuerpo superior	percutor convexo	A
	3316	cuerpo superior	percutor convexo	A
Olla con Vertedera	3329	cuerpo superior y vertedera	percutor convexo	A
Cántaro Grande con cuello	3306	cuello y cuerpo superior	percutor convexo y vara	A
	3308	cuerpo superior	percutor convexo	A
	3309	cuerpo	vara	A
Olla/Cántaro	3206	cuerpo	vara	A
	3207	cuerpo	percutor convexo y vara	A
	3208	cuerpo y base	percutor convexo y vara	A
	3209	cuerpo	percutor convexo	A
	3211	cuello y cuerpo superior	percutor convexo	A
	3237	cuerpo	percutor convexo	A
	3228	cuerpo	percutor convexo	A
	3261	cuerpo	percutor convexo	A

No hay casos suficientes para descartar o verificar asociaciones confiables entre tipos de vasijas o áreas específicas de las vasijas y un tipo de golpe particular. El cuadro 23 muestra que las huellas identificadas se encuentran preferencialmente en el cuello y cuerpo superior de las vasijas, y que existen piezas con ambos tipos de golpe. Solo se ha identificado una base con huellas de impacto. Sintomáticamente, las bases restantes de la colección no muestran tales huellas. Consecuentemente, es probable que la posición de las vasijas haya preservado a las bases y a las secciones inferiores del cuerpo del alcance de los golpes, o que quienes rompieron las vasijas hayan tenido una preferencia expresa en golpearlas desde arriba.

5.4.4. Residuos

Dos hechos concretos durante el procesamiento de la fragmentería orientaron el trabajo hacia análisis de residuos, a pesar de la mezcla de materiales.

En primer lugar, la unión de los fragmentos para reconstruir una vasija, y la frecuencia de fragmentos grandes permitieron observar coloraciones blanquecinas o ligeramente oscuras firmemente adheridas en el interior y fondo de algunas piezas.

En segundo lugar, durante el lavado de una buena parte de los fragmentos excavados durante la temporada de 1996, fue notorio el fuerte olor a licor que emanaba de los tiestos humedecidos. El material cerámico proveniente de otros sectores y recintos del Conjunto Tello no produjeron el mismo efecto. Por lo tanto, la asociación original de al menos parte de las vasijas de la muestra con líquidos fermentados, o su mezcla posterior con productos o subproductos fermentados, parecía una hipótesis razonable. Estos hechos obligaron el retorno al campo para extraer muestras adecuadas, a fin de someterlas a análisis de polen, búsqueda de levaduras y actividad fermentativa. Por una serie de limitaciones, tales tipos de análisis han sido los únicos llevados a cabo.

Los análisis de polen estuvieron a cargo del Lic. Luis Huamán M., y tuvieron por objeto verificar o descartar la presencia significativa de maíz y/u otros componentes, puesto que es ampliamente conocido el empleo tradicional de maíz y otros ingredientes en la preparación de bebidas alcohólicas en los Andes (cf. capítulo 7).

Los análisis palinológicos fueron desarrollados según los procedimientos técnicos estipulados en una serie de publicaciones especializadas (cf. *v.g.* Pearsall 1985 *inter alia*). Los resultados han proporcionado un panorama bastante aproximado del tipo y la abundancia relativa de los granos de polen más frecuentes en cada muestra (Cuadro 24). Preliminarmente resalta la recurrencia de porcentajes significativamente altos de maíz en todas las muestras seleccionadas de sedimento orgánico (de 60 a 20%), lo que indicaría, por lo menos, la posible proximidad de estos sustratos con depósitos importantes de dicho vegetal. No obstante, el maíz no es el único tipo polínico predominante, pues también es importante la presencia variable de otras *Poaceae* que no son maíz (20%), así como de *Bromeliaceae* (20%) y *Cyperaceae* (20%). Muy por el contrario, los fragmentos de cerámica exhibieron presencia ocasional de cualquier tipo de polen.

Existen varias observaciones a tomar en cuenta según estos resultados. La mezcla de tipos polínicos por alteración posterior de la estratigrafía es poco probable, ya que en algunos casos (*v.g.* pozo 97) las muestras fueron tomadas de la base del pozo, subyacente a un compacto y grueso relleno de tierra gris amarillenta sin evidencias de remoción. En cualquier caso, si hubieran filtrado granos de polen de otros depósitos, estos solo pudieron provenir de la capa 12 (cf. capítulo 2), un estrato rico en materiales orgánicos desintegrados cuyo origen y deposición fue parte del mismo evento cultural que clausuró el Recinto 105. Desde este punto de vista, es claro que los granos «intrusivos», de ser tales, solo lo serían en términos muy restringidos.

Quizás un factor más decisivo para interpretar con cautela los granos de polen identificados sea los efectos de lo que se conoce como lluvia polínica (granos de polen transportados a través del territorio y depositados

Cuadro 24
Identificación polínica preliminar de muestras seleccionadas de sedimento orgánico y fragmentos de cerámica

Código de muestra	Contexto	Observaciones (% aprox.)
1289 Sedimento	Pozo 90	*Poaceae (Zea mays)*: 35% *Oxalidaceae* (cf. *Oxalis*): 10% *Poaceae I (Festuca sp. o Stipa sp.)*: 20% *Cyperaceae*: 10% Otras pequeñas (*Faboideae* y *Solanaceae*): 25%
2791 Sedimento	Pozo 97	*Poaceae (Zea mays)*: 60% *Cyperaceae*: 10% *Bromeliaceae*: 20% *Poaceae I (Festuca sp. o Stipa sp.)*: 5% Otros (*Oxalidaceae, Cyperaceae, Agavaceae, Solanaceae, Commelinaceae*): 5%
2793 Sedimento	Depresión 95b	*Poaceae (Zea mays)*: 20% *Bromeliaceae*: 20% *Cyperaceae*: 20% *Agavaceae:* 10% *Poaceae II*: 10% Estructuras no determinadas que pueden corresponder a hongos, *Asteraceae* y *Solanaceae*: 10%
2790 Frag. de cerámica	Pozo 97	Esporas, gramíneas (cf. *Zea mays*), *Anacardiaceae* (*Schinus sp.*), *Fabaceae* y *Asteraceae*

por acción eólica). El cuadro 24 indica la presencia de una vegetación de monte ribereño y ambientes desérticos, lo que es coherente con el entorno de Cajamarquilla (*v.g. Bromeliacea, Ciperaceae, Oxalidaceae*, etc.). Pero además de esto llama la atención la presencia de polen de *Festuca* o *Stipa*, plantas correspondientes a hábitats de altitud superior (Segura 1999, Apéndice C). El género *Festuca* corresponde a arbustos que preferentemente aparecen arriba de los 2,500 m.s.n.m, aunque también existen las variedades habituadas a las lomas costeñas (Weberbauer 1945: 145), mientras que las gramíneas de género *Stipa*, entre las cuales el *ichu* es una de las variedades más conocidas, suelen encontrarse entre 3000 y 4000 msnm (*op. cit.*: 143). De haber operado el factor de lluvia polínica, este estaría temporalmente circunscrito a períodos prehispánicos, con mayor probabilidad al momento de clausura de los pozos y depresiones. Tal conclusión se desprende del hecho que casi inmediatamente después de la deposición de desechos y materiales se extendió sobre los contextos el piso 3 a modo de sello definitivo, lo que lógicamente habría impedido o restringido el ingreso de componentes más tardíos.

Por estas razones y con el cuidado del caso, se considera que las muestras polínicas identificadas reflejan aproximadamente las comunidades vegetales involucradas directamente, o cuando menos estrechamente coetáneas, con el proceso de conformación de los contextos del Recinto 105, tanto como los materiales de cerámica analizados. Según esto, el maíz parece haber sido un componente importante.

Los análisis de levaduras y de actividad fermentativa fueron efectuados por el Mgr. Gustavo Quispe. La primera prueba consistía en establecer, mediante observación microscópica, si se habían preservado restos de levaduras en cada una de las muestras, y crear condiciones de cultivo para el crecimiento eventual de las levaduras en caso de no haber sido observadas por microscopio. Los resultados fueron en todos los casos negativos.

La prueba de actividad fermentativa consistió en inducir y medir en tasas aproximadas la expulsión de CO_2 en parámetros de tiempo y proporciones similares a los de los cultivos de cerveza de uso comercial, lo que conllevaría a la liberación de las sustancias oloríferas típicas de bebidas alcohólicas. El cuadro 25 muestra en forma de diagrama los pasos efectuados en la preparación de cada una de las muestras. El análisis produjo resultados positivos solo en un caso: las muestras de cerámica provenientes del pozo 97 (el fondo interior de una olla o cántaro grande). Quispe ha concluido que «En la muestra C-01 el examen de actividad fermentativa ha resultado positivo, a pesar de no haberse encontrado presencia de levaduras. Por lo tanto esta actividad se debe estar realizando por un mecanismo enzimático inmovilizado en la estructura porosa del fragmento de cerámica, lo que nos lleva a presumir que el fragmento procedió de una vasija que fue utilizada para un proceso de fermentación» (Segura 1999: 170, Apéndice D).

Lamentablemente, la ausencia fortuita de Quispe no ha permitido hacer un análisis similar en las muestras de cerámica provenientes de una vasija actual para hacer chicha, de modo que no se cuenta con un referente conocido y controlado.

Aunque los resultados conseguidos no son concluyentes ni definitivos, sí delinean una asociación importante: presencia sustantiva de maíz y actividad fermentativa. Se ha obtenido una relación cruzada; es decir, cantidades significativas de polen de maíz en el sedimento orgánico pero con presencia minúscula en los fragmentos de cerámica, y actividad fermentativa positiva en los fragmentos mas no en el sedimento orgánico.

Los análisis en laboratorio señalados son solo preliminares y presentan la debilidad de un estudio intuitivo, carentes de un marco metodológico de referencia para evaluar restos de bebidas alcohólicas en depósitos arqueológicos. Desgraciadamente, este marco de referencia no existe en arqueología andina o al menos no ha sido publicado. Los estudios de contextos o materiales relacionados con la producción/consumo de chicha toman como base una serie de índices netamente arqueológicos (cf. capítulo 7), pero aquellos de tipo bioquímico o incluso botánico no han sido examinados (Chevalier 1999). Obviamente, el primer problema a resolver es precisar en qué medida las evidencias más diagnósticas de esta clase pueden conservarse o variar significativamente a través de lapsos de tiempo prolongados. De hecho, esta es una enorme limitación que a futuro deberá enfrentarse.

Cuadro 25

Prueba de actividad fermentativa: Procedimiento de preparación de muestras y evaluación cualitativa

PREPARACIÓN

Muestra de cerámica → Solución de sacarosa al 10% con oxitetraciclina

↓ Esterilización
Lavado y desinfectado

↓ Inoculación con muestra

↓ Homogenizar e incubar
(10-12 días)

↓ Medición de pH y observación de la producción de Co2. Control del olor cada 24 horas. Comparación con cervezas comerciales

EVALUACIÓN

MUESTRA	% SACAROSA	pH INICIAL	pH FINAL	PRODUCCIÓN DE CO2*
1289	10	6.5	5.0	–
2791	10	6.5	5.0	–
2793	10	6.5	5.0	–
C-01	10	6.5	3.5	+++

* Resultados:
– : Producción negativa
+++ : Producción positiva

En el caso de este trabajo es ineludible plantearse si los resultados de palinología y fermentación obtenidos pudiesen haberse derivado de condiciones naturales y tafonómicas particulares. Se sabe que los procesos que originan la fermentación pueden desencadenarse mediante la descomposición natural (no inducida culturalmente) de ciertas sustancias orgánicas en medioambientes cálidos (Ward 1991). No obstante, en la experiencia arqueológica estos hallazgos son poco frecuentes o aun excepcionales. Debe tenerse presente, además, que la actividad fermentativa detectada en las muestras de cerámica del pozo 97 no es ínfima o ambigua, sino que más bien presenta estándares y patrones muy semejantes a las cervezas actuales, lo que señala un contenido elevado de alcohol (5-6%), un resultado poco probable a partir de descomposiciones y reacciones naturales o azarosas (DE FLORIO 1986).

5.4.5. Inferencias preliminares

Las evidencias presentadas sugieren que al menos las vasijas grandes de la muestra habrían estado semienterradas en el suelo, recibiendo fuego directo lateral. No todas se asocian al fuego, por lo que habrían servido para mezclar en frío o almacenar. No existen restos quemados en el interior de ninguna vasija, de allí que, de haber sido usadas persistentemente, el contenido a procesarse debió haber sido líquido o sólidos en abundante líquido. Esta hipótesis es coherente con la existencia de engobe en la base interior de algunas vasijas, pues aparentemente se trataría de un mecanismo de impermeabilización, probablemente con el objeto de evitar que ciertos materiales se asienten en el fondo.

Las pruebas de polen y actividad fermentativa de los fragmentos de cerámica y del sedimento orgánico sugieren que al menos parte de las vasijas estuvieron vinculadas a la producción/consumo de chicha de maíz, mezclada con ingredientes que a veces los análisis no han podido identificar con precisión. Desde luego, a partir de estos indicios es imposible sostener que todas las vasijas fueron empleadas únicamente para la elaboración y consumo de chicha. Las características del contexto arqueológico sugieren una interpretación más amplia: se trataría de la vajilla empleada para el consumo de una serie de alimentos, sólidos y líquidos, en el que la chicha de maíz, sin descartar bebidas de otro tipo, fue un componente sumamente importante.

Aun cuando muchas vasijas fueron usadas intensamente o por mucho tiempo, a juzgar por las huellas superpuestas de abrasión y de desportilladuras localizadas, todas o casi todas fueron rotas intencionalmente antes de su entierro en los pozos y depresiones del Conjunto Tello, golpeándolas con varas y cuerpos convexos en el cuello y cuerpo superior.

El análisis del material cerámico realizado en el presente capítulo ha proporcionado evidencias suficientes para sostener que las vasijas son muy homogéneas en términos de sus proporciones, tecnología y decoración. Aunque poco numerosas, solo las vasijas pequeñas se alejan de esta tendencia. Consecuentemente, se percibe que el material cerámico analizado no es representativo por su variabilidad, lo que permitiría establecer una tipología de amplio espectro, confiable y comparativamente útil, sino más bien por su uniformidad de conjunto. Sin embargo, dicha uniformidad no alcanza los niveles de estandarización y producción en serie proporcionados por un único y cohesionado taller alfarero, o por varios talleres de producción unificada. Sin duda se trata más bien de una homogeneidad de orden funcional.

Consecuentemente, la relativa uniformidad de la colección estudiada se vincularía con el consumo de alimentos, y en especial con la preparación y consumo de bebidas fermentadas. Al respecto, los análisis de laboratorio efectuados proporcionan nuevas líneas de investigación. Una lectura de estas evidencias puede concluir que los materiales del R-105 del Conjunto Tello son desechos eventuales, fortuitamente depositados en pozos y depresiones de función desconocida. Una interpretación alternativa, la que se sostiene en este libro, propone que las características propias de las vasijas son sustancialmente coherentes con los indicios de chicha identificados, y que desde esta perspectiva es posible entender el resto de evidencias asociadas y, por extensión, el contexto general en que han sido registradas.

Para relacionar globalmente las evidencias discutidas se hace necesario un ejercicio de contrastación que permita arribar a interpretaciones válidas o probables. Ello supone la evaluación crítica de los datos a la luz de materiales y contextos conocidos registrados en fuentes arqueológicas, etnohistóricas y etnográficas.

CAPÍTULO 6

RELACIONES CRONOLÓGICAS Y COROLÓGICAS DE LA ALFARERÍA DE LOS CONTEXTOS DEL R-105

Los análisis de cerámica que han sido presentados permiten establecer comparaciones válidas con otras colecciones alfareras del valle del Rímac. No obstante, antes se requiere recordar la ubicación de los contextos dentro de la secuencia arqueológica identificada en el Conjunto Tello, particularmente en lo que concierne a las postrimerías del Período Intermedio Temprano e inicios del Horizonte Medio (cf. capítulo 2).

Como se recordará, las fases CI, CII y CIII corresponden al período de real uso y mantenimiento del Conjunto durante esta época. La siguiente fase (fase CIV) constituye básicamente un re-uso y deterioro de las construcciones previas. Durante la fase CII los eventos constructivos por vez primera alcanzaron gran envergadura. De hecho, gran parte de la configuración final de la pirámide y sectores circundantes se efectuaron durante este momento. Por cierto, la evidencia arquitectónica señala que estos esfuerzos constructivos, aunque algo menores, tuvieron continuidad durante la fase CIII. Los pozos y depresiones del Conjunto Tello se enmarcan dentro de la fase CI anterior, asociados a una pirámide pequeña y remodelados durante dos sub-fases consecutivas. El abundante material cerámico asociado corresponde al relleno y sellado posterior de tales contextos, sucedidos en un lapso relativamente corto. Consecuentemente, se deduce que la colección alfarera no fecha necesariamente el momento de uso de los pozos y depresiones durante la fase CI, sino el o los eventos de relleno durante el inicio de la fase CII, o en todo caso, el momento de transición entre ambas fases. En otras palabras, la colección de cerámica constituye un indicador cronológico específico del inicio del auge del Conjunto Tello y de la construcción de las mayores edificaciones en la pirámide.

En general, las vasijas asociadas a los pozos y depresiones pueden ser asignadas a la época de transición entre el Período Intermedio Temprano y el inicio del Horizonte Medio; lo que conlleva a su comparación con materiales análogos de las fases finales de la tradición Lima y con especímenes Nievería presuntamente tempranos. Los exámenes que a continuación se desarrollan toman como base, aunque no exclusivamente, la categoría de alfares por dos razones principales: a) porque se trata de unidades de comparación que involucran no el rasgo más evidente o fácilmente comparable, sino un conjunto de rasgos integrados, presuntamente diagnósticos de un taller, y b) porque la información disponible relativa a otras colecciones alfareras permite, en cierta medida, proceder de esta manera.

6.1. Análisis comparativo

Como se sabe, hacia mediados de la década del sesenta Thomas Patterson (1966) planteó una seriación alfarera aplicable a los materiales de la costa central del Período Intermedio Temprano. Bajo el término «Lima», Patterson englobó designaciones estilísticas como Interlocking, Playa Grande, Cajamarquilla o Maranga, varias de ellas empleadas por años de forma equivalente, de modo tal que obtuvo nueve fases estilísticas de valor cronológico.[1] En alguna medida, aquellas designaciones anteriores quedaron ordenadas secuencialmente, lo que no fue un resultado novedoso, puesto que desde antes se sabía *grosso modo* que, por ejemplo, el componente Playa Grande era anterior al componente Maranga (cf. *e.g.* FERNÁNDEZ SOTOMAYOR 1960, STUMER 1954a). Por lo tanto, uno de los aportes básicos de Patterson fue el establecimiento de subdivisiones precisas dentro de cada componente, de manera que la secuencia tomó forma sobre la base de unidades muy finas, siguiendo una lógica de cambio que devenía del estilo Miramar, identificado en Ancón, de inicios del Período Intermedio Temprano (PATTERSON *op. cit.*) y culminaba con la aparición del estilo Nievería, asignado por Dorothy Menzel a la primera parte del Horizonte Medio (MENZEL 1968a). Existe consenso en señalar que los mejores exponentes del estilo Nievería provienen del valle del Rímac. Cabe recordar también que las fases 7, 8 y 9 de la secuencia Lima corresponden a lo que anteriormente se denominaba Maranga.

La publicación de Patterson de 1966 se inicia con el establecimiento de 8 alfares. A saber: *Terracotta Ware A, Terracotta Ware B, Scraped Terracotta Ware B, Scraped Umber Ware B, Reduced Ware B, Terracotta Ware C, Reduced Ware C* y *Terracotta Ware D*. Tales alfares son de suma importancia pues, como Patterson mismo advierte, varios de ellos se reemplazan consecutivamente a través del tiempo. Una observación ordenada de los dibujos y fotografías publicados por el autor permite concluir que son estos alfares los que le dan el más fuerte sentido de continuidad y cambio a las formas y decoración de las vasijas de estilo Lima.

La comparación entre la colección cerámica de Patterson y la del Conjunto Tello arroja resultados positivos, pues se ha podido establecer una correspondencia tentativa entre las unidades más evidentes (cuadro 26).

[1] Para una revisión de los usos y cambios terminológicos de la que ha sido objeto la cerámica Lima, cf. ESCOBEDO y GOLDHAUSEN 1999, SHIMADA 1991.

Cuadro 26
Correlación de alfares: muestra del R-105 (Conjunto J. C. Tello - Cajamarquilla) y muestra de tradición Lima de diversos sitios de la costa central (PATTERSON 1966)

Conjunto Julio C. Tello Recinto 105	Patterson 1966
ALFAR A	*Scraped Terracota Ware B* *Terracota Ware D*
ALFAR B	*Reduced Ware B* *Reduced Ware D*
ALFAR C	*Scraped Umber Ware B*
ALFAR D	(Ausente en colección Lima)
ALFAR E	*Terracota Ware B*

El alfar A

El alfar A de la colección del R-105 del Conjunto Tello engloba con mucha probabilidad los alfares *Terracotta Scraped Ware B* y *Terracotta Ware D* de Patterson, solo que mientras Patterson les otorgó nomenclatura independiente aquí han sido considerados como grupos dentro de una unidad mayor. Sin duda estas diferencias se originan en las particularidades metodológicas empleadas en cada caso, así como en el carácter y tamaño de las muestras analizadas (prospección y fragmentería en el caso de Patterson, y excavación y vasijas reintegradas a partir de múltiples fragmentos en el caso nuestro).

El alfar *Terracotta Scraped Ware B* se encuentra en toda la secuencia Lima y comprende básicamente vasijas cerradas (ollas, cántaros y botellas). En la colección del Conjunto Tello correspondería a los grupos 1, 2 y 3 del alfar A (vasijas grandes y vasijas medianas con y sin cuello).

En la secuencia de Patterson se observa una proliferación de ollas y cántaros desde la fase 5, lo que se acentúa en las fases 7, 8 y 9. En ellas se reconocen las categorías de *ollas medianas con cuello* (PATTERSON 1966: figs. 19c; 20c; 21a, f; 22a, b, d), algunas pocas *ollas* y *cántaros grandes con cuello* (*op. cit.*: figs. 19a, d; 21e) *cántaros mamiformes* (*ibid.* figs. 19b, e; 20e) y *ollas medianas sin cuello* (*ibid.* fig. 21d), generalmente con variantes formales y relaciones de medidas muy semejantes a las identificadas en Cajamarquilla. No obstante, los ejemplares de Patterson no incluyen algunas ollas con cuello muy características del Conjunto Tello, en especial aquellas con cuello ligeramente convexo con o sin borde de tendencia divergente (figs. 79-85). Únicamente las botellas (*ibid.* fig. 22e) y los cántaros pequeños (*ibid.* fig. 20i) presentados por Patterson están ausentes en la muestra del Conjunto Tello de Cajamarquilla.

El alfar *Terracotta Ware D* que se restringe, según Patterson, a las fases 8, 9 y que comprende únicamente las formas de platos, correspondería al grupo 4 de nuestro alfar A. Patterson presenta solo platos simples, algo extendidos (PATTERSON 1966: figs. 20a, 21a), pero la muestra del Conjunto Tello incluye platos hondos (figs. 54-60).

En cuanto a la decoración, en las láminas de Patterson correspondientes a las fases 8 y 9 se identifican porciones de triángulos en greca simple (PATTERSON 1966: plate 8p), de zig-zags o bandas quebradas (*op. cit.*: plate 8i, j, m, n, q) y bandas curvas (*ibid.* plates 8r, u; 7e, g, h). Por nuestra parte también contamos con diseños de aros blancos sobre fondo negro, los cuales en la seriación de Patterson solo están presentes en las fases 5 y 6 (*ibid*: plates 5d-f, 6f-l). Siempre según este autor, el diseño *interlocking* simplificado hecho con pigmento negro desaparece en la fase 7, pero ejecutado con pigmento rojo perdura hasta la fase 9. Sin embargo, en nuestra muestra el diseño aparece trazado tanto con pintura roja sin delineado en un *cántaro mamiforme* (fig. 127), como con pintura negra delineada con blanco sobre una *olla/cántaro* (fig. 146) en el típico patrón Lima 7. Igualmente, no hay en nuestra muestra cerámica una notable proliferación del engobe negro (solo existe un caso) tal como Patterson señaló para la fase 8.

Una serie de diseños complejos de la colección del R-105 del Conjunto Tello no está presente en los especímenes de Patterson, en especial los diseños de volutas en forma de ola y en forma de «S» con puntos interiores, y el de los triángulos aislados tipo «ala» o triángulos con puntos interiores. Un ceramio que muestra en alguna medida el diseño de volutas fue hallado en el cementerio de Nievería por Uhle (GAYTON 1927: plate 93d), el mismo que Patterson asigna a sus fases 8-9 a partir de la presencia de «lóbulos» diseñados en el cuerpo de la vasija (PATTERSON 1966: 128). En la muestra de Cajamarquilla estos diseños son importantes, por cuanto la voluta en forma de «S» frecuentemente aparece plasmada sobre la superficie de las vasijas mediante una de las variantes más elementales de la técnica negativa, estos es, dejando simplemente el fondo del diseño sin pintar, lo que constituye un rasgo enteramente novedoso en el estilo durante esta época (cf. capítulo 5). Aunque Patterson no presenta ninguna vasija con este tipo de decoración, es evidente que las conocía. Por lo tanto, llama la atención que por comparación con otras colecciones y ejemplares (cf. *e.g.* JIJÓN Y CAAMAÑO 1949: figs. 114, 129, UHLE [1910] 1998: fig. 18a) no las haya individualizado y asociado expresamente a sus fases tardías de Lima. Recientemente, Escobedo y Goldhausen (1999: 29-31) han interpretado algunas volutas y espirales como serpientes representadas de forma simplificada y abstracta.

A partir de lo expuesto puede afirmarse que las formas de las fases 8 y 9 están bien representadas en la muestra del Conjunto Tello. Una correspondencia menos precisa se observa en cuanto a los rasgos decorativos, pues la muestra en estudio exhibe paralelos estrechos con las fases 8 y 9, y en menor medida con las fases 6 y 7 de la secuencia Lima.

El alfar B

Los alfares *Reduced Ware B* y *Reduced Ware C* de Patterson están presentes en casi toda la secuencia Lima, con la primera desde la fase 1 hasta la fase 4 y la segunda desde la fase 5 hasta la fase 7. Es posible vincular estos alfares con el alfar B del Conjunto Tello. Los tres alfares muestran una pasta de color gris claro, con las superficies exteriores gris oscuro o negro por efectos del ahumado. El alfar *Reduced Ware C* es particularmente coherente con las características tecnológicas de un *plato hondo* (fig. 61) de la muestra del R-105, pues rasgos comunes son la textura de la pasta relativamente fina, el probable autoengobe y el bruñido cuidadoso en el exterior. Un poco menos clara es la relación entre el alfar *Reduced Ware B* de Patterson, de textura más gruesa y mayor porosidad, y las vasijas grandes de cocción reducida del Conjunto Tello (figs. 99, 116).

En términos de forma, los rasgos de las vasijas grandes son típicos de las fases 7, 8 y 9 de la secuencia Lima, en tanto que la forma de *plato hondo* no está presente en ninguna fase. Platos semejantes, hondos y con bordes de labio ojival orientado hacia el exterior se tornan típicos a partir de la época 1B del Horizonte Medio (cf. Pinilla 1985: Entierro XXI; Ravines 1977a: 367-sp. 7847, 370-sp. 8027). Patterson no especifica si durante alguna fase las vasijas negras llevan decoración. Los ejemplares del Conjunto Tello no están decorados; pero, como se verá más adelante, en otras colecciones son frecuentes las vasijas negras decoradas con incisiones.

El alfar C

El alfar *Scraped Umber Ware B* presentado por Patterson corresponde al alfar C establecido en la muestra del Conjunto Tello. En los términos de Patterson, este alfar aparece en la fase 4 y perdura hasta el final de la secuencia, con la presencia predominante de *ollas* y *cántaros medianos* y *pequeños*. Un rasgo característico de estas vasijas es el cuello corto, unido de forma continua al cuerpo, y que remata en un labio aplanado biselado hacia el exterior (cf. *e.g.* figs. 18d y 20d de Patterson [1966] y fig. 71 de este libro). Una segunda vasija del Conjunto Tello (fig. 107) es comparable con las vasijas *Bowl unique* y *Bowl 9A* de Patterson (*op. cit.*: figs. 18b, 21d), aunque estas últimas fueron hechas con una pasta algo diferente. El último ejemplar en nuestra muestra es una *olla/cántaro* que, como todas las vasijas de este alfar, carece de decoración.

El alfar E

El alfar E del Conjunto Tello consta de *platos* y *ollas pequeñas sin cuello*, y es probable que corresponda al alfar *Terracotta Ware B* de Patterson. En ambos casos se trata de una pasta oxidada o parcialmente oxidada, de textura regularmente homogénea y mediana porosidad. Patterson asigna este alfar únicamente a las fases 2-5. Sin embargo, existen formas idénticas en el Conjunto Tello, tales como los *platos* y sobre todo las *ollas pequeñas sin cuello* con agarraderas (cf. *e.g.* figs. 12k, 14f y 16g de Patterson [1966] y figs. 111-114 de este trabajo), las mismas que Patterson designa *como Bowl 7a* y que considera desaparecen en la fase 6.

La presencia de este tipo de vasija en nuestra muestra fue en alguna medida prevista por Patterson, pues él mismo sospechó que podían aparecer en las fases tardías de Lima al saber de un ejemplar similar de Nievería ilustrado por Gayton (1927: plate 92f) asociado a vasijas Lima 9 (Patterson 1966: 88-89). Por lo tanto, el alfar E del Conjunto Tello contradice en parte la secuencia Lima, pues no parece extinguirse en la fase 6 como Patterson afirmara, sino que perduraría hasta la fase 9.

A partir de lo expuesto, puede sostenerse que las comparaciones efectuadas confirman la posición tardía del material cerámico del Conjunto Tello de Cajamarquilla con relación a la secuencia Lima de Patterson, ya que mayoritariamente se trata de vasijas Lima 8-9. No obstante, también se cuenta con algunas vasijas con rasgos tempranos Lima 6-7. La muestra del R-105 incluye un alfar (alfar D) que estrictamente no pertenece a la tradición Lima en los términos de Patterson, pero que resulta contemporánea con ella durante sus fases tardías.

El Alfar D

Como se acaba de señalar el alfar D del Conjunto Tello no está presente en la muestra Lima de Patterson. Sin embargo, el análisis de Anna Gayton (1927) aplicado al material arqueológico excavado por Uhle en el cementerio de Nievería, resulta provechoso para el presente estudio. La publicación de Gayton es doblemente importante: por un lado permite observar que la colección de Uhle reúne ejemplares Lima tardíos y posteriores del Horizonte Medio, lo que posibilita continuar concediéndole perspectiva temporal a los especímenes asociados; y por otro lado establece unidades clasificadoras comparables con algunos de los alfares definidos en la muestra del R-105.

Gayton reconoció cuatro «géneros» (*strains*) en la colección de Uhle (A, B, C y D). Los «géneros» C y D fueron definidos únicamente a base de decoración y forma respectivamente. En cambio los «géneros» A y B pueden ser denominados alfares, pues incluyen rasgos asociados de pasta, acabado, forma y decoración. Aunque las descripciones de Gayton no son tan precisas como las de Patterson, permiten concluir que el «género» A de Nievería guarda correspondencia con el alfar A y en menor medida con el alfar E de la muestra del Conjunto Tello. La mayoría de los ejemplares de este «género» han sido a su vez calificados por Patterson como Lima 7-9.

En este punto es particularmente importante el género B de Gayton, ya que se encuentra emparentado con el alfar D del Conjunto Tello.

La autora anota:

> [...] compared with strain A, employs a paste of fine texture and lighter and brighter red-orange color; the walls of the vessels are thinner and their contour smoother. The surface finish sometimes unslipped, hard, and dull, but when slipped with a deep red-orange paint, which is more frequently the case, is hard and glossy. Shapes of strain B are two: (1) spherical jars with a long [...] spout [...] [and] (2) a doble-spout jar of variously formed bodies [...].
> (Gayton 1927: 308-309)

Esta descripción es compatible con los rasgos tecnológicos del alfar D. Desgraciadamente los especímenes del R-105 son fragmentos pequeños que no permiten una adecuada comparación morfológica, aunque cabe resaltar que esta sí ha sido posible con los ejemplares completos recuperados de la cima de la pirámide del Conjunto Tello.

A partir de la colección de Nievería, y de otras similares de Vista Alegre (Stumer 1957, 1958) y Ancón, Dorothy Menzel (1968a) definió el estilo Nievería, prácticamente del mismo modo como Gayton había definido su género B.

> La alfarería Nievería se distingue por una pasta de grano fino, con poco temperante. Sus paredes son sumamente delgadas (según Stumer, muchas de ellas tienen únicamente 2 mm de espesor). La pasta y superficie son de color naranja claro, presentando esta última un fino acabado. Hay una variedad apreciable de botellas muy decorativas y modeladas.
> (Menzel 1968a: 97)

Ejemplares Nievería han sido descritos e ilustrados en numerosas publicaciones hasta la fecha, lo que amplía el corpus y facilita la comparación. Dada su decoración, un fragmento de botella del R-105 (fig. 67) casi sin duda correspondió a una botella de gollete alto y asa lateral tubular. Esta forma es típica en el estilo y siempre se halla asociada a diseños de triángulos alternados con puntos (cf. D'Harcourt 1922: planche VII-5; Gayton 1927: plate 94j, l ; Muelle 1935: fig. 2 extremo derecho; Ravines 1981: 95-sp. 7879, 99-sp. 7901; Shady 1982: figs. 5a-b, 7a). Vasijas de cuerpo calabazoide como el ejemplar de la figura 63 son también muy comunes en Nievería (cf. D'Harcourt 1922: planches II-1, IV-3; Pinilla 1985: entierro XXVII, extremo inferior izquierdo; Stumer 1957: figs. 7, 16).

Menzel ha considerado a Nievería como un estilo propio de la época 1B del Horizonte Medio, consecutivo a la tradición Lima que en sus últimas fases alcanza la época 1A (Menzel 1964, 1968a: 94-103, tabla 1). No obstante, los contextos del R-105 del Conjunto Tello proporcionan evidencias de contemporaneidad de los estilos Lima (fases 7-9) y Nievería, aunque en proporciones porcentuales significativamente diferentes. Esta aparente contradicción exige evaluar y discutir la validez de las posiciones cronológicas tradicionalmente otorgadas a las fases finales de Lima y al estilo Nievería.

6.2. Discusión

Las comparaciones previas plantean la coexistencia en contextos específicos de tres grandes componentes cerámicos claramente diferenciables y en diferente proporción: el componente Lima tardío, el componente de cerámica negra reducida y el componente Nievería. Las relaciones de contemporaneidad entre estos tres componentes divergen de los planteamientos originales de Patterson y Menzel y apoyan las últimas investigaciones en el valle del Rímac.

6.2.1. El componente Lima tardío

La muestra Lima tardío del Conjunto Tello comprende las fases 7, 8 y 9 de Patterson y ocasionalmente algunos rasgos de la fase 6. En términos de cantidad relativa se trata de una muestra de carácter predominantemente Lima 8-9. La coetaneidad de estas tres últimas fases Lima, tal como los contextos del Conjunto Tello evidencian, no sorprende si se considera que las relaciones temporales que tradicionalmente se les ha adjudicado nunca han tenido respaldo estratigráfico.

Las muestras con que Patterson definió tales fases fueron numéricamente reducidas (entre 80 y 91 fragmentos), y provinieron de recolección de superficie de tres sitios diferentes: La Uva y El Carmen en el valle del Chillón y Huaca Juliana en el valle del Rímac. La muestra de cada sitio definió en conjunto una fase particular, de manera que la fase Lima 7 fue establecida a partir de los materiales de La Uva, Lima 8 de los de El Carmen y Lima 9 de los de Huaca Juliana. Además de tratarse de muestras cuantitativamente poco representativas, algunos investigadores han argumentado que las variaciones de estilo detectadas por Patterson no necesariamente reflejan cambios temporales, sino que también pueden representar diferencias espaciales o entre talleres (cf. *e.g.* Guerrero y Palacios 1994: 305, Lavallée 1966: 64, Montoya 1995: 222). Si esto fuese así, la probable presencia de vasijas con rasgos remanentes de la fase 6 en el R-105 es conforme, pues su distancia temporal con relación a las fases 7, 8 y 9 se reduciría considerablemente al ser al menos las dos últimas coetáneas.

La alfarería Lima tardía (fases 7-9) es la más abundante no solo en el Conjunto Tello, sino también en gran parte de los edificios públicos tempranos de Cajamarquilla. La Misión Arqueológica Italiana denominaba Maranga a la cerámica de este tipo, siguiendo el término sugerido por Jijón y Caamaño (1949) y Fernández Sotomayor (1960). Los informes de la MAI señalan con frecuencia que la cerámica Maranga aparecía en todos los niveles de ocupación de Cajamarquilla en proporciones mayoritarias, y que la cerámica más temprana (*Interlocking* de la misma tradición Lima) estaba presente solo escasamente en los niveles inferiores (Cavatrunci 1991; Cerulli 1967, 1969; Sestieri 1964, 1967). Por lo tanto, el componente Lima tardío de la colección del R-105 del Conjunto Tello no parece representar un intervalo de tiempo significativamente prolongado. Aunque todavía no es posible postular la total contemporaneidad de sus variantes internas, sí es posible sostener que su ocurrencia en el tiempo es mucho más restringida de lo que se desprendería de una lectura directa de la secuencia de Patterson.

6.2.2. El componente Negro Reducido[2]

Las vasijas negras no constituyen un componente novedoso en las fases finales de Lima. Así, Patterson (1966) señala la presencia de vasijas negras reducidas a través de casi toda su secuencia bajo la forma de sus alfares *Reduced Ware B* y *Reduced Ware C*. Dicho autor también las caracterizó en el estilo Miramar de inicios del Periodo Intermedio Temprano. Sin embargo, en nuestro caso, su presencia aunque constante es notablemente escasa.

En un trabajo independiente, Fernández Sotomayor (1960) denominó estilo Maranga a un conjunto de fragmentos que incluía tiestos Lima tardío y Nievería, aparentemente proveniente del sitio de Maranga del valle bajo del Rímac. Fernández Sotomayor identificó tres unidades estilísticas con connotación cronológica: Maranga A, B y C. A juzgar por sus descripciones e ilustraciones, Maranga A correspondería a las fases Lima 6-9 (con predominio de rasgos 6-7), Maranga B a las fases 8-9 de Lima y Nievería con rasgos más fuertemente Lima, y Maranga C a Nievería con rasgos Lima y, sobre todo, de la costa y sierra sur.

Aunque sin la precisión de Patterson o Menzel, la clasificación de Fernández Sotomayor delinea el tránsito general de la cerámica Lima tardío hacia la cerámica Nievería, a la vez que precisa que la cerámica negra está constantemente presente desde Maranga A hasta Maranga C. Consecuentemente, es posible asumir que las vasijas reducidas oscuras de las fases previas de Lima se prolongan hacia el Horizonte Medio.

Un lote importante de vasijas negras fue obtenido por Stumer (1957, 1958) tras sus excavaciones en el sitio de Vista Alegre en el valle del Rímac. En los cortes más importantes que practicó Stumer (cortes 1, 3 y 4), la cerámica negra fue abundante y estuvo asociada a depósitos estratificados en el montículo principal y a entierros intrusivos, muchos de ellos huaqueados, en montículos que él denominó subsidiarios. En estos últimos

[2] En este trabajo la denominación «Componente Negro Reducido» designa las vasijas negras o grises que en general son contemporáneas con las fases finales de Lima y con Nievería. Tal denominación solo ha sido adoptada con el fin de facilitar las comparaciones con otros materiales similares.

la cerámica negra fue hallada en asociación con cerámica «tiahuanacoide» de la época 1B del Horizonte Medio (Menzel 1968a: 97, Stumer 1958). Particularmente importante fue el hallazgo de vasijas negras con decoración incisa (Stumer 1957: fig. 2) y una botella arcaizante del estilo Cupisnique de la costa norte (*op. cit.*: fig. 10). Sin embargo, la decoración incisa no solo apareció en vasijas negras, sino también en fragmentos rojos oxidados, los mismos que seguramente se continuarán hallando en sitios Lima del valle del Rímac (*v.g.* Cajamarquilla, Huaca Pucllana, etc.). Para Stumer el conjunto de estas evidencias sugiere una alfarería que, aunque numéricamente poco representativa, se enraiza en el Horizonte Temprano vinculado al estilo «chavinense» del sitio de Ancón. «No descubro ninguna influencia extraña en la cerámica incisa de Huaquerones; pienso simplemente que las formas y motivos reflejan el paso del tiempo» (*ibid*: 283).[3] Aunque el autor habla de vasijas negras utilitarias, es evidente que muchas de ellas provinieron de entierros de elite, ya que en las tumbas saqueadas también se encontró abundantes restos de objetos de oro, plata y tejidos (*ibid*: 278).

A la luz de estos datos, es posible sostener una continuidad en la producción y probable uso selectivo de vasijas negras desde el Período Intermedio Temprano hasta el Horizonte Medio. Por ende, su presencia en la muestra del Conjunto Tello (alfar B) es cronológicamente coherente. Estas inferencias conducen a afirmar que no existen razones suficientemente claras para sostener que la cerámica negra de esta parte de la costa central, y particularmente de Cajamarquilla, se haya hecho presente solo o necesariamente desde la época 2 del Horizonte Medio (Sestieri 1971: 326). Quizás esta imagen se deba a la casi total ausencia de ilustraciones de ejemplares de este tipo provenientes de contextos netamente Lima y/o a que las piezas mejor conocidas son, además de las publicadas por Stumer, aquellas descubiertas por la Misión Arqueológica Italiana en la cima de la pirámide Tello, a veces asociadas a vasijas del Horizonte Medio 2A.

Patterson (1966), Fernández Sotomayor (1960) y Stumer (1957) concuerdan al afirmar que las vasijas negras son versiones reducidas de los alfares oxidados, pues muestran iguales tipos de pasta, técnicas de acabado y variedades formales. Los materiales cerámicos del Conjunto Tello apoyan esta observación.

6.2.3. El componente Nievería

En el contexto de la costa central Menzel ubicó al estilo Nievería en la época 1B del Horizonte Medio, precedido por el estilo Lima 9 de la época 1A y sucedido por el estilo Pachacamac de la época 2. Paralelamente, a las vasi-

[3] Stumer llama alternativamente Huaquerones o Vista Alegre al sitio arqueológico en que efectuó sus investigaciones. Hoy ambos nombres designan sitios diferentes. Las descripciones de Stumer y Menzel concuerdan únicamente con el actual sitio de Vista Alegre o Catalina Huanca, cuyas estructuras, afortunadamente, todavía se han conservado (Mercedes Cárdenas y Luis Felipe Villacorta, comunicación personal 1999).

jas tardías del estilo en uso durante la época 2 las denominó Nievería Derivado (MENZEL 1968a: 94-95). Estas conclusiones fueron planteadas por Menzel a partir de tres fuentes de información: a) los entierros excavados por Uhle en el cementerio de Nievería (GAYTON 1927, UHLE [1910] 1998), b) los entierros excavados por el gobierno peruano en la bahía de Ancón, y c) un depósito estratificado excavado por Stumer (1957, 1958) en el ya mencionado sitio de Vista Alegre.

En los dos primeros casos Menzel procedió a interpretar la asociación y superposición de diversos contextos funerarios. Sin embargo, la información relativa a los contextos de Nievería es insuficiente porque las vasijas publicadas por Gayton rara vez corresponden a un mismo entierro, de modo que no se puede observar con claridad, ni mucho menos comprobar analíticamente, las recurrencias y asociaciones en un número razonable de casos. Solo en tres casos existe la posibilidad de observar algunas tendencias. El entierro 2 contuvo dos vasijas Lima tardío (GAYTON 1927: plates 93e, 95i); el entierro 3 dos vasijas Nievería (*op. cit.*: plates 91f, 96f), una vasija reminiscente de Lima tardío (*ibid.* plate 96k) y una botella negra cara-gollete de evidente inspiración norteña (*ibid.* plate 95j);[4] y el entierro 11 dos botellas con picos y asa puente de estilo Pachacamac (*ibid.* plates 94d, 91b). La ausencia de mayores datos solo permite elaborar planteamientos de diacronía a partir de los cambios de estilo.

El orden de exposición y de las fotografías de Uhle en su trabajo de 1910 lleva a deducir que los individuos flexionados de Nievería se superponían a aquellos extendidos, y que la cerámica Nievería se hallaba asociada en ambos tipos de contextos. Los entierros con individuos en posición flexionada, sin embargo, destacaban por poseer un mayor número de asociaciones y por la recurrencia de vasijas con iconografía sureña y serrana (UHLE [1910] 1998: 249-251). Consecuentemente, la información disponible no niega la contemporaneidad parcial de los estilos Lima tardío y Nievería, pero sí señala la anterioridad relativa de Nievería con relación a los estilos del HM2.

Los trabajos en Ancón tampoco descartan esta posible coetaneidad, dado que allí las evidencias funerarias propiamente Lima tardío están ausentes. Los estudios de los contextos y materiales asociados (KAULICKE 1997, MENZEL 1977) muestran que las ocupaciones funerarias en Ancón sufrieron una interrupción precisamente durante esta época. Luego de los entierros en Playa Grande de las fases intermedias del estilo Lima (STUMER 1953), no hay evidencias sino hasta la época 1B del Horizonte Medio (con el estilo Nievería ya predominante), esta vez en la zona de Miramar (RAVINES 1977a, 1981). En cuanto a los basurales estratificados, estos han sido frecuentemente excavados por niveles arbitrarios. Bonavia (1962) menciona la presencia de cerámica Maranga, pero sus descripciones indican que empleó el término de modo amplio e inclusivo. Las evi-

[4] Menzel (1968: 150) afirma que las vasijas de este entierro pertenecen al estilo Pachacamac A del HM2. Una revisión de las descripciones y fotografías de Gayton inducen a pensar que esta asignación temporal le fue sugerida a Menzel únicamente por la presencia de la vasija negra cara-gollete.

dencias que presenta Tabío (1957) no incluyen un componente Lima tardío. Patterson (1966), quien dedicó gran atención al sitio en sus investigaciones, no presenta ni discute materiales cerámicos provenientes de Ancón asignables a las últimas fases del estilo Lima. En general, esta secuencia ocupacional en Ancón ya había sido parcialmente develada cuando Menzel efectuaba sus investigaciones.

Por lo expuesto, las evidencias más sólidas para sostener la posterioridad de Nievería con relación a Lima tardío provenían de los hallazgos de Stumer en Vista Alegre, pero de aquellos trabajos Menzel solo especifica que «Stumer hizo un corte (corte 1) a través de la basura, cerca de la pared sur del montículo central y encontró en ella un estilo de alfarería con rasgos relacionados a la fase Nasca 8 de la costa sur, que pertenece a la época inmediatamente anterior al Horizonte Medio» (Menzel 1968a: 97). Esta observación general, y hasta cierto punto cautelosa, contrasta con una posición más firme y concluyente adoptada por Patterson respecto al mismo hallazgo. Patterson señala:

> The eighth and ninth phases of the Lima style are assigned to Epoch 8 of the Early Intermediate Period and Epoch 1a of the Middle Horizon on the basis of their relative positions in the cultural sequence and of stratigraphic information obtained by Louis M. Stumer at the site of Vista Alegre in the Rimac Valley. In Vista Alegre, Cut I, Stumer found the Nievería style sherds in refuse overlying a deposit that contained sherds belonging to the eighth and ninth phases of the Lima style [...]. At present, there is no way to distinguish which part of Lima 9 belong to the Early Intermediate Period and which part belong to the Middle Horizon.
> (Patterson 1966: 102-103)

Patterson no cita como fuente al propio Stumer. Solo aclara que la información de Vista Alegre le fue proporcionada por Menzel «[...] who had an opportunity to visit the site shortly after Stumer had worked there» (Patterson 1966: 110).

Sin duda, la superposición estratigráfica del estilo Nievería sobre Lima 8-9, pero sobre todo su aceptación generalizada como un hecho ampliamente comprobado, constituiría una poderosa base de apoyo para argumentar en favor de un fenómeno de carácter intrusivo abrupto. Los diversos rasgos (especialmente iconográficos) del estilo Nievería vinculados con patrones serranos y sureños, así como su súbita aparición en la secuencia local, conducirían a la lógica conclusión de estar frente a una de las múltiples huellas originadas por procesos intrusivos de dominación, cuando no de conquista. Sin embargo, todo lo que menciona Stumer con relación al corte 1 es lo siguiente:

> En nuestra limpieza de la cara sur de la pirámide central, una de las primeras cosas sorprendentes, relativa a los fragmentos asociados con la arquitectura, fue la cantidad de cerámica negra utilitaria de buena calidad. El típico modelo de ollas de almacenamiento Maranga fue encontrado en cantidad, sin diferencias de nivel o ubicación entre éstas y la normal cerámica roja. Además se encontró

fragmentos de cerámica negra fina en cantidad apreciable.
(STUMER 1957: 274)

No hay pues alusión a una superposición clara de estilos diferentes. El comentario de Stumer está destinado a enfatizar su hallazgo de vasijas negras en el «típico modelo de ollas de almacenamiento Maranga». Con respecto a estas vasijas el autor menciona como modelos de referencia aquellas publicadas por Kroeber (1954: figs. 21, 22), Gayton (1927: plates 91c, 93i-f) y Jijón y Caamaño (1949: fig. 140), las mismas que se identifican plenamente como *ollas grandes* y *medianas con cuello* Lima 8-9. Consecuentemente, la posibilidad de coexistencia parcial de los estilos Lima tardío y Nievería no solo se desprende de la evaluación lógica de las cronologías sustentadas en los cambios de estilo, sino que en el presente tampoco cuenta con evidencias conocidas que la contradigan.

Shady (1982) y Guerrero y Palacios (1994) han planteado una propuesta alternativa: que el estilo Nievería se desarrolla antes del HM 1B; es decir, que se origina hacia fines del Período Intermedio Temprano y el HM 1A. Tras su análisis de vasijas depositadas en diversos museos, Shady llega deductivamente a esa conclusión. Critica que los planteamientos de Menzel y Patterson no se basaron en supuestos estratigráficos (SHADY 1982: 19); sin embargo, analiza en parte los mismos materiales cerámicos que aquellos, y acepta que «[...] salvo breves referencias sobre la procedencia de algunas piezas, no pudimos obtener la información de campo para ninguna de las 384 vasijas que conforman la muestra total» (*op. cit.*: 21).

Guerrero y Palacios (1994) analizan datos de patrón de asentamiento y de cerámica asociada en el valle medio del Rímac. Sus materiales son novedosos. Los autores opinan que la ubicación temporal de Nievería en la época 1B del Horizonte Medio llevó a magnificar las influencias externas, básicamente aquellas de la sierra sur (Ocros, Chakipampa) y costa sur (Nasca 9) del HM 1A sobre la cerámica local, de modo que se entendiera que tales influencias específicas fueron las que dieron origen al estilo Nievería. Para ellos «[...] el estilo Nievería se desarrolla local y progresivamente a partir de las interrelaciones de la costa central con otras áreas culturales, y no necesariamente como consecuencia de la abrupta llegada de influencias externas que impusieron sus patrones culturales». (GUERRERO y PALACIOS 1994: 308). Los autores basan su conclusión en: a) la colección de vasijas de contextos funerarios asociados a un antiguo canal de regadío en Maranga (PINILLA 1985), en la que está ausente la decoración típica del HM 1B, pero sí las formas clásicas Nievería (por ejemplo la botella de dos picos y asa puente);[5] b) una colección alfarera del sitio de Macas del valle medio del Chillón donde observan material Lima 5 con rasgos que anticipan al estilo Nievería (pasta fina, policromía y buen acabado); y c) el mate-

[5] No obstante esta última aseveración de los autores, debe tomarse en cuenta que existe una tradición de botellas con dos picos y asa puente muy arraigada en el estilo Lima (cf. *e.g.* TABÍO 1957: fig. 2).

rial cerámico de Huachipa obtenido por los autores mediante recolecciones de superficie, en la que se destaca la decoración modelada vinculada a una influencia Moche V de la costa norte. Algunas observaciones merecen indicarse brevemente. Las ilustraciones presentadas por Pinilla (1985) no permiten hacer apreciaciones detalladas, lo que se torna más problemático aún con relación a las pocas piezas decoradas de su muestra. Guerrero y Palacios conceden especial importancia a los materiales del valle del Chillón, pero dado que dichas evidencias no han sido publicadas, es imposible evaluarlas y discutirlas en esta ocasión. La muestra de Huachipa adolece de una sólida asociación con la arquitectura del sitio y, como otras colecciones ya discutidas, no proviene, o desconocemos su procedencia exacta, de contextos estratificados.

Dentro de este panorama general, debe destacarse los hallazgos en el Conjunto Tello de Cajamarquilla, pues la presencia de especímenes Nievería en contextos Lima tardío del R-105 sustenta la hipótesis de Shady y Guerrero y Palacios, esta vez de forma más evidente. Su presencia reducida (ocho especímenes) en los contextos en estudio, puede interpretarse en términos de una presencia temprana y por lo tanto aún minoritaria con relación a la popularidad de la alfarería Lima tardía de la época. Puesto que no se tienen evidencias de materiales más tardíos, salvo el caso aislado de un *plato hondo* cocido en atmósfera reductora (fig. 61), el conjunto de alfares del R-105 parece fecharse más coherentemente poco antes o en la época 1A del Horizonte Medio, pero de ninguna manera en el HM 1B. Por extensión, la fase CII del Conjunto Tello debe fecharse durante esta época.

El PAC no cuenta con fechados radiocarbónicos propios, por lo que las relaciones cronológicas establecidas carecen de indicadores de tiempo absoluto. La MAI ha publicado dos fechados: 1,100 ± 100 B.P. (R-301) y 1,160 ± 50 B.P. (R-302) (Alessio *et al.* 1967) que provienen de contextos poco claros de otras áreas de Cajamarquilla, y cuyas correcciones calibradas han sido presentadas por Ziólkowski *et al.* (1994: 405) 852 – 1,026 d.C. y 815 – 848 d.C. al 68.3%, y 753 –1,162 d.C. y 706 – 748 d.C. al 95.4% (R-301); y 860 – 967 d.C. y 821 – 840 d.C. al 68.3%, y 777 – 994 d.C. al 95.4% (R-302)—[6] En su presentación original ambos fechados han sido frecuentemente empleados para asignar el sitio entre fines del Período Intermedio Temprano y el Horizonte Medio, con mayor énfasis en este último período.

Los contextos funerarios de la cima de la pirámide Tello (Mogrovejo 1996a, 1996b, 1997; Sestieri 1971) se fechan estilísticamente entre el HM 1B y el HM 2A. Todos o casi todos los contextos funerarios excavados por el Proyecto Arqueológico Cajamarquilla son de naturaleza secundaria (reentierros). En la actualidad, dada la insuficiente información disponible (Cavatrunci 1991, Sestieri 1971), es imposible asegurar si este diagnóstico puede hacerse extensivo a parte o todos los entierros hallados por la Misión Arqueológica Italiana. Las evidencias de 1996-1997 plantean, por lo menos, que existe un material Nievería asociado a cerámica Lima tardío

[6] El nivel de probabilidad de 68.3% corresponde a un intervalo de 1ó y el nivel de 95.4% a un intervalo de 2ó (Ziólkowski *et al.* 1994: 68).

(base de la pirámide Tello - Recinto 105) y un material Nievería asociado a cerámica de la época 2A del Horizonte Medio (cima de la pirámide - entierros secundarios). El re-entierro de los individuos cuando la pirámide ya no cumplía sus funciones originales, el abundante material Lima tardío en los rellenos constructivos y el hallazgo de materiales de cerámica con íconos tempranos presumiblemente del estilo Chakipampa de la sierra poco antes del cese de las actividades más importantes del Conjunto, sugieren que el crecimiento volumétrico máximo del edificio (que culminó con el último gran episodio constructivo de la fase CIII) sucedió entre las épocas 1A y 1B del Horizonte Medio. Como se ha visto en el capítulo 2, entre la fase CIV del Conjunto Tello y los eventos de re-entierro en la cima de la pirámide, media un período de *hiatus* cultural que contiene o equivale a una serie de fenómenos naturales adversos (inundaciones y posibles movimientos sísmicos) que en cualquier caso no parece haber sido muy prolongado. El uso funerario de la cima o áreas laterales de los edificios Lima durante el HM 1B fue un fenómeno muy recurrente en el valle del Rímac (MacNeish *et al.* 1975: 54). Recientemente William Isbell (en prensa) ha elaborado una sugestiva re-interpretación de la secuencia arquitectónica y ocupacional por él identificada en Huari, sector de Vagachayoq Moqo. Según Isbell, muchos edificios públicos, especialmente del Horizonte Medio, tuvieron una historia polifuncional articulada por una sorprendente continuidad en el tiempo, de modo que los edificios pasaron de palacios a templos y de allí a cementerios sin que ello implique rupturas culturales de un orden mayor. Este planteamiento y las evidencias disponibles podrían sugerir una situación similar en Cajamarquilla, ya que los eventos de re-entierro del Conjunto Tello difícilmente sucedieron a fines del Horizonte Medio o durante el Período Intermedio Tardío. La presencia de cerámica Nievería antes y después de dicho *hiatus*, en diferentes proporciones en cada momento y en diferente tipo de contexto arqueológico, plantea que el abandono del Conjunto Tello o no fue muy prolongado, o que siendo relativamente prolongado el estilo tuvo una vigencia temporal más amplia.

Si el componente Nievería del R-105 fuese más numeroso y representativo podría ensayarse un estudio estilístico que delinee resultados comparables a los que sugieren sus asociaciones, de modo que se valide la cerámica Nievería del R-105 como más temprana y la de los entierros intrusivos de la pirámide como más tardíos. Teóricamente ello apoyaría la idea de un margen de tiempo amplio entre ambos eventos, al menos suficiente como para enmarcar los cambios internos del estilo. Aunque la calidad de los fragmentos Nievería del R-105 no permite contrastaciones sólidas con las vasijas funerarias, resulta sintomático constatar la presencia de vasijas con rasgos reminiscentes Lima tardío en los re-entierros (fig. 157). Consecuentemente, cabe la posibilidad de que la amplitud temporal del período de abandono haya sido relativamente breve.

Si se considera además la superposición directa de pisos en buen estado, su renovación continua, la ausencia de basura (salvo la que se usa como relleno), y las evidencias de remociones y traslado de rellenos a escala considerable, se concluye que las actividades desplegadas en el

Conjunto Tello fueron muy dinámicas y que los eventos constructivos fueron masivos, desarrollados en poco tiempo. Si esta interpretación es correcta, los episodios constructivos detectados podrían asociarse a un conjunto de eventos relacionados con la movilización de mano de obra. Desde esta perspectiva, la lectura del relleno de los pozos y depresiones del R-105 y de los materiales relacionados puede resultar ampliamente provechosa.

Capítulo 7

LOS EVENTOS EN EL R-105: UN ENSAYO DE INTERPRETACIÓN

El análisis de las evidencias presentadas sugiere que los eventos llevados a cabo en el patio R-105 del Conjunto Tello se relacionan con a) el descarte de artefactos asociados con el consumo de alimentos, especialmente con la producción/consumo de chicha y b) su entierro en un contexto de posible connotación ritual. Una evaluación más precisa de estos planteamientos requiere su confrontación con información de registros arqueológicos, etnohistóricos y etnográficos.

7.1. Producción y consumo tradicional de chicha

7.1.1. La chicha y su proceso de elaboración

Las bebidas hechas a partir de vegetales fermentados han sido y son tradicionalmente consumidas en los Andes desde muy antiguo. Aunque se hace chicha de diferentes productos, la variedad más conocida y la de mayor prestigio, al menos desde el siglo XVI, es aquella que se hace de maíz (Murra 1960, 1975).

Diversos trabajos etnográficos se han concentrado en la forma de elaboración y consumo de chicha de maíz en los Andes, tanto en la costa como en la sierra (Antúnez de Mayolo 1984, Cárdenas y Cutler 1981, Camino 1987, Muelle 1978a, Nicholson 1960, Valdizán y Maldonado 1985, Vásquez 1967). Aunque la preparación de esta bebida exhibe ciertas variaciones regionales, es posible observar un patrón de elaboración homogéneo.

Existen tres procedimientos químicos básicos para obtener la fermentación del maíz.

a) Sacarificar la fécula de maíz mediante ensalivado
b) Tostar o remojar la fécula de maíz en agua caliente
c) Germinar los granos de maíz mediante su remojo prolongado

Cualquiera de estos tres pasos son necesarios puesto que no es posible obtener alcohol directamente de las féculas en estado natural. Se necesita calor seco o húmedo para que las moléculas de almidón se rompan y liberen una sustancia denominada diastasa. La diastasa es importante porque provoca que los almidones de las féculas se conviertan en azúcares, los que a su vez se convertirán en alcohol. Las sociedades andinas prehispánicas conocieron estos tres mecanismos de obtención de alcohol, pero le concedieron un alto valor al proceso de germinación. Ello es fácilmente comprensible si se considera que la diastasa obtenida mediante la germinación de los granos es mucho más activa y potente que la producida mediante el tratamiento de las féculas, lo que permite procesar cantidades mucho mayores de maíz.

Selección del maíz: Generalmente se prefiere un tipo de maíz seleccionado, con el objeto de obtener granos de forma, tamaño y consistencias similares. Ello es muy importante para conseguir un proceso de germinación uniforme.

Germinación: Los granos son remojados y en estado húmedo colocados dentro de un ambiente cerrado, abrigado y protegido de la luz exterior. Por lo general, la germinación de los granos ocurre entre 5 y 8 días, al término de los cuales exhiben una radícula o raicilla de 1 a 2 cm, aproximadamente. El maíz germinado recibe el nombre de *jora* o *sora*.

Secado: La *jora* es extraída, a menudo durante la noche o enjuagándola inmediatamente con agua fría para provocar el *shock* termal y detener el proceso de germinación. Luego es extendida en áreas abiertas sobre hojas o esterillas para secarlas.

Molido: Una vez seca la *jora* es molida aunque no demasiado. Hay dos tipos de molienda a) humedeciendo la *jora* y moliéndola con manos y morteros de piedra o madera, y b) moliendo los granos en seco empleando batanes y piedras *chungo.*[1]

Decocción: La *jora* molida es mezclada con agua tibia en vasijas grandes, y luego hervida en lapsos variables. Durante esta etapa es común agregar aditivos que mejoren el sabor, la capacidad fermentativa y/o la consistencia de la bebida. Durante toda la cocción se remueve constantemente el caldo para evitar que el sedimento se fije en el fondo de las vasijas. Luego se deja en reposo para que se entibie y las colonias de levaduras se impregnen en las paredes interiores de las vasijas. En ocasiones se efectúa una segunda o incluso tercera decocción.

Colado: El caldo tibio es colado usando un lienzo o una canastilla para separar el bagazo (*qoncho*) del líquido. Esta operación no puede hacerse con el líquido frío puesto que el *qoncho* se apelmaza y se convierte en grumos. Comúnmente el bagazo de la primera decocción es reutilizado agregándolo en la segunda decocción de la misma chicha o en la decocción de otra enteramente nueva. Dependiendo de las veces en que ha sido reuti-

[1] Batán / chungo: par de implementos de piedra para molienda ampliamente usado en la costa norte del Perú.

lizado, el *qoncho* suele emplearse como masa de levadura en la cocina o como alimento para los animales.

Fermentación: El líquido colado es separado en vasijas grandes o medianas que generalmente se hincan en el suelo. Durante esta etapa la actividad de las levaduras convierte las glucosas en alcohol, de manera que conforme se eleva la cantidad de alcohol el número de levaduras disminuye. En fermentos de altísima concentración de alcohol (12%) las levaduras prácticamente desaparecen. La concentración de alcohol en las chichas elaboradas a partir de la *jora* comúnmente oscila entre 4 y 7%, lo cual es superior a cualquier fermentación ocurrida accidentalmente. Existen dos tipos de fermentación: a) la fermentación baja se produce en la porción inferior de las vasijas a poca temperatura, y por lo general tarda de 30 a más días; y b) la fermentación alta se activa a temperaturas elevadas, y se realiza rápidamente (entre 4 y 6 días) en la porción superior de las vasijas generando espuma. El sedimento fino que se deposita en el fondo de las vasijas es útil puesto que suele contener las levaduras que han logrado sobrevivir. A menudo este sedimento también es requerido para nuevas chichas o para otros usos culinarios.

Consumo: Trátese de una chicha de fermentación baja o alta, el sabor óptimo para su consumo no se extiende por mucho tiempo (entre 7-8 días), de lo contrario la bebida se agria. No obstante, en la costa norte actualmente existe la tradición de «guardar» algunas chichas por muchos meses para potenciar su grado alcohólico. El líquido fermentado presenta tres capas de diferente densidad y pureza. La superficial tiene un alto contenido alcohólico que en la costa norte del Perú suele denominarse «clarito». La capa intermedia es más densa y la del fondo más densa todavía, turbia y a veces algo gelatinosa. Se suele consumir tanto el «clarito» por separado como toda la chicha mezclada y con espuma.

7.1.2. Evaluación arqueológica de las evidencias del R-105

El cuadro 27 muestra de manera resumida la evidencia material que se desprendería idealmente de cada etapa de producción de chicha y la evidencia identificada en el R-105. Como se observa, hay una correspondencia relativa entre ambos conjuntos de datos. Sin duda la deposición mezclada de los materiales en un espacio único no permite una identificación segura de algunas herramientas, insumos y sub-productos. Para una evaluación realmente objetiva conviene volver a revisar el proceso de elaboración de chicha según la información disponible en el Conjunto Tello.

Selección de maíz: Dado el alto grado de desintegración de los restos botánicos, no se cuenta con evidencias directas de selección de maíz (depósitos, granos separados, etc.). Solo se han hallado algunas tusas en algunos pozos y depresiones, las mismas que han sido identificadas preliminar-

Cuadro 27
Etapas generales de elaboración de chicha de maíz y evidencia material ideal y arqueológica

ETAPA DE ELABORACIÓN	EVIDENCIA MATERIAL IDEAL	EVIDENCIA MATERIAL EN EL R-105
SELECCIÓN DE MAÍZ	Granos de maíz única o predominantemente Tusas de maíz Hojas de maíz Mazorcas	- X ? -
GERMINACIÓN	Vasijas grandes o medianas forradas con diversos vegetales Pozos forrados con vegetales Vegetales altamente descompuestos Vasijas o canales para transportar y desfogar agua Jora (maíz con radícula) Piedras para asegurar cubierta de paja sobre pozos	- X X ? - X
SECADO	Esteras o mantas para secado Jora (maíz con radícula) Patio o tendales	- - -
MOLIDO	Harina de maíz (fécula, sedimento) Batán/piedras chungo Mortero/manos de moler	? - X
DECOCCIÓN	Fogones Vasijas con boca ancha para facilitar remoción Vasijas grandes con hollín Vara para remover el caldo Aditivos (vegetales, minerales, animales) Combustible Vasijas que impiden fijación del sedimento	- X X - X ? X
COLADO	Sedimento o qoncho Tela para tamizar Cesta para tamizar	X X -
FERMENTACIÓN	Vasijas grandes o medianas sin evidencia de hollín Oquedades para fijar las vasijas en el suelo Vasijas que impiden la fijación del sedimento	X - X
CONSUMO	Vasijas para consumir Vasijas para almacenar/transportar Vasijas para repartir	X X X

X = Presente; – = Ausente; ? = Probable

mente (cf. cuadro 13). Es probable que esta ausencia de granos se deba a su transformación en *jora*, o en cualquier caso a su posterior consumo. La abundante presencia de maíz en el sedimento orgánico de los contextos es indudable, y es posible que parte de la capa 12 que se extiende sobre los contextos también incluya hojas de maíz sumamente descompuestas.

Germinación: Como se ha visto, este proceso requiere preservar los granos en condiciones de semi-asfixia húmeda. Las vasijas y pozos de germinación han sido registrados etnográficamente en el Perú. Muelle observó pozos de este tipo en el Cuzco en la primera mitad del siglo pasado.

> En las casas particulares, se prepara jora cada vez que se intenta elaborar chicha; en las guiñaperías, todo el año. Para este propósito hay kochas o pozas en los patios, a la intemperie, aunque en San Sebastián utilizan frecuentemente ollas. Estos pozos son de piedras unidas con cal y arena; comienza a emplearse también el cemento. Tienen una pendiente ligera y un agujero para el desagüe. Son de planta cuadrada y van en número de dos a seis, agrupándose de manera que se economice los murillos que las constituyen: la disposición común es un gran cuadrilátero cortado por tabiques en cruz. Cada pozo contiene por lo regular una fanega de maíz, y mide por lado alrededor de un metro. (Muelle 1978a: 244)

Antúnez de Mayolo anota:

> Numerosos artesanos obtienen la germinación del maíz en pozos que llaman joreros, o *suru pitu*, construidos en la tierra o revestidos con lajas, etc. Los pozos de germinación requieren que posean una entrada de agua limpia y una evacuación si son enlajados o que el suelo en los que se les ha construido sean permeables, si es que carecen de desagües. (Antúnez de Mayolo 1984: 22)

El mismo autor precisa que los pozos deben encontrarse forrados de paja y hojas para crear las condiciones de germinación adecuadas.

> Sea que se emplee los germinadores, canastas o crecedoras arequipeñas, o pozas de germinación, se requiere un medio que impida que el maíz esté en contacto con el suelo [...] al que lo aymaras llaman *hantakuta* o cama, así como otro que se interponga entre el aire y el maíz, a este medio lo llaman en aymara *hanj'atata* o cobertor. Esta cama o cobertor, en algunos lugares está constituido por esteras de caña o paja.
> En otros la forman hojas de diversas plantas, las que probablemente tienen alguna incidencia en la calidad y/o sabor de la jora obtenida, así como en la tasa de germinación. Es sabido además que en las hojas existen diastasas que contribuirán a la iniciación de la sacarificación de la fécula antes de su germinación, así como por la acción de fermentos y esteroides que tales hojas pueden contener. La creencia es que sin esta cama o cobertores de hojas no se realiza la adecuada germinación. (Antúnez de Mayolo 1984: 23)

Aunque no hay referencias específicas respecto a pozos germinadores en los documentos etnohistóricos, una serie de cronistas mencionan el entierro de los granos para conseguir su germinación (Acosta [1590] 1979: 171, Anónimo [1811] 1991: 95-96, Arriaga [1620] 1920: 42, Garcilaso de la Vega [1609] 1959: 464, Vásquez de Espinoza [1630] 1969: 294, Zárate [1555] 1945: f16). Bernabé Cobo reconoce, por ejemplo, la existencia de chichas diferentes entre las que menciona «Una muy fuerte, llamada sora, que hacen de maíz que primero está algunos días enterrado hasta que retoñece [...]» (Cobo [1653] 1964: 162, tomo I).

Adicionalmente, los vocabularios quechuas de los siglos XVI y XVII presentan algunas voces indígenas importantes de considerar. Por ejemplo,

Fray Domingo de Santo Tomás ([1563] 1951: 264) precisa *Cocha* como «mar, o eftaque de agua generalmente». Por su relación directa con el agua, el término *Cocha* connota vida, florecimiento o rejuvenecimiento. Diego Gonzalez Holguín ([1608] 1989: 65) define *Ccochani* como «marchito o secar lo que le falta el riego», y *Ccochasca* como «marchito assi inclinado descolorido». En el diccionario del padre Lira (1945: 458) *Kkóchay* significa «Encharcar, hacer charco. Preparar jora para la germinación». En el Cuzco la chicha de maíz germinado es conocida como *wiñapuy*, que deviene de *wiñay* que significa «nacer». La relación entre *qocha* y *wiñay* alude a un proceso generador de vida. Robert Randall ha llamado la atención sobre los términos *qocha-yuyo*, usado para referir a las hierbas secas revividas con el agua, y *Wira-Kocha*, que según Randall se interpreta como «el que germina la fuerza vital» (Randall 1987: 84).[2]

Estas observaciones ponen en evidencia la existencia en lengua quechua actual y de los siglos XVI y XVII de términos que vinculan indirectamente los pozos de agua con la germinación, lo que lleva a plantear que los referentes existieron en el mundo real, tal como las descripciones de los cronistas sugieren.

Las descripciones que se acaban de presentar revelan una estrecha semejanza con los pozos revestidos de vegetales del R-105, e inducen a interpretarlos tentativamente como *qochas* de germinación. No obstante, los pozos presentan algunas características adicionales difíciles de explicar. Su renovación a veces incluyó una ampliación lateral de modo que el pozo anterior se preservaba a desnivel (figs. 30b-c). Antúnez de Mayolo (1988: 93) observó en Aija, Callejón de Huaylas, «pozos joreros» con un estribo para disminuir la velocidad del ingreso del agua. Si las actividades realizadas en el R-105 tuvieron carácter ritual, entonces la intención de preservar los pozos anteriores durante cada etapa de renovación podría no necesariamente tener una explicación funcional. Igualmente no es fácil interpretar la función u origen de las depresiones. Si bien algunas de ellas pueden corresponder a las bases de vasijas que habrían estado semihundidas en el suelo, existen casos cuyas dimensiones exceden ampliamente el tamaño de las bases de cerámica recuperadas.

Asociadas a los contextos también se han hallado algunas piedras sin trabajar, que pudieron haber servido como pesas para asegurar la cobertura de paja sobre la boca de los pozos: «Después de llenarse el maíz, se le tapaba con otra capa de hojas y encima se colocaban piedras para que el maíz al remojarse no la levantara» (Antúnez de Mayolo 1988: 93). Los vegetales que revisten los pozos y depresiones son variados, resaltando la presencia de gramíneas y *Cyperaceae*, aparentemente de hábitats tipo monte

[2] Cabe anotar que en su acepción más simple, Szeminski (1985: 253) traduce Wiracocha como «creador de lo que da la vida [...]». Sintomáticamente, el nombre de la conocida deidad andina se asocia a epítetos que resaltan el desarrollo que toda entidad debe atravesar para alcanzar su plenitud. La glosa *yachay* (de *Pacha yachachic*) significaría así «llegar a un estado propio para beneficio de alguien» (Itier 1993: 155). En este contexto no puede dejar de considerarse que los pozos (*qochas*) precisamente permiten que el maíz alcance su estado pleno de germinación (*jora*).

ribereño y matorral desértico. Su estado sumamente desintegrado puede deberse al constante remojo al que fueron sometidos junto con los granos de maíz.

El número de pozos que existirían en el R-105 puede deberse tanto al deseo de asegurar un mejor control de la germinación (por ejemplo procesando cantidades adecuadas de maíz), como a su uso sucesivo para obtener *jora* constante durante lapsos de tiempo preestablecidos, tal como Muelle observó en el distrito de San Sebastián en el Cuzco (MUELLE 1978a: 244). Sin embargo, no es posible precisar si todos los pozos sirvieron para las mismas funciones.

Secado: No existen evidencias claras de esta etapa de producción. Los patios o tendales para secado pudieron haber existido en otros sectores del Conjunto Tello. Pero si toda la producción fue efectivamente consumida, es difícil que los restos de *jora* se hayan preservado *in situ*.

Molido: Los contextos incluyen algunos fragmentos de manos de moler con huellas de uso (fig. 35). El empleo de estos artefactos explicaría la ausencia de batanes y *chungos*. Una vasija Moche III, actualmente expuesta en el Museo Brunning de Lambayeque, muestra la representación escultórica de unos individuos preparando chicha (MUELLE 1978a: lám. 2). ANTÚNEZ DE MAYOLO (1984: 22-23) opina que los personajes representados estarían haciendo uso de una mano de moler mientras que paralelamente remojan los granos de maíz para conseguir su adecuada hidrolización.

Decocción: No hay restos de fogones en el R-105, pero sí constante presencia de carbón en el relleno de los pozos y depresiones. Un área contemporánea que aparentemente constituyó una gran cocina en el Conjunto Tello se ubica en el Sector VIII (fig. 3). Los trabajos preliminares efectuados en dicho sector señalan, no obstante su alteración posterior por una serie de inundaciones o anegamientos, la presencia de desperdicios, ceniza, áreas enrojecidas por el fuego y abundantes piedras termofracturadas. No existe en el Conjunto Tello otro ambiente de características similares, por lo que las investigaciones en este recinto deberán profundizarse en el futuro. Un mejor indicador es la presencia en los contextos de vasijas grandes con hollín. Como se ha visto en el capítulo 5, algunas ollas y cántaros grandes parecen haber sido expuestas al fuego lateralmente. Ello debió resultar de su semientierro en el suelo, tal como tradicionalmente se acostumbra en el Perú. Camino (1987: 26, fotografía s/n) y Shimada (1994: fig. 8.40) ilustran chicherías tradicionales de la costa norte en las que se observan las vasijas hundidas en el suelo y sometidas a la brasa lateral durante la preparación del caldo para chicha. A través de los siglos esta disposición de las vasijas grandes de cocina parece haber variado poco (cf. MARTÍNEZ DE COMPAÑÓN 1997: láms. 20, 21).

No hay restos de artefactos que sugieran varas para remover el caldo y evitar que el sedimento se fije en el fondo de las vasijas, pero sí se han identificado vasijas con engobe en el fondo. El engobe se interpreta aquí como un sistema de impermeabilización que permite obtener el sedimento para su empleo posterior.

Como ya se ha mencionado, diversos ingredientes pueden ser añadidos durante esta etapa. Una serie de testimonios tempranos señalan con mucho detalle la importancia de tales aditivos para conseguir una chicha apropiada: «En los llanos desde Chancay a baxo la chicha que ofrecen a las Huacas se llama Yale, y se hace de Zora mezclada con maiz mascado, y la hechan polvo de Espingo, hazen la muy fuerte y espesa [...]» (ARRIAGA [1620] 1920: 42, Cap. IV). Otras fuentes coloniales mencionan: «Unas chichas se hacen de ocas, yucas y de otras raíces [...]» (Cobo [1653] 1964: 162, tomo I). Los exámenes de polen han determinado la presencia de *Oxalis* en las muestras de sedimento orgánico de algunos contextos. El empleo de tubérculos y rizomas no sorprende si se tiene en cuenta que en algunas anotaciones inéditas, Antonio Raimondi sostenía que la oca (*Oxalis tuberosa*) produce un alcohol de muy alta calidad (citado por ANTÚNEZ DE MAYOLO 1984: 49).[3] Igualmente, según los análisis palinológicos efectuados, resulta interesante la identificación de *Schinus sp.* (*molle*), arbusto que con frecuencia también ha sido usado para la elaboración de bebidas tradicionales.

En el área de Huarochirí, durante el siglo XVII, la chicha espesa llamada *Teccte* era muy apreciada y especialmente ofrecida a los ídolos y huacas (DUVIOLS 1986).

Colado: Un fragmento de tela llana, hallada adherida al cuello de una *olla mediana con cuello*, puede interpretarse como evidencia del empleo de lienzos o tamices para colado. Eventualmente también podría interpretarse como los restos de algún tipo de tapa. El fragmento de textil fue hallado muy deteriorado, lo que podría deberse a que constantemente fue humedecido. Esta es la única evidencia de tejido en el contexto de los pozos y depresiones del R-105. El colado es mencionado solo brevemente en los documentos tempranos (ANÓNIMO [1811] 1991: 95). El uso de tocuyos para colar la chicha ha sido descrito por Schaedel (1988: 117) con referencia a algunas comunidades modernas de la costa norte. Randall (1993: 76-77) menciona que en la actualidad, en la sierra sur del Perú, los campesinos colocan una canasta forrada con ichu (*isanka*) sobre una horqueta de madera (*chakana*), puesta a su vez sobre la boca de un cántaro grande (*raki*) para chicha. Al líquido obtenido por goteo en el *raki* se le denomina *seque*.

Fermentación: Sin duda la evidencia más sólida correspondiente a esta etapa de elaboración proviene del resultado positivo del análisis de actividad fermentativa reportado en el capítulo 5. Si la secuencia de elaboración de chicha presentada es correcta, puede postularse que al menos parte de

[3] He buscado estas notas en la Facultad de Medicina de San Fernando de Lima, que es donde Antúnez de Mayolo menciona haber revisado la información de Raimondi. Lamentablemente, por diversas razones administrativas internas de la Facultad no he podido acceder a dichos documentos.

las vasijas grandes y medianas sin huellas de hollín fueron empleadas para fermentar. Una *olla grande con cuello* (figs. 97, 141) es particularmente interesante porque además exhibe engobe interior en la base, lo que señala una constante preocupación por separar el sedimento de la bebida aun en esta etapa.

Los restos de animales (camélidos, peces, entre otros) en algunos contextos pueden entenderse como ingredientes, crudos o cocidos, añadidos durante la fermentación. En muchas comunidades andinas, se acostumbra agregar una pata de res a la chicha para espesarla mediante la queratina de los tendones (Zico Ccorahua, comunicación personal 1999; De Florio 1986, Valdizán y Maldonado 1985). Tschudi observó cómo a fines del siglo XIX en varias localidades de la sierra del Perú, se agregaba un trozo de carne al caldo en fermentación (Tschudi [1891] 1918: 42, tomo I). Sin embargo, si bien la práctica de añadir ingredientes animales a la chicha se encuentra muy difundida en el Perú, no es posible afirmar categóricamente si esta costumbre proviene de tiempos prehispánicos.

Consumo: El corpus cerámico del R-105 incluye vasijas para consumo directo del contenido (*platos hondos* y *cuencos*) y para su transporte o eventual almacenamiento (*botellas* y *cántaros mamiformes*). Sin embargo, cabe resaltar que las *ollas medianas con cuello* representan un porcentaje importante de la muestra. Si no fueron empleadas en la etapa de fermentación, es probable que estas vasijas, como las *ollas con vertedera*, hayan servido para repartir chicha. Una serie de *ollas pequeñas con cuello* y otras *medianas* y *pequeñas sin cuello*, aparentemente se relacionan más con el consumo o derivación final de la bebida que con su procesamiento.

La confrontación de datos que se acaba de presentar indica que buena parte de las evidencias que se esperaría hallar en contextos vinculados con la producción/consumo de chicha se encuentra presente en el R-105 del Conjunto Tello. Sin embargo, los materiales arqueológicos correspondientes a las diferentes etapas de producción se encuentran mezclados en pozos (algunos presumiblemente pozos joreros) y depresiones dentro de un único recinto. Por otro lado, cabe considerar que los materiales presentados podrían ser interpretados en otros términos, dado que, como ha señalado Alexander Chevalier (1999), en estos casos muchos materiales y productos son ambiguos porque pudieron haber servido para otros fines dentro de un patrón de uso polifuncional. No obstante, las evidencias positivas de actividad fermentativa y de sedimento residual del maíz procesado permiten plantear hipótesis dentro de límites más restringidos. Es probable que otros alimentos, otros procedimientos y otras prácticas culturales estén inmersos en los contextos analizados; pero parece poco atinado desconocer que la preparación y consumo de la bebida se desprende de las evidencias internas del Conjunto Tello una vez que se las articula coherentemente. Sin embargo, no es apropiado hablar de una chichería, en términos de asociaciones concretas entre los materiales con los espacios físicos en que cada etapa específica de elaboración y/o consumo se llevó a cabo. Esta característica diferencia al R-105 del Conjunto Tello de los casos de chicherías registrados en diversos sitios arqueológicos del Perú. Como quiera que fuese, la información de aquellos otros sitios resulta importante, por cuanto apoyan las inferencias que se han planteado.

7.1.3. Otros estudios de chicherías

Aunque es frecuente el registro de contextos arqueológicos relacionados con la producción/consumo de chicha, estos rara vez son descritos con claridad. Los casos mejor evaluados provienen de los sitios de Omo 12 en el valle de Moquegua (GOLDSTEIN 1989, 1993), Pampa Grande en el valle de Lambayeque (SHIMADA 1978, 1994), Manchán en el valle de Casma (MOORE 1989) y Huánuco Pampa en la sierra centro norte del Perú (MORRIS 1979, MORRIS y THOMPSON 1985).[4]

En el sitio doméstico de Omo 12, de filiación Tiahuanaco IV o Tiahuanaco Clásico, y fechado entre 500 y 600 d.C. (fase Omo del valle de Moquegua), Paul Goldstein (1989, 1993) ha registrado una estructura (*Structure 2*) de dos ambientes (C1 y C2) que contenían asociados: 6 *chombas* (cántaros llanos con una capacidad aproximada de 90 litros cada una) fragmentadas, algunas halladas *in situ* hincadas en el piso y con restos de sedimento orgánico en el interior; 19 vasijas para beber que pudieron ser reconstruidas, la mayoría de las cuales eran vasos tipo *kero* con rica iconografía Tiahuanaco y aparentemente producidos por un mismo alfarero o taller; dos fogones, uno de ellos rodeado de piedras; una mano de moler, tusas de maíz y abundantes restos orgánicos.

Dadas estas evidencias, el contexto ha sido interpretado como reflejo de un evento de producción y consumo de chicha. Un conjunto de restos adicionales (un incensario escultórico de un puma, hojas de coca y abundante pigmento de ocre rojo) sugiere que la libación de chicha tuvo un carácter ritual. Goldstein llama la atención sobre la asociación de restos domésticos y ceremoniales dentro de un solo espacio físico: «Despite evidence of domestic activities in Structure 2, it therefore appears that its material assamblege was most likely devoted to the processing and ceremonial serving of maize beer» (GOLDSTEIN 1993: 36).

El conjunto del asentamiento y de los materiales de contexto inducen al autor a sostener que al menos varias unidades domésticas de Omo 12 fueron especialistas a tiempo parcial en la realización de agasajos y ban-

[4] Recientemente, en el marco del III Simposio Internacional de Arqueología PUC «Wari y Tiwanaku: Modelos vs. Evidencias», realizado en agosto del 2,000 en la Universidad Católica de Lima, Perú, Lidio Valdez ha proporcionado algunos datos acerca de un área probable de producción de chicha en el sitio Huari de Marayniyoc, valle de Ayacucho. Las evidencias presentadas por Valdez son claras con respecto a actividades de molienda. Puesto que la molienda no es una actividad exclusiva de la elaboración de chicha, aún faltan elementos adicionales que consoliden la hipótesis del autor. Prontamente la Universidad Católica publicará los trabajos presentados en dicho evento debidamente documentados y sustentados, por lo que cabe esperar que estos nuevos aportes enriquezcan nuestra comprensión de la elaboración de chicha en los Andes prehispánicos.

quetes requeridos por las autoridades político-administrativas tiahuanaquenses.

Izumi Shimada (1978, 1994) ha reportado sólidas evidencias de producción de chicha en Pampa Grande, el gran sitio urbano Moche V del valle de Lambayeque, cuya principal ocupación se fecharía entre 500-600 d.C. En grandes espacios del Sector H (*Arm* 55 y 56) Shimada registró ceniza y huellas de combustión en los pisos; diferente distribución espacial de granos, mazorcas y tusas de maíz, desperdicios domésticos y un batán *in situ*. En el Sector D (*Room* 55) fue notorio un amplio y variado conjunto de vasijas de diferente tamaño, incluyendo cántaros de 12 a 15 litros de capacidad, cuatro urnas con restos de hollín en la base y hasta 30 cántaros cara gollete de cuello angosto y sin huellas de exposición al fuego. Paralelamente, Shimada presenta los datos de un recinto pequeño de poco más de 3 por 3 m que habría funcionado como un reservorio de agua para chicha, conteniendo un gran número de cántaros de boca estrecha.

La existencia de ambientes diferenciados asociados a materias primas, sub-productos y artefactos sugieren que la producción de chicha en Pampa Grande incluyó un elevado nivel de segmentación de cada etapa de elaboración de la bebida. Aunado a estas evidencias, la existencia de talleres de producción de otros tipos de bienes han permitido a Shimada desarrollar un modelo de organización laboral semejante al que habría existido durante el siglo XVI en la costa norte peruana (Netherly 1990, Ramírez Horton 1981, Rostworowski 1977).

Quizás uno de los reportes mejor documentados con respecto a la producción de chicha provenga de las investigaciones de Jerry D. Moore efectuadas en el sitio Chimú de Manchán, en el valle de Casma (Moore 1989). En Manchán, Moore halló una sub-área doméstica con restos de jora, un pozo simple que contenía «afrecho» (sedimento de chicha) en proporciones significativas (24% del peso total del contenido del pozo y 75% del volumen), implementos de piedra para moler (batán/chungo), fogones, vasijas con evidencias de uso sobre el fuego, leña carbonizada, vasijas de gran capacidad de contenido y cuencos de *lagenaria* para beber. Puesto que no existen evidencias que sugieran intermitencias en la deposición del sedimento en el pozo mencionado, Moore asume que el contenido fue vaciado en un único episodio. A partir del volumen y el peso del sedimento, así como de su comparación con residuos resultantes de elaboraciones experimentales de chicha, el autor concluye que debieron producirse alrededor de 513 litros de chicha, una cantidad que excede ampliamente el consumo de cualquier unidad doméstica.

El análisis comparativo con fuentes etnohistóricas y la presencia/ausencia de otras evidencias arqueológicas en Manchán, sugieren que la elaboración de chicha habría sido efectuada por individuos de ambos sexos, que habrían complementado esta actividad con la pesca o la agricultura en el contexto de una economía doméstica autosuficiente. Moore postula que la elaboración masiva de chicha en Manchán pudo llevarse a cabo sin la injerencia directa del estado Chimú, y que deben considerarse otros modelos de relación entre el estado y la población local.

La información proveniente del sitio administrativo Inca de Huánuco Pampa (Morris 1979, Morris y Thompson 1985) incluye el hallazgo de dos áreas amuralladas con una elevada concentración de fragmentos de vasijas grandes, piedras para moler e implementos para tejer. Aunque Craig Morris (1979: 28) menciona la identificación de vasijas para maltear, hervir, fermentar y almacenar chicha, no presenta ni discute los indicadores específicos de cada una de estas etapas de elaboración de la bebida. La presencia concentrada de artefactos para tejido resulta ser clave, puesto que le permite hallar una notable correspondencia con los datos etnohistóricos. Como es sabido, una de las funciones básicas de las *Mamakuna* (mujeres escogidas al servicio del estado Inca) era la elaboración de chicha y tejido, a fin de abastecer al estado con los fondos suficientes para su mantenimiento y expansión mediante mecanismos de redistribución. Igualmente, en los recintos y áreas circundantes a un edificio de fina arquitectura que aparentemente habría servido para alojar al inca durante sus visitas periódicas, se registró una elevada frecuencia de vasijas para cocinar, abundantes restos alimenticios, áreas de cocina y «[...] literally tons of the large jars thought to be primarily associates with chicha» (*op. cit.*: 30).

Sin descartar posibles hallazgos futuros, la información disponible que se acaba de resumir señala que las evidencias mejor discutidas con referencia a la producción/consumo masivo de chicha abarcan un segmento temporal tardío en la historia prehispánica de los Andes, desde el tránsito entre el Período Intermedio Temprano y el Horizonte Medio hasta el Horizonte Tardío. Los hallazgos del Conjunto Tello refuerzan esta impresión, dada su contemporaneidad relativa con Omo 12 y Pampa Grande (500-600 d.C.).

Aunque evidentemente se trata de casos distintos, las reseñas presentadas indican que la producción de chicha en cantidades notables deja evidencias comunes suficientemente comparables. Visto de este modo, los hallazgos del R-105 del Conjunto Tello pueden adscribirse a esta base de datos. Las evidencias en Manchán y Pampa Grande reflejan básicamente procesos de producción de chicha. En cambio, como Huánuco Pampa y Omo 12, el Conjunto Tello exhibe restos de producción y consumo de la bebida. Sin embargo, esta vez se agrega un evento particular nuevo: la mezcla y entierro definitivo de los materiales involucrados en el proceso de elaboración previa.

7.2. Eventos rituales y entierros de ofrendas

7.2.1. Evaluación arqueológica de las evidencias del R-105

La comprensión de eventos de este tipo requiere evitar dicotomías u oposiciones a veces frecuentemente empleadas en arqueología. Por ejemplo, es común interpretar los restos de cocina como evidencia de «actividades domésticas», casi nunca de «actividades rituales». Esta separación de planos, que originalmente no es más que un recurso analítico de investigación, suele a veces extenderse a la interpretación misma, de modo que se arriba a conclusiones mayores sobre la base de un razonamiento circular. La polarización del significado probable de las evidencias constituye un serio obstáculo para enfrentar contextos como los del R-105. La siguiente cita de Scott Raymond establece el punto de partida que aquí pretendo adoptar en torno a este problema.

> [...] among South American indigenous societies there was probably no sharp boundary, either conceptually or behaviorally, between secular and ceremonial life. Some activities may have been purely secular/domestic and others highly formalized ceremonies, but between these two extremes was a range of activities which mixed the two domains. Archaeological data, then, may simultaneously convey messages about both secular and ceremonial life. Ceremonial activities are not confined to ceremonial precincts, such as plazas or temples, but may be carried out in domestic settings, in fields, at «spiritual» places in the natural landscape, at crossroads. Furthermore, although some ceremonies may require specialized paraphernalia, many ritual may use ordinary implements which have utilitarian functions in other context. (Raymond 1993: 25)

Desde esta perspectiva, las evidencias del Conjunto Tello pueden evaluarse mejor a partir de la identificación de indicadores no funcionales que contradigan el tratamiento de los materiales, o bien contradigan el desempeño de las actividades que las involucran, en su sentido más puramente económico o primario. La recurrencia de tales niveles de contradicción podría señalar eventos especiales de posible naturaleza ceremonial. Al nivel de contexto general, estos indicadores son:

a) La selectividad de los materiales descartados, aparentemente como resultado de una expresa intención en no mezclar los restos de un tipo de evento productivo con otro

Los artefactos analizados conforman un menaje o conjunto de menajes para preparar grandes cantidades de chicha, lo que visto en términos puramente económicos constituye una actividad productiva de escala suprafamiliar. Como se ha visto, el contenido variable de los pozos y depresiones no exhibe una imagen errática, sino que se encuentra funcionalmente interrelacionado. Como tal, se trata de restos altamente selectivos. Una idea fundamental que resulta de los análisis y las comparaciones efectuadas es que se está frente a un «conjunto integrado». Las excavaciones del R-105 no incluyen desechos de actividades económicas de otro tipo (textilería, metalurgia, arquitectura, alfarería, pesca, etc.). Ello disminuye drásticamente la posibilidad de estar frente a un basural convencional.

b) La rotura intencional de decenas de vasijas, a la vez o secuencialmente, a pesar de su buen estado y evidente utilidad productiva

Las fuentes etnográficas señalan que las vasijas para preparar chicha son más valoradas en la medida que sean más antiguas y más usadas. Esta creciente valorización a través del tiempo radica en la retención de levaduras en las paredes de las vasijas, de modo que generan cada vez procesos de fermentación de mayor calidad en menor tiempo. Cobo es muy enfático en señalar que «Si la vasija en que se echare estuviere usada desta bebida, se pondrá la chicha de sazón para poderla beber dentro de dos días, y si no lo estuviere, tardaría siete o ocho días en hervir y madurarse» (Cobo [1653] 1964: 163, tomo I). Esta contradicción: *rotura intencional / vasija útil* no muestra justificación alguna. Asimismo, la fabricación de algunas de las vasijas del R-105 (*e.g. cántaros mamiformes*) supuso una importante inversión de energía; sin embargo éstas igualmente fueron quebradas. Se concluye por lo tanto que no hay ninguna razón económicamente coherente que justifique su rotura a gran escala.

c) El entierro aparentemente paulatino de muchos de los fragmentos de las vasijas mezcladas con barro y rociadas con una suspensión de arcilla líquida

En el presente no se conoce ni se entiende que las actividades mundanas que originan la formación de un basural incluyan deposiciones de este tipo. Como se ha visto, esta característica concierne solo a dos de los pozos excavados, los mismos que contuvieron la mayoría de fragmentos recuperados. La suspensión de arcilla podría haber sido empleada para sellar el contenido de cerámica. Las evidencias registradas señalan un tratamiento diferencial de los pozos 86a y 91, lo que no concuerda con la tendencia a deposiciones homogéneas propia de los basurales.

d) La colocación cuidadosa de un lente de ceniza muy fina en el fondo de algunos pozos, antes de depositar los fragmentos de cerámica

Ningún pozo o depresión mostró indicios de combustión. Sin duda la ceniza fue traída de algún lugar y vertida como una capa delgada, nunca mezclándola con el contenido posterior. Aunque los contextos contuvieron restos de carbón y algunos materiales orgánicos quemados, es claro que los pozos y depresiones no fueron utilizados para incinerar. En un basural es común la mezcla de ceniza con restos quemados y semiquemados, y su alternancia sin orden entre los desechos.

e) La limpieza y evidencias extensas de eventos de combustión sobre el piso que sella los pozos y depresiones del R-105

Ningún otro piso en el R-105 mostró características similares. El piso que selló directamente los pozos (piso 3) presentó, como ningún otro, áreas extensivas de quema y una ínfima presencia de desechos. Es probable que las evidencias de quema sobre pisos puedan ser explicada como un mecanismo de limpieza o eliminación de posibles desechos, o incluso como una manera de endurecer y consolidar los pisos. Sin embargo, si esto fue así, cabría preguntarse por qué ninguno de los pisos restantes, ni anteriores ni posteriores al piso 3, recibió el mismo tratamiento.

f) El carácter presuntamente público y altamente valorado del R-105, dado su constante mantenimiento y especial ubicación en el Conjunto Tello

En el contexto del Conjunto Tello, el Recinto 105 se ubica en un área funcionalmente importante; esto es, frente a la pirámide que domina el Conjunto y lateral al principal acceso epimural que la comunica con los ambientes circundantes. Este espacio arquitectónico puede concebirse como un área pública y por lo tanto de elevado significado social. La confirmación de su importancia puede apoyarse, entre otras cosas, en el reiterado esfuerzo que los usuarios del R-105 desplegaron para mantenerlo y renovarlo constantemente (continua superposición y resane de pisos, elevación de muros sobre muros previos, constante redefinición de límites, etc.) en el lapso temporal que va de la Fase CI hasta la CIII, y durante el cual el Conjunto Tello habría gozado de sus momentos de mayor auge y prestigio. El uso del Conjunto durante esta etapa se presenta continuo e intenso, sin evidencias de *hiatus* o abandonos significativos.

Por lo tanto, si el R-105 estuvo vigente durante el momento en que se rellenaron los pozos y depresiones, no resulta fácil comprender la deposición de basura en un espacio arquitectónico con las características mencionadas. En vez de ello se esperaría hallar áreas de descarte masivo en espacios marginales o cuando menos fuera de los recintos de uso constante. La analogía etnográfica indica que, por el contrario, en las aldeas y comunidades andinas la basura se arroja en las afueras del asentamiento (barrancos, laderas de cerros, orillas de ríos, quebradas, etc.).

Una serie de argumentos adicionales puede desprenderse de la comparación de los contextos del R-105 con eventos rituales conocidos. Si bien puede evaluarse un conjunto numeroso de rasgos, los pozos y depresiones exhiben dos características que merecen discutirse con cierto detalle.

1) Variabilidad: Aun cuando se trate de restos selectivos con un elevado nivel de interrelación, los materiales analizados ofrecen de todos modos un rango de variabilidad que en apariencia contrasta con eventos especiales caracterizados por parafernalia sofisticada, rara o de uso restringido.

2) Estratificación: El contenido estratificado de muchos pozos del R-105 puede señalar la acumulación paulatina e irregular de desechos en realidad disociados, a través de un tiempo prolongado.

Sin embargo, ambas características son completamente coherentes con prácticas de índole ritual a diferente escala. Para ilustrarlo se presentan los siguientes testimonios recogidos en la década de los ochenta en diversas comunidades campesinas de Ayacucho en la sierra centro-sur del Perú (Delgado 1989).

> Distrito de Vinchos, Provincia de Huamanga:
> Primero se hace un hueco grande, luego «pagamos» con flor huayta, coca quinto 22 hojas, cigarro, cuti, huayruro, willca, cebada, papas, vino, trago, naranja, diversas frutas, achita, maíz negro y maíz blanco, oca, mashua. Ollucos, upito

(maíz jora molido con agua, sin hervir). Esto se hace en el mes de agosto, cualquier día, a media noche [...]. (Delgado 1989: 11)

Distrito de Paras, Provincia de Cangallo:

[...] llevan al cerro chicha, trago, oca, hacen hueco. Cada familia tiene un sitio especial. El jefe de familia lleva maíz molido, echan con chicha de jora [...] luego de echar maíz y trigo se tapa con piedras, se coloca encima huaylla ichu y se tapa con otra piedra, después encima echan con su chicha [...]. (*op. cit.*: 27)

El primer testimonio señala la notable diversidad de productos empleados en el ritual, básicamente bebidas y alimentos. En un alto grado de desintegración por efectos de la humedad, el depósito descrito puede fácilmente interpretarse como desechos domésticos vertidos en un pozo tras actividades de limpieza cotidiana. El segundo testimonio deja en evidencia una clara secuencia en las deposiciones rituales. En este caso la estratigrafía resultante se origina a partir de un evento único. Un ejemplo arqueológico claro de ofrendas estratificadas ha sido documentado por Frank Middens (1991) en el sitio de Chiqna Jota en el valle Chicha/Soras de Ayacucho. Middens *(op cit.*: 324) describe el hallazgo de un pozo del HM 2 con siete capas superpuestas de ceniza, carbón y tierra de diferentes colores mezclados con algunos fragmentos de cerámica.

Por lo tanto, contrariamente a lo que inicialmente podría pensarse, la variabilidad de los elementos de una ofrenda y su deposición secuencial, constituyen características propias de ceremonias específicas.

La ofrenda es un todo articulado. No se consideran sus ingredientes de forma individualizada, de ahí la denominación de atados, envoltorios y preparados donde las sustancias que las integran aparecen mezcladas o bien conformando diferentes «madejas» de materiales entreverados. La ofrenda forma con todos sus ingredientes una unidad articulada de sentido. (Fernández 1997: 39)

Los documentos coloniales contienen abundantes testimonios y descripciones de ceremonias que corroboran las ideas expuestas. Con frecuencia las festividades rituales se extendían por muchos días, durante los cuales las ofrendas y sacrificios se continuaban realizando de acuerdo a un orden rígidamente establecido: «Duraua esta manera de vayle seis dias y en estos seis dias en cada uno de ellos haçian sacrificios [...]» (Molina [1575] 1916: 75). El uso de chicha en estos eventos también es ampliamente conocido.

La principal ofrenda y la mejor, y la mayor parte de los sacrificios, es la chicha por élla, y con ella comienzan todas las fiestas de las Huacas, en ella median, y en ella acaban sus fiestas, y ella es el todo. Y assí tienen para este efecto muchos vasos, y vasijas de diferentes formas, y materias, y es común modo de hablar, que dan de bever a las Huacas, quando les van a mochar. (Arriaga [1620] 1920: 42, cap. IV)

Las características internas de los contextos y materiales analizados, y su contrastación general con registros etnográficos y etnohistóricos, consti-

Cuadro 28
Sitios arqueológicos con contextos de la *Tradición de Ofrendas* del Horizonte Medio

Sitio arqueológico	**Ubicación general**	**Asignación cronológica**	**Información bibliográfica básica**
Conchopata	Valle de Ayacucho	Época 1A	Menzel 1964, 1968a, 1968b; Cook 1984, 1987; Isbell y Cook 1987.
Pacheco	Valle de Nazca	Época 1B	Menzel 1964, 1968a, 1968b
Cerro Amaru	Huamachuco	Época 1B	Thatcher 1977
La Victoria	Valle de Ocoña	¿Época 1B?	Menzel 1964, 1968a
Sector Moraduchayoq en Huari	Valle de Ayacucho	Épocas 1B - 2A	Cook 1994
Maymi	Valle de Pisco	Épocas 1B - ¿2A?	Anders 1990
Sausal	Valle de Chicama	Época 2A	Donnan 1968
Ayapata	Huancavelica (Prov. Acobamba)	Época 2A	Ravines 1969, 1977b

tuyen un argumento válido para inferir que los eventos realizados en el R-105 tuvieron carácter ceremonial. Contrariamente, la interpretación de las evidencias como desechos de un basural tropiezan con serias contradicciones. Sin embargo, los contextos del R-105 no solo incluyen elementos comestibles, sino también artefactos rotos, especialmente una cantidad apreciable de cerámica fracturada intencionalmente. Este tipo de dato permite avanzar en comparaciones más precisas a partir de un registro amplio de evidencias.

7.2.2. La Tradición de Ofrendas del Horizonte Medio

Sin duda alguna los contextos del R-105 recuerdan a los conocidos contextos de ofrendas del Horizonte Medio, los mismos que últimamente han sido discutidos por Anita Cook (1994) y Katharina Schraiber (1994). El cuadro 28 resume la información de espacio, tiempo y bibliografía básica relativa a dichas ofrendas.

La complejidad de los contextos de ofrendas merece un trabajo comparativo exhaustivo que excede ampliamente los objetivos de este libro. Por consiguiente, en esta ocasión solo pretendo resaltar algunas características que considero importantes para los fines de este trabajo. Las ofrendas de Cerro Amaru en la sierra norte (Thatcher 1977), Sausal en la costa norte (Donnan 1968) y La Victoria en la costa sur (Menzel 1968a) carecen de información contextual importante, dadas las condiciones de su hallazgo o la ausencia de reportes más específicos. Información relevante aunque incompleta proviene de los sitios de Conchopata y Pacheco. Un nuevo contexto de ofrendas fue descubierto intempestivamente en Conchopata en 1977, tras trabajos de construcción civil en el lugar. Desgraciadamente, la intervención de los miembros del Proyecto de Prehistoria Urbana Valle de Ayacucho sucedió cuando gran parte de la estratigrafía del sitio ya había sido destruida (Cook 1987, 1994; Isbell 1987, Isbell y Cook 1987). Hace poco Isbell y su equipo han hallado otro nuevo pozo de ofrendas al reanudar sus investigaciones en el sitio. Seguramente pronto conoceremos detalles de tal hallazgo.[5] Como se sabe, las investigaciones en Maymi (Anders 1990) quedaron truncas tras la temprana desaparición de Martha Anders. Moraduchayoq y Ayapata pueden, por lo tanto, ser considerados los contextos de ofrendas más completamente estudiados y accesibles a través de la literatura especializada (Cook 1994; Ravines 1968, 1977b).

Todos los contextos de ofrendas se caracterizan por la deposición en pozos o fosas, generalmente simples, única o predominantemente de vasijas quebradas ex profeso, de rica iconografía Huari. El carácter ceremonial del evento y la estrecha contemporaneidad de los componentes de las ofrendas ha sido sostenido absolutamente por todos los investigadores citados.

Menzel (1968b) ha planteado que la tradición de ofrendas del Horizonte Medio sufrió cambios a través del tiempo. A base de los contextos de Conchopata y Pacheco del HM1 y de Ayapata del HM2, sostiene que la ceremonia de fractura y entierro de vasijas se fue secularizando y haciendo menos rígida y convencionalizada. A diferencia de las ofrendas del HM1 (conformadas únicamente por vasijas altamente estandarizadas), las ofrendas de Ayapata del HM2 contienen una notable variabilidad de alfares y un inventario de formas bastante amplio que solo en parte se asocia a iconografía ceremonial Huari. Para Menzel, los alfares seculares y no seculares de Ayapata representan comunidades diferentes de alfareros que participan en el rito. Este carácter participatorio de la tradición de ofrendas habría generado su extinción, de modo que hacia las épocas tardías las ofrendas ya no incluyeron vasijas rotas, sino vasijas y esculturas en miniatura y una serie de artículos adicionales (Menzel 1968b: 52).

No obstante, Cook ha llamado la atención sobre la veracidad relativa de las hipótesis de Menzel. Según Cook (1994), las ofrendas del sector de Moraduchayoq de Huari contienen rasgos de las épocas 1B y 2A a la vez, y comprenden, como Ayapata, una amplia variedad de vasijas utilitarias y de

[5] Información proporcionada por William Isbell en el marco de su ponencia presentada al III Congreso Internacional de Arqueología PUCP «Wari y Tiwanaku: Modelos vs. Evidencias», realizado en Lima, agosto de 2000.

elite ceremonial y no ceremonial. Las evidencias de Moraduchayoq no niegan el planteamiento de cambio a través del tiempo, pero sí señalan que este carácter «participatorio» en el rito es más temprano de lo que Menzel inicialmente suponía.

Aunque los datos de Maymi son insuficientes, también apoyan la «diversificación» temprana de la *Tradición de Ofrendas* del Horizonte Medio. Los contextos de Maymi se fechan básicamente durante la época 1 del HM, siendo particularmente frecuente la presencia de vasijas de estilo Robles Moqo. Anders (1990) sostiene que muchas piezas exhiben una «mezcla cronológica y estilística» de acuerdo con la seriación de Menzel, y enfatiza que el repertorio de vasijas comprende varias formas en las que «[...] se nota la mano de artesanos distintos en la pintura» (*op. cit.*: 35).

La información disponible, que a través de los años se ha ido ampliando, indica que la *Tradición de Ofrendas* no incluye solamente el sacrificio de vasijas notablemente uniformes en el ámbito del estilo, sino que también involucra la producción alfarera de talleres diferenciados, y que esto ocurre por lo menos desde la época 1B del Horizonte Medio. Sobre esta base puede procederse al establecimiento de comparaciones válidas entre los contextos del R-105 del Conjunto Tello y aquellos otros contextos que, aunque han sido hallados en otras áreas de los Andes, resultan similares y cronológicamente cercanos. Las comparaciones pueden ser desarrolladas de la siguiente manera.

Ubicación de los contextos de ofrendas

Los contextos del Conjunto Tello se encuentran dentro de un patio (R-105) que fue constantemente mantenido y acondicionado, incluso después de efectuadas y selladas las ofrendas. A partir de la proyección de muros y la comparación de planos, Isbell y Cook (Cook 1994, Isbell y Cook 1987) han establecido que tanto las ofrendas excavadas por Tello en 1942 en Conchopata, como las recuperadas por ambos en 1977 se encontraban dentro del mismo recinto, probablemente un templo que albergaba las ofrendas de este tipo. Las ofrendas de Maymi (Anders 1990) y Moraduchayoq (Cook 1994) también se hallaban dentro de recintos que posteriormente fueron sellados con uno o varios pisos.

La colina de Ayapata constituye un caso diferente, pues allí no se halló ningún tipo de arquitectura (Ravines 1977b). Sin embargo, un dato que llama la atención es que en este sitio los pozos se hicieron exclusivamente en un estrato calcáreo de color blanquecino. La excavación en área de Ravines señala claramente que donde el estrato calcáreo está ausente no se construyeron pozos. La matriz calcárea y consolidada en que aparecen los depósitos de Ayapata recuerdan sin duda la capa 14 (sólida y blanquecina) en la que se construyeron los pozos y depresiones del Conjunto Tello. Curiosamente, Isbell y Cook (1987) también observaron que el pozo de ofrendas de Conchopata intervenido en 1977 había sido originalmente excavado en la roca madre.

Los pozos de ofrendas

Las dimensiones de los pozos del Conjunto Tello son muy similares a los de Maymi y Ayapata. Los pozos del R-105 exhiben variabilidad, pero aquellos que contuvieron mayor cantidad de cerámica muestran promedios generales de 80 a 90 cm de diámetro en la boca y 30 a 40 cm de profundidad. Estos valores son similares a los identificados en Ayapata. De los contextos de Maymi no hay datos de medida específicos, pero las fotografías publicadas muestran dimensiones y acabados semejantes a los del Conjunto Tello (cf. ANDERS 1990: fig. 11 y fig. 27 de este libro). La información referente a los pozos de Conchopata y Pacheco es muy vaga, no hay datos de medidas; pero Menzel (1968a) menciona formas circulares y rectangulares. Aparentemente los contextos más grandes son los de Moraduchayoq, pues sus profundidades oscilan alrededor de 1.50 m con diámetros de boca de casi 1m. Una particularidad de estos pozos es que generalmente tenían nichos, se hallaban revestidos con piedras o con un enlucido de arcilla, contenían una laja a modo de piso en el fondo y presentaban una tapa de piedra a veces con uno o dos orificios.

La superposición de contextos de ofrendas y/o su construcción secuencial ha sido determinada en Ayapata, en donde uno de los pozos (Pozo C) corta otro más antiguo (RAVINES 1977b: 52); y en Maymi, donde ha sido posible identificar pozos tempranos y tardíos (ANDERS 1990). Los pozos y depresiones del Conjunto Tello también son semejantes en este aspecto.

El contenido cerámico

El contenido predominante de los pozos de ofrendas son vasijas de cerámica fragmentadas, susceptibles de reconstruirse parcial o totalmente. En todos los casos se cuentan vasijas incompletas, a veces solo fragmentos. Por ejemplo, de las 391 vasijas contabilizadas en Ayapata, parece que solo fue posible reconstruir 82 (20% del total). Si Ravines agotó toda la evidencia de los pozos de ofrendas, se concluye que una considerable cantidad de fragmentos fue depositada en otros sitios o empleada para otros fines. Por esta razón Menzel ha pensado que todavía deben descubrirse otros sitios similares de ofrendas (MENZEL 1968b: 50).

Si bien las vasijas de Conchopata (excavación de 1942) y Pacheco son poco variables, no hay estudios posteriores del material que verifiquen esta observación general. El pozo de ofrendas de Conchopata intervenido en 1977 contuvo 22 a 25 cántaros grandes con cuello efigie. Formalmente todas las vasijas son similares, pero la calidad en la ejecución de los diseños y las representaciones de los rostros en los cuellos exhiben importantes diferencias (ISBELL y COOK 1987). Isbell y Cook piensan que las variaciones en la representación antropomorfa de las vasijas podrían representar diferencias étnicas o de *status* y función social (COOK 1987: 60, ISBELL y COOK 1987). Lo dicho sugiere que aparentemente es posible hallar subconjuntos diferenciados aun en los repertorios más estandarizados. Como en los contextos del Conjunto Tello, la diversidad de alfares también es fácilmente perceptible en Ayapata, Moraduchayoq y Maymi.

Un rasgo que distingue los contextos del Conjunto Tello de los casos mencionados, es que los fragmentos provenientes de una misma vasija fueron hallados en más de un pozo. Como se ha visto en el capítulo 4, esto se debe a la mezcla previa de los fragmentos antes de su deposición final. Esta situación es rara en las ofrendas que aquí se discuten. Moraduchayoq representa un caso difícil de evaluar. Allí los fragmentos también fueron hallados desperdigados entre varios pozos, incluso en el estrato que sella los contextos. Sin embargo una serie de evidencias demuestran que ello se debió a la alteración de los contextos mediante excavaciones clandestinas efectuadas antes de la intervención arqueológica en el sitio (Cook 1994). Hasta qué punto tales remociones fueron completamente responsables de la distribución de los fragmentos de una misma vasija en varios pozos es una incógnita que probablemente ya no se puede resolver.

En el caso del Conjunto Tello, es probable que la mezcla de fragmentos haya podido derivarse de prácticas ceremoniales. Helaine Silverman (1993) describe un recinto en el sitio de Cahuachi (valle de Nasca) que denomina *Room of the Posts* donde halló cientos de fragmentos de cerámica Nasca 8 mezclados. El recinto exhibe una serie de evidencias que sugieren su carácter especial, entre los que deben mencionarse cuatro depresiones con relleno variado, y artefactos y restos orgánicos asociados a la producción y consumo de chicha de huarango (*Prosopis chilensis*).[6] Silverman recurre a la analogía etnográfica mencionando las investigaciones de Mary-Elizabeth Reeve desarrolladas con los canelos quechuas del este del Ecuador (citado por Silverman *op cit.*: 303-304). De acuerdo con Silverman, Reeve describe la rotura masiva de vasijas y su mezcla luego de arrojar los fragmentos contra el techo de algunas casas comunales. Los hombres y las mujeres bailan sobre los fragmentos mientras beben y riegan chicha sobre el piso. Al finalizar la fiesta, sobre el piso quedan grandes cantidades de fragmentos mezclados con barro.

La deposición de los fragmentos a modo de capas de tiestos, tal como se ha registrado en el Conjunto Tello también caracteriza los contextos de Ayapata y Maymi. La presencia de hollín en el interior de varias de las vasijas de Ayapata ha llevado a Ravines a proponer que tales vasijas fueron usadas como incensarios ceremoniales antes de su fractura final (Ravines 1968, 1977b).

Otros contenidos

En las ofrendas de Pacheco solo fueron hallados los fragmentos de vasijas grandes de cerámica. Igual composición fue documentada en los contextos

6 Tradicionalmente en la región de Ica se denomina «huarango» a la leguminosa que en la costa norte se conoce como algarrobo (Towle 1961: 56).

de Conchopata excavados por Tello en 1942 (Menzel 1968a). El trabajo de rescate realizado en este último sitio en 1977 por Isbell y Cook no solamente recuperó un depósito de ofrendas más, sino también, muy cerca, un contexto funerario múltiple que contenía los restos de cinco mujeres jóvenes aparentemente sacrificadas. A pesar de la destrucción de la estratigrafía del lugar, Isbell y Cook determinaron la contemporaneidad de ambos eventos, asumiéndolos como parte de la misma actividad ritual (Isbell 1987, Isbell y Cook 1987). Sin embargo, aparentemente no hay mezcla de materiales diferentes en el depósito de ofrendas.

En Moraduchayoq los depósitos incluyeron huesos humanos. Cook (1994) sostiene que al menos parte de las estructuras de ofrendas pudieron haber servido como cámaras funerarias y que las alteraciones posteriores mezclaron los contenidos. En Ayapata, además de vasijas de cerámica, los materiales enterrados incluyeron dos tabletas de arcilla de función desconocida y una pequeña punta de obsidiana (Ravines 1968, 1977b). Comparados con estos casos, los depósitos del R-105 muestran un contenido más variable.

La presencia de pozos rellenados únicamente con adobes, piedras o tierra ha sido reportada en Moraduchayoq, Ayapata y Maymi. En el Conjunto Tello también se han registrado pozos que contenían tierra y bloques grandes de *yapana*. Un dato importante que surge de las comparaciones es que en los contextos de este tipo nunca se ha reportado la presencia de dos elementos de conocido uso ceremonial: hojas de coca (*Erythroxylom coca*) y conchas de *Spondylus*.

Las comparaciones desarrolladas indican que la *Tradición de Ofrendas* del Horizonte Medio es mucho más variable de lo que inicialmente se supuso. Solo los contextos de Conchopata son estrictamente contemporáneos con los del Conjunto Tello (HM 1A); las ofrendas restantes se fechan en el HM 1B y 2A. Aunque los contextos del Conjunto Tello no participan de la iconografía típica Huari, exhiben un conjunto de características semejantes a la de los casos propiamente Huari: predominio de vasijas rotas intencionalmente, co-ocurrencia de alfares diferentes, existencia de vasijas incompletas, inclusión de otros materiales en escasa cantidad, ausencia de coca y *Spondylus*, deposición en pozos generalmente simples (solo pueden considerarse depósitos complejos los de Moraduchayoq, y es posible que ello se deba a su inicial asociación con entierros funerarios), secuencialidad en las deposiciones, sellado por pisos en uso constante, etc.

No obstante, los contextos del Conjunto Tello contienen algunas características propias ausentes en otros sitios: pozos asociados a depresiones, coberturas de paja y vegetales, mezcla y dispersión de los fragmentos de una misma vasija entre varios pozos, y una elevada densidad de contextos dentro de un mismo recinto. En este trabajo sostengo que parte de tales características se deben al previo uso de los pozos en la producción de chicha. La asociación de los contextos de ofrendas con la producción y consumo de chicha es evidente en el Conjunto Tello, pero ya ha sido sospechada por Isbell con relación a las ofrendas de Conchopata.

> I believe that a single religious event account for all the activities responsible for these remains described from Conchopata [...]. The huge jars probably contained chicha (maize beer). Ethnographic and historical analogies suggest that such a large quantity of chicha would be served as part of a festive drinking bout, in which autorithy was established through the demostration of conspicuos generosity. (ISBELL 1987: 99)

Las relaciones de semejanza establecidas entre los contextos discutidos apoyan la identificación de los eventos del R-105 como de carácter ceremonial. Un depósito de ofrendas algo diferente pero espacialmente más cercano ha sido identificado en Potrero Tenorio, en las inmediaciones del sitio de Mangomarca en el valle del Rímac (PALACIOS y GUERRERO 1992). La ofrenda de Potrero Tenorio consistió en una cámara subterránea revestida de adobes en las que se hallaron cuidadosamente depositados siete vasijas enteras de estilo Nievería, todas representando motivos marinos. Como algunos de los contextos del Conjunto Tello, el contenido de la cámara de ofrendas en Potrero Tenorio fue revestido con una película de arcilla en suspensión. Palacios y Guerrero (*op. cit.*: 83) creen que el barro líquido fue vertido para aislar y sellar las ofrendas.

La presencia de vasijas fragmentadas y mezcladas en los depósitos del Conjunto Tello permiten plantear otra línea de comparación. Un conjunto de evidencias sugiere que la fragmentería cerámica de algunos contextos Lima fue usada o se deriva de eventos no domésticos, y que ello pudo ser una práctica muy frecuente durante el Período Intermedio Temprano.

7.2.3. Contextos arqueológicos no domésticos y fragmentería cerámica: algunos elementos de discusión

Aparentemente, un conjunto de evidencias similares a los del Conjunto Tello fueron hallados por Max Uhle sobre una de las plataformas superiores de la pirámide Arámburu de Maranga. Uhle ([1910] 1998: 248) menciona el hallazgo de un espacio de 25 m de largo por 20 m de ancho en el que prevalecía una considerable cantidad de fragmentos Proto-Lima (ahora identificados como Lima 8-9). A pesar de la mezcla de fragmentos, Uhle pudo reconstruir en gran medida una vasija de casi 1 m de alto y 1 m de ancho (*op cit.*: fig. 14), en todo similar a las *ollas grandes* y *medianas con cuello* del Conjunto Tello, y cuya decoración básica consta de grandes volutas pintadas en el cuerpo con filas de aros internos. Uhle recuperó fragmentos reconstruibles de al menos 80 vasijas grandes dentro del recinto. Halló también algunas vasijas *in situ* aunque totalmente fragmentadas en su porción superior (*ibid.* fig. 14), lo que concuerda con la hipótesis de que en el Conjunto Tello gran parte de las bases de las vasijas no pudieron ser depositadas en los pozos y depresiones por hallarse adheridas al suelo en algún lugar (cf. capítulo 5). Uhle concluyó: «Debo haber descubierto allí los restos de un depósito de provisiones del templo destinado a cereales o chicha» (*ibid.* 248).

Cuando años más tarde Jijón y Caamaño (1949) emprendió sus investigaciones en Maranga, retomó las excavaciones en la pirámide Arámburu, o Huaca I como el autor la designaba, en un área contigua a la excavada por Uhle. Jijón también halló una enorme cantidad de fragmentos de vasijas Lima tardío, especialmente de cántaros y ollas mezclados entre los escombros caídos sobre un piso de barro (*op. cit.*: 100). La decoración de volutas y espirales pintados combinando los colores blanco y negro sobre rojo; o blanco, negro y rojo sobre anaranjado fue casi exclusiva de las vasijas del «granero». Las fotografías presentadas por el autor (*ibid.* figs. 114, 129) verifican que las ollas y cántaros son formal y decorativamente semejantes o idénticos a muchas vasijas medianas y grandes del Conjunto Tello, especialmente a aquellas con volutas en «S» o en espiral con puntos y aros interiores (figs. 74, 76, 100, 148, 150). Los muros derruidos y la imposibilidad de rearmar completamente las vasijas llevaron a Jijón (*ibid.* 507-508) a concluir que el estado ruinoso de sus hallazgos fue obra de la destrucción de antiguos invasores.

Concentraciones de fragmentos similares fueron también advertidos por Alfred Kroeber (1954) en Maranga. Kroeber anota:

> There seems no sure way of telling at present wether the jars were accidentally broken in use and their pieces treated as rubbish and used as fill along with other refuse, or wether they were deliberately broken as sacrifices. Personally I would incline to the former view because of the enormous total bulk which these big sherds must aggregate in this and other pyramids. I can hardly conceive that hundreds of thousands of massive pots were manufactured in order to be deliberately sacrificed. Also, there is much other refuse and rubbish in the mound to support this view. That the large sherds tend to come in local concentrations might seem to indicate sacrifices; but other materials also tend to be spottily concentrated straw predominating here, gravel there, and soil or house refuse elsewhere. Moreover, if whole pots had been deliberately broken it is likely that most of the fragments would often have been deposited in one spot and could be reassembled. So far as I know, neither Uhle nor Tello nor Jijón has reassembled even the majority of one of these large vessels. (Kroeber 1954: 63-64)

Resulta difícil vislumbrar las causas que originaron la enorme cantidad de fragmentos en Maranga. Aunque Kroeber duda que se trate de sacrificios masivos de las vasijas, es posible que las concentraciones de fragmentos, independientemente de su rotura intencional o accidental, formen parte de rellenos especiales empleados en eventos de clausura. Jijón y Caamaño llegó a esta conclusión tras analizar un estrato generalizado de ceniza depositado sobre su tercera fase constructiva en la Huaca III (Jijón y Caamaño 1949: 495). Rellenos de clausura con abundantes fragmentos de cerámica han sido detectados en el sitio contemporáneo de Huaca Pucllana en el mismo valle del Rímac (Montoya 1995). En tiempos más tardíos, en la costa norte, eventos similares parecen haberse llevado a cabo en la edificación de las pirámides Sicán, donde fue recurrente la rotura y mezcla de los platos de estilo Cajamarca Costeño en los rellenos constructivos (Montenegro 1997).

No obstante, el «granero» descubierto por Uhle y re-estudiado por Jijón y Caamaño en la pirámide Arámburu no constituye un relleno propiamente dicho. La presencia de vasijas *in situ* sugiere un contexto primario de rotura, a partir del cual los fragmentos habrían sido trasladados o desperdigados en áreas más amplias pero no aleatorias, o quizás utilizados para otros fines. Aunque no es posible hacer generalizaciones, parte de los fragmentos de cerámica no habidos en el recinto pudieron destinarse para su uso funerario. Jijón y Caamaño reporta un entierro Lima (Entierro XC) que entre sus asociaciones contaba con dos fragmentos decorados con volutas en blanco, negro y rojo sobre el fondo anaranjado, sin duda provenientes de vasijas similares o idénticas a las vasijas del «granero» (Jijón y Caamaño 1949: 28).

El empleo de fragmentos de cerámica en contextos no domésticos parece haber sido una práctica muy extendida durante el Período Intermedio Temprano. Peter Kaulicke (1991) ha reportado el hallazgo de una serie de fosas rectangulares que contenían tiestos cerámicos (en buena parte decorados) que podían reconstituirse en vasijas completas o semicompletas en el sitio Vi-10A del sector Tamarindo en el valle alto de Piura. Las descripciones preliminares de tales hallazgos muestran semejanzas con los pozos del Conjunto Tello. Contextos funerarios con fragmentos de cerámica rota intencionalmente colocados sobre los individuos, fueron hallados por Uhle primero (Kroeber 1926) y luego por Willey (1943) en Cerro Trinidad en el valle de Chancay. En Cerro Culebras, Stumer (1954a) también halló contextos Lima parecidos. En la costa norte los entierros con fragmentos de vasijas asociados a los individuos también son recurrentes, según lo documentan y demuestran Gisela y Wolfgang Hecker (1992). A partir de contextos similares Nasca, Patrick Carmichael ha sugerido que los fragmentos de una misma vasija distribuidos en entierros diferentes podrían reflejar algún tipo de relación o parentesco entre los individuos enterrados, y que algunos fragmentos pudieron ser conservados por los parientes vivos (Carmichael 1994, 1995: 172). Finalmente, cabe resaltar que en un trabajo reciente, Michael Tellenbach (1997) ha planteado la hipótesis de que el empleo de grandes cantidades de fragmentería cerámica y otros «desperdicios» en el entierro ritual de templos y edificios especiales se remontaría, cuando menos, al Formativo Temprano. En opinión del autor, en varios casos y erróneamente, ello habría llevado a interpretar aquellas edificaciones como de carácter básicamente doméstico (*op. cit.*: 163-164).

Como puede observarse, los ejemplos reseñados permiten sostener que la rotura de vasijas y la reutilización de los fragmentos también respondieron a necesidades mágico-religiosas, y que los contextos a los que fueron destinados pudieron ser amplios: entierros funerarios, pozos de ofrendas, rellenos de clausura.

Un vínculo más estrecho puede ser observado entre la rotura ex-profeso de vasijas y la libación de chicha. Tom Dillehay, estudiando las costumbres funerarias de los araucanos de Chile, menciona:

> Associated with animal sacrifice are several hours of drinking and dancing and, occasionally, the deliberate breakage of chicha vessels over the tomb. Machi claim that in the past large quantities of chicha vessels were smashed over both the grave and the new layer of soil periodically placed over the tomb. The first vessel is reported to have been broken by the chief-elect. [...]. Vessel breakage on tombs is described by numerous chroniclers [...], and ethnographers, and also is documented at several archaeological cemeteries [...]. (DILLEHAY 1995: 297)

DeBoer y Lathrap reportan la realización de fiestas entre los Conibo-Shipibo de la amazonía peruana, en donde se bebe y luego se rompen las vasijas luego de tres días de celebración (DEBOER y LATHRAP 1979). Prácticas similares pudieron haberse realizado en el Sector Central del sitio ayacuchano de Azángaro (Horizonte Medio 1B-2), según las evidencias discutidas por Anders (1986a: 654-663). La ingesta de bebidas alcohólicas y la posterior rotura de las vasijas en el marco de fiestas ceremoniales parece haber sido una costumbre ampliamente extendida en diferentes sociedades andinas prehispánicas. Sin duda, se necesita mayor trabajo etnográfico y etnoarqueológico a este respecto. A la luz de los datos disponibles, puede concluirse que los contextos del R-105 se originaron a partir de eventos similares, en donde se elaboró y consumió chicha y luego, a través de un ceremonial que desconocemos, gran parte de los utensilios fueron rotos deliberadamente. El hecho que los materiales se hayan depositado en los pozos que presuntamente sirvieron para germinar el maíz sugiere un tratamiento cíclico o de revivificación de los ingredientes que componen la ofrenda.

CAPÍTULO 8

ESTRATEGIA ECONÓMICA Y ARQUITECTURA: ALGUNOS PLANTEAMIENTOS DESDE EL CONJUNTO J. C. TELLO

8.1. Producción y consumo de chicha

Si bien, como se ha sostenido, gran parte de las vasijas de cerámica recuperadas del patio R-105 del Conjunto Tello están relacionadas con la producción/consumo de chicha, resulta difícil disgregar si todas intervinieron a la vez en el proceso o si fueron empleadas alternadamente hasta que sobrevino el evento de rotura. Es probable que al menos las vasijas utilizadas para la decocción, dada su constante exposición al fuego, hayan sido renovadas con mayor frecuencia.

Salvo algunos casos, la calidad del material impide deslindar con precisión aquellas vasijas empleadas solo para la decocción y aquellas otras para la fermentación, una suposición razonable puesto que rara vez (casi nunca) se emplea la misma vasija para el mismo propósito (CAMINO 1987, ANTÚNEZ DE MAYOLO 1984, HOCQUENGHEM y MONZÓN 1995). El siguiente ejercicio especulativo puede ser útil para obtener una idea de la cantidad posible de chicha producida y de los potenciales consumidores.

La información etnográfica y etnohistórica relativa a los Andes no cuantifica la cantidad de bebida consumida por una persona durante las actividades festivas. Los cálculos de este tipo son difíciles, ya que también interviene una serie de factores subjetivos. Los documentos tempranos a menudo señalan que en tales eventos la libación indiscriminada desencadenaba «borracheras». COBO ([1653] 1964: 242, tomo II) y CIEZA (1984: 81) señalan que en ocasiones algunos indios podían beber hasta una arroba de chicha (aproximadamente 11.5 litros). En otras menciones se precisa genéricamente la cantidad de chicha que se consumía cotidianamente: aproximadamente tres litros por persona. Este último estimado es más coherente con el propósito aparente del uso sostenido de los «pozos joreros» del R-105. Cinco litros de chicha con tenor alcohólico significativo (6-7%) bebidos consecutivamente son suficientes para ocasionar el estado completo de embriaguez. Si tentativamente se toma como base esta medida y se divide por ella la capacidad promedio de las vasijas grandes (145 litros), se obtiene un resultado de 29 personas aproximadamente por vasija grande.

De acuerdo con las capacidades relativas mostradas en el cuadro 29, cada vasija grande puede proporcionar chicha a 5 ollas con vertedera, y cada una de estas, a su vez, a 6 personas. Similarmente, el contenido de cada vasija grande pudo trasladarse a 7 ollas medianas para repartir, y cada una de estas últimas debió surtir a 5 ó 6 personas. Estos cálculos permiten estimar que si las 11 vasijas grandes plenamente identificadas (4 *ollas grandes con cuello* y 7 *cántaros grandes con cuello*) proporcionaron chicha a la vez, el número de consumidores debió ser al menos de 320 personas.

Sin embargo, en realidad las vasijas grandes identificadas en el R-105 suman 44, lo que en total supone una elevada producción de chicha y un número de consumidores de poco más de 1,200 personas. Aunque esta cifra puede ser exagerada, ya que es probable que no todas las vasijas grandes hayan sido usadas a la vez o para el mismo propósito, debe recordarse que Uhle contabilizó al menos 80 vasijas grandes en el «granero» de la Pirámide Arámburu de Maranga (Uhle [1910] 1998); y que Moore (1989) calculó que en Manchán, en un solo evento de producción, se habrían conseguido 513 litros de chicha, lo que representaría el consumo de 171 personas. Según estos datos el volumen total de bienes de consumo (chicha) calculado en el Conjunto Tello no es improbable, más aún si se considera que en verdad pudo tratarse de varios episodios específicos y consecutivos dentro de un evento mayor.

Estrictamente cuántos eventos de producción y consumo están representados en el R-105 es una interrogante que en el momento no es posible responder. Si bien estos cálculos no proporcionan medidas precisas de la cantidad total de chicha producida en el Conjunto Tello ni del número de consumidores, sí demuestran el carácter suprafamiliar de la producción y consumo de la bebida.

8.2. Alfares y segmentos sociales

Como ya se ha discutido (cf. capítulo 5), el material cerámico del R-105 asociado a los pozos y depresiones se clasifica en cinco alfares (A, B, C, D y E) más dos *ollas con vertedera*, similares al alfar A pero de pasta relativamente diferente. También se ha señalado que el alfar A constituye el componente mayoritario de la muestra, y que dentro de éste predominan las vasijas estrechamente relacionadas con la función de producción y derivación de chicha a gran escala. En alguna medida el alfar B puede ser entendido de modo similar, aunque su presencia en la muestra es notoriamente escasa.

En contraste, los alfares restantes (C, D, y E) son numéricamente reducidos, y conformados únicamente por vasijas medianas y pequeñas (*botellas, platos, cuencos, ollas con y sin cuello*). Las comparaciones entre ambos grupos de alfares indican un conjunto cerámico de producción y

Cuadro 29
Capacidad estimada (en litros) de una submuestra de vasijas del R-105

	Tipo vasija	No. Vasija	Capacidad Lit.	Promedio Lit. por tipo vasija
VASIJAS PEQUEÑAS	Platos N=11	1065-1 1363 1126 0808-1 1177 1116 1328-1 0808-2 816 1021 1065-2	0.555 0.439 0.360 0.324 0.523 0.465 0.519 0.318 0.141 0.168 0.527	0.389
	Cuencos N=3	1303 3383 1303-1	0.358 0.208 0.246	0.263
	Ollas sin cuello N=3	3324 3271 3274	1.6 1.1 1.5	1.4
VASIJAS MEDIANAS	Ollas con cuelloN =9	3280 3281 3282 3284 3286 3287 3292 3298 3299	41.9 17.9 13.9 26.1 16.0 22.1 11.4 19.4 15.0	20.4
	Ollas con vertedera N=3	3328 3329 3330	22.2 31.5 28.5	27.4
	Ollas sin cuello N=2	3279 3276	13.7 24.1	18.9
	Cántaros mamiformes N=3	3264 3265 3266	15.6 17.7 25.2	19.5
VAS. GRA.	Ollas con cuello N=2	3283 3288	173 107	140
	Cántaros con cuello N=3	3306 3308 3304	175 170 96	147
	Total de casos	39 vasijas		

abastecimiento (alfares A y B), y otro de consumo (alfares C, D y E). El análisis comparativo efectuado (cf. capítulo 7) demuestra que la co-ocurrencia de alfares diferentes ha sido hallada en otros contextos de ofrendas del Horizonte Medio 1B y 2A (Moraduchayoq [Cook 1994] y Ayapata [Ravines 1968, 1977b]). Menzel interpretó las asociaciones de Ayapata como evidencia de participación comunal (Menzel 1968b). La propuesta de Menzel puede hacerse extensiva a los contextos del Conjunto Tello, dado que estas características, contrariamente a lo que la autora pensaba, se remontan a la época 1 del Horizonte Medio (Cook 1994). En general, muchas de las relaciones estilísticas y contextuales que, en los términos de Menzel, tradicionalmente definían la época 2 del Horizonte Medio, parecen efectivamente ser más tempranas y abarcar áreas de interacción más amplias (Knobloch 1989, 1991).

Si los alfares efectivamente identifican talleres o comunidades de alfareros diferenciados, entonces una interpretación razonable de las evidencias es que los eventos en el R-105 del Conjunto Tello incluyeron la participación de una o varias unidades relativamente homogéneas de producción y de varias unidades heterogéneas de consumo. En otras palabras, se estaría frente a los restos de segmentos sociales diferentes que participaron selectivamente en la producción y consumo de chicha.

Los alfares A y B contienen en su totalidad todas las vasijas grandes y casi todas las vasijas medianas directamente relacionadas con la producción y reparto de chicha: *ollas* y *cántaros grandes con cuello, ollas medianas con cuello, cántaros mamiformes* y una *olla con vertedera*. Estilísticamente todas se definen como Lima tardío (cf. capítulo 6). En ambos alfares la presencia de *platos* es escasa.

El alfar B es numéricamente pequeño (tres vasijas) por lo que solo puede observarse como conjunto. En cambio, dentro del alfar A, ha sido posible distinguir subgrupos a base de las asociaciones decorativas (cf. capítulo 5). Una tendencia ha resultado clara de estas correlaciones: la agrupación constante de 5 a 7 vasijas de igual o diferente forma (Asociaciones Decorativas 1, 2, 3, 4, 5 y 6). La identificación preliminar y en algunos casos ambigua de los diseños decorativos, al mismo tiempo que el carácter parcial de la muestra total recuperada, impide conocer las reales cantidades relativas de los grupos decorativos establecidos. No obstante, parece razonable considerar algunas informaciones etnográficas.

Actualmente en la costa norte, los conjuntos de vasijas que intervienen en la producción de chicha reciben el nombre de «tabernas», un término empleado desde la Colonia. Las vasijas más representativas de una taberna familiar son las destinadas para la decocción y la fermentación de la chicha. Camino (1987) señala que una taberna común consta de por lo menos 4 vasijas grandes y medianas, aunque son más frecuentes las que se componen de 6. Shimada publica la fotografía de una taberna actual con un número similar (Shimada 1994: fig. 8.40). Schaedel menciona un número de vasijas que varía entre 5 y 7 (Schaedel 1988: 123). Velásquez indica un número mínimo de 3 (Velásquez 1996: 100). Una acuarela del obispo Martínez de Compañón de la vida cotidiana de Trujillo durante el siglo XVIII muestra una pareja haciendo chicha con 6 vasijas, cuatro para decocción y aparentemente dos para fermentación (Martínez de Compañón 1997: lám. 21). Betanzos escribió que se hacía chicha en cuatro cántaros de cinco arrobas cada uno (Betanzos [1551] 1987: 66).

El número constante de vasijas (en promedio de 4 a 6), indicados por fuentes actuales y coloniales, puede hipotéticamente encontrarse relacionado con el número de vasijas que forman los grupos decorativos del Alfar A (frecuentemente entre 5 y 7). Aunque la mayoría de estas últimas vasijas no tienen indicios de haber servido para la decocción, sino más bien para la derivación final de la chicha hacia los consumidores, resulta coherente entenderlas como parte de «tabernas» diferentes incluidas dentro de una unidad de producción mayor. Aun cuando este número pudo variar de acuerdo con la demanda de la bebida, resulta clara la práctica de mantener cantidades constantes de vasijas de acuerdo a volúmenes más o menos estándares de producción.

8.3. Hospitalidad, redistribución y manejo de mano de obra

A la luz de los datos expuestos e inferencias planteadas, puede sostenerse que las actividades de producción y consumo de chicha constituyeron una parte sustancial de los procesos de construcción arquitectónica del Conjunto Tello. Como se ha visto en capítulos anteriores, la asociación entre ambos episodios señala el inicio del mayor crecimiento físico del Conjunto y de su uso intensivo.

Una amplia bibliografía antropológica y etnográfica ilustra el vínculo de la movilización de mano de obra con la institución de la hospitalidad en sociedades pre-capitalistas no monetarias (cf. Maus 1969, Polanyi *et al.* 1957). Este patrón también ha sido identificado en los Andes, especialmente con relación a los períodos tardíos (Godelier 1977; Murra 1977, 1978) y el Horizonte Medio (Anders 1986a, 1986b; Isbell 1977; Isbell y Schraiber 1977). En general, las evidencias arqueológicas señalan que eventos de cooperación similares asociados a construcciones monumentales pueden ser rastreadas desde épocas más antiguas (cf. Donnan 1985).

La lectura global de las evidencias discutidas en este libro me permite proponer que la canalización de energía para emprender obras públicas en el Conjunto Tello, especialmente durante la fase CII, se habría efectuado en un contexto festivo, que habría implicado la ingesta abundante de chicha, el consumo probable de otros alimentos, y un conjunto de actividades rituales que culminaron con el entierro de gran parte de los menajes utilizados.

Si bien los eventos de este tipo no requieren necesariamente una rígida centralización política con autoridades firmemente institucionalizadas (Dietler 1989: 365, 1996), los ejemplos más conspicuos provienen de realidades políticas tipo cacicazgos o estados, una relación que parece corroborarse con el caso Lima de principios del Horizonte Medio.

La asociación de diversos alfares en los contextos del R-105 y su presencia diferenciada en los eventos de producción/consumo de chicha puede señalar grupos con créditos sociales distintos, entre quienes operaron relaciones de reciprocidad asimétrica. Puesto que el ejercicio de la hospitalidad es comparable a la dádiva de regalos, cabe sostener que quienes abastecieron y proporcionaron la bebida debieron asumir una posición de superioridad relativa frente a quienes la consumieron, creándose así una cadena de obligaciones y lealtades que incluyeron la disponibilidad de mano de obra.

La presencia de especímenes Nievería como uno de los alfares asociados a los contextos plantea nuevas interrogantes. Nievería ha constituido hasta la fecha un estilo casi exclusivamente funerario, vinculado a un grupo local con claras prerrogativas económicas y sociales, significativamente permeable a aportes foráneos y con un fuerte sentido de interacción. Especímenes de este estilo han sido hallados, entre otras áreas, en la costa norte (Castillo 1993) y aparentemente en la sierra del departamento de Ancash (Burger, comunicación personal; citado por Shady 1982: 66-67). En la cuenca alta del Rímac, la presencia de cerámica Nievería (Cárdenas 1974-1975) podría sugerir vías de comunicación muy dinámicas en sentido vertical y horizontal por el territorio del departamento de Lima (Kaulicke 1974-1975). Ravines también identificó una pieza influenciada por este estilo en uno de los pozos de ofrendas de Ayapata (Ravines 1977b: 78, fig. 42). Las ofrendas halladas en Potrero Tenorio por Palacios y Guerrero (1992), y los fragmentos de los contextos del R-105, si responden al patrón general de deposición que se plantea en este libro, respaldan el hallazgo de Ravines y sugieren un nuevo tipo de práctica social en el que las piezas Nievería estarían inmersas.

Uno de los mayores puntos de debate que surge de este nuevo cuadro de evidencias, es que el componente Nievería en los contextos del R-105 del Conjunto Tello representaría uno de los alfares de «consumo» de chicha, y por lo tanto un segmento social activo dentro de una red de relaciones de reciprocidad y redistribución. «Segmento social» en este caso y dentro del contexto de este trabajo constituye una categoría de interpretación abierta, que podría definirse en el futuro como una elite, una facción política, un linaje, una clase social, un grupo étnico, etc. Dada la envergadura de este tipo de tarea, se comprenderá fácilmente que la definición de los segmentos sociales involucrados en los eventos del Conjunto Tello, especialmente de aquel que hace uso de la cerámica Nievería, escapa a los objetivos de este libro. No cabe duda que la sociedad Lima tardío se hallaba socialmente jerarquizada (Jijón y Caamaño 1949, Kroeber 1954, Lumbreras 1969, Patterson 1966), pero se requiere todavía una mayor base de datos y estudios más profundos para proponer hipótesis razonables sobre la estructura social y económica del valle del Rímac durante esta época. Aunque algunas propuestas han sido hechas (cf.

SHADY 1982), ellas todavía necesitan de una mayor confrontación entre las fuentes etnohistóricas y arqueológicas.

Como ha sido identificado en investigaciones etnográficas y antropológicas, las fiestas de competencia y redistribución entendidas como «lubricante social» tipo Potlatch entre los Kwakiutl del nordeste de EE UU (cf. BOAS 1966) o las fiestas a los santos patronos de la comunidad en la sierra del Perú (cf. ISBELL 1980), propagan implícitamente una serie de normas y mensajes destinados a fortalecer y perpetuar el carácter de las relaciones sociales predominantes. En este contexto, los emblemas o marcadores visuales (incluida la cerámica) son relevantes, puesto que pueden ser empleados como medios para comunicar un discurso ideológico dado (PAUKETAT y EMERSON 1991).[1] Las *ollas con vertedera* y las *ollas medianas con cuello* del R-105 constituyen elementos de suma importancia a este respecto. Dadas sus características formales y tecnológicas, ellas han sido interpretadas aquí como vasijas que reparten el contenido. Su función por lo tanto es crucial en el evento de consumo, ya que cumplen el papel de canalizadores o mediadores entre los productores y los consumidores. En un escenario de libación pública y ritual, tales vasijas pudieron poseer un significado simbólico notable. En efecto, a diferencia de otras categorías formales, casi todas estas vasijas exhiben una profusa decoración pictórica homogénea en sentido estilístico (Lima tardío), pero con variantes internas al nivel de asociación de diseños. La iconografía de las vasijas resulta coherente con su función primaria, puesto que en tanto «mediadoras» exhiben una serie de códigos visuales asequibles a los potenciales consumidores. Dada la naturaleza específica de los temas que en esta ocasión discuto, un estudio iconográfico detallado no puede ser abordado aquí.[2]

La hipótesis de que los episodios de producción/consumo de chicha, edificación y entierro ritual de los diversos artículos de cocina formaron parte de un gran evento sucedido en un lapso temporal restringido, se apoya en algunos argumentos adicionales a los ya discutidos.

En primer lugar, la imposibilidad de almacenar chicha indefinidamente. La ingesta de la bebida en el corto plazo, a menudo de forma inmediata, le concede un carácter especial, diferente de otros bienes económicos durables o acumulables. En otras palabras, su valor reside propiamente en su consumo. Bajo estos términos, es significativa la ausencia de vasijas grandes con cuello restringido en el R-105. Por el contrario, todas ellas se caracterizan por diámetros amplios de boca y cuello. Múltiples factores funcionales pueden originar esta preferencia de medida, pero la fermentación de chicha no requiere necesariamente vasijas de boca amplia. Considérese por ejemplo los actuales cántaros *raki* del Cuzco (MOHR CHÁVEZ 1984-1985), o algunas vasijas para chicha empleadas en la costa norte (CAMINO 1982).

[1] Un estudio interesante en esta perspectiva ha sido realizado por Jorge Montenegro (1997), a propósito de sus investigaciones dentro del Proyecto Arqueológico Sicán dirigido por Izumi Shimada. De hecho, Montenegro me sugirió esta idea cuando me encontraba finalizando mi investigación.

[2] Respecto de los nuevos aportes en torno a los estudios iconográficos del arte Lima, pueden verse ESCOBEDO y GOLDHAUSEN 1999, FALCÓN 1998.

Una explicación tentativa es que los diámetros de abertura de tales vasijas se relacionan con la necesidad constante de ingresar y extraer chicha, lo que significa una correlación positiva entre diámetro de boca y frecuencia de uso (Ericcson *et al.* 1972, Smith 1985). Las huellas localizadas de desportillamiento y descascaramiento en el cuello interior de algunas vasijas respaldan esta inferencia.

En segundo lugar, el uso mayoritario de tapias en las estructuras del Conjunto Tello constituye una alternativa constructiva más económica y rápida que la utilización de adobitos. Muelle (1978b) ha señalado que el empleo de tapias en la construcción economiza básicamente energía y tiempo invertidos. Ponciano Paredes (1988) ha advertido que en la pirámide con Rampa Nº 2 de Pachacamac del Período Intermedio Tardío, solo se empleó tapias en una fase tardía de ocupación del edificio, cuando no se disponía de mucha mano de obra y se necesitaba un avance físico considerable de las estructuras (*op. cit*: 53).

La coexistencia localizada de estructuras de adobitos y tapias fue observada por Stumer (1954b) en varios sitios contemporáneos del valle del Rímac, y ha sido verificada en el Conjunto Tello por las excavaciones del Proyecto Arqueológico Cajamarquilla (PAC). Tratándose de una ocupación básicamente Lima tardío, resulta claro que, al menos durante esta etapa, ambos materiales constructivos fueron alternativos para las edificaciones públicas. La elección del empleo mayoritario de tapias probablemente dependió de la disponibilidad de materias primas, mano de obra y/o tiempo o plazos constructivos, justamente como Paredes ha sostenido con respecto a las pirámides con rampa de Pachacamac.

Sin pretender establecer equivalencias directas, debe señalarse que un panorama de cambio similar ha sido observado en las construcciones monumentales de la costa norte durante esta misma época, especialmente en el valle de Lambayeque. Entre otras innovaciones, durante la fase Moche V los grandes edificios públicos de Pampa Grande dejaron de construirse o se construyeron menos frecuentemente con adobes, para levantarse a base de «cámaras de relleno», una técnica constructiva menos segmentada y más centralizada y rápida que la de adobes (Montenegro 1997; Shimada 1978, 1990, 1994; Shimada y Cavallaro 1986).

Por otro lado, la edificación relativamente rápida de las mayores y principales estructuras del Conjunto Tello guarda correspondencia con la ubicuidad de la cerámica Lima tardío en los rellenos, y con la ausencia de depósitos estratificados con materiales cerámicos estilísticamente diferenciados.

Los argumentos expuestos sugieren una actividad constructiva participatoria y festiva, pero también eficaz. Precisamente la percepción del prestigio de la chicha de maíz en el área andina radica en su capacidad de generar fuerza y vigor en los individuos que la consumen, por lo que se considera una fuente energética de primer orden para realizar los despliegues físicos requeridos por proyectos de envergadura. Guamán Poma oponía a la debilidad de los indios del *Collasuyo*, bebedores de chicha de *chuño*, la fuerza y potencia de los del *Chinchaysuyo*, famosos por su consumo de chicha de maíz (GUAMÁN POMA [1615] 1980: 308). Entre otros atributos, su aporte nutricional, así como sus exigentes requerimientos de cultivo (inversión de energía, conocimientos, tierras óptimas, disponibilidad adecuada de agua, etc.) para obtener buenas cosechas, convirtieron a este cultígeno en un producto valioso, en torno al cual giraron los ritos propiciatorios más importantes durante el *Tahuantinsuyo* (MURRA 1960, TSCHAUNER 1998).

Como puede observarse, existen evidencias claras de un proceso de edificación rápido y continuo en este sector de Cajamarquilla. Si se tiene en cuenta que las fases constructivas y ocupacionales propuestas incluyeron eventos menores de remodelación y mantenimiento (subfases), se obtiene una imagen de continuidad sorprendente, que solo finalizó con los fenómenos aluviales que escombraron y, aparentemente, provocaron el abandono al menos parcial del Conjunto Tello. A futuro deberá considerarse una serie de hipótesis globales relativas a las condiciones medioambientales que habrían provocado cambios importantes en la ocupación de los sitios costeños durante esta época (cf. SHIMADA *et al.* 1991, THOMPSON *et al.* 1985). Con respecto a Cajamarquilla algunos avances ya han sido realizados (MOGROVEJO y MAKOWSKI 1999).

La continuidad esbozada en el Conjunto Tello exhibe un marcado sentido de renovación, tecnológico y funcional pero también ritual. Cada fase de renovación, o al menos las volumétricamente más importantes, debió acompañarse de un conjunto de ceremonias que, como el evento mismo de consumo de alimentos especiales y libación de chicha, debió desarrollarse según las convenciones culturales que norman y sancionan toda actividad social. Las ofrendas efectuadas durante la construcción de casas y edificios públicos aún constituyen prácticas tradicionales en muchas comunidades andinas (cf. FERNÁNDEZ 1997, PALACIOS 1990). El entierro de un conjunto grande de artefactos y residuos articulados por su relación con la chicha de maíz en una serie de pozos, varios de los cuales habrían sido empleados para germinar maíz, sugiere evidentemente un proceso regenerativo, estrechamente vinculado con la constante renovación arquitectónica. El retorno de todos o gran parte de los materiales a los pozos (*qochas*) donde se inició el proceso productivo se muestra altamente coherente con concepciones de tiempo cíclico, prevalecientes en sociedades agrícolas pre-industriales (ELIADE 1972).

Dentro de esta perspectiva, y tomando como base algunas hipótesis de Robert Randall (1987, 1993), puede afirmarse que los «residuos» o «restos sacrificiales» del Conjunto Tello constituyeron elementos necesarios (en tanto desechos) para el inicio de un nuevo ciclo, tal como el *qoncho* de la chicha vieja es necesario para producir una chicha nueva.

8.4. Consideraciones finales

La correlación de todas las evidencias presentadas en este trabajo sugiere que el Conjunto Tello habría representado un centro público-ceremonial en el tejido de Cajamarquilla, con una notable dinámica de crecimiento físico siempre asociado a la misma ocupación cultural representada por la cerámica Lima tardío.

El Proyecto Cajamarquilla no ha hallado en el Conjunto ninguna evidencia de ocupaciones diferenciadas de acuerdo a las fases cerámicas de Patterson (1966), ni siquiera en los términos amplios de *Interlocking* vs. Maranga. Sin embargo, esta posibilidad no puede ser descartada si se toma en cuenta algunas breves referencias publicadas por la Misión Arqueológica Italiana (Cavatrunci 1991; Cerulli 1969; Sestieri 1963, 1972). La profundidad de algunos elementos arquitectónicos y el tipo de material cerámico que ocasionalmente se encuentra en superficie, lleva a considerar la probable existencia de una ocupación Lima más temprana en otras partes de Cajamarquilla.

Toda la evidencia recopilada proporciona una imagen muy particular del área investigada, observándose una continuidad ocupacional y renovación arquitectónica temporalmente estrecha, a veces con variaciones drásticas, asociada a poblaciones netas del valle del Rímac. Esta impresión ha sido obtenida tanto por el PAC como por la MAI. Antes de sus excavaciones mayores en el Conjunto Tello, Sestieri había ya concluido con referencia a extensas áreas de Cajamarquilla que «[...] Cajamarquilla non appartiene a una sola epoca: gli scavi hanno rivelato [...] l'esistenza di almeno cinque sovrapposizioni successive, che si presentano come tagli netti e preordinati delle varie strutture, come se ciclicamente la città fosse stata intenzionalmente distrutta e riconstruita» (Sestieri 1967:13). Los conocidos entierros de la cima de la Pirámide Tello sucedieron cuando el Conjunto ya no cumplía sus funciones originales. Sestieri ha anotado que «[...] for the most part, the building has been filled in and hidden —a fact which suggest that it was used as a cemetery after it had lost its function as a sacred or civil complex» (Sestieri 1971:101). Los entierros similares hallados por el PAC en el mismo lugar confirman esta aseveración, más aún si se considera que se trata de contextos funerarios secundarios.

En consecuencia, contrariamente a lo que se ha sugerido en los últimos años (Bueno 1974-75: 182-184, 1975), el carácter intrusivo de una ocupación Huari en el Conjunto Tello parece no tener hasta la fecha un consistente sustento empírico, por lo menos no como para atribuirle la construcción de las mayores estructuras en el Conjunto. Más grave aún, este diagnóstico ha sido hecho extensivo a todo el sitio de Cajamarquilla, de modo que la equivalencia *arquitectura masiva = ocupación Huari* en el sitio ha gozado de mucha popularidad (cf. Agurto 1984, Kauffmann 1978, Ravines 1994). Probablemente esto se ha debido al patrón novedosamente extensivo de las edificaciones en la región, en alguna medida comparable a los centros de probada filiación Huari en la sierra más o menos coetáneos (cf. Isbell 1991). Pero esta equivalencia ha sido fundamentada a partir de presupuestos teóricos mas no de datos concretos. El esquema igualmente ha servido como marco de referencia para interpretar datos de otros sitios de esta zona del valle del Rímac (cf. Silva 1992). Tales interpretaciones podrían revisarse a la luz de la nueva información disponible.

La complejidad de Cajamarquilla no permite fácilmente la proyección de las conclusiones obtenidas en un sector específico a todo el sitio, sin un razonable corpus de datos y sin una necesaria posición crítica. En el presente, la suposición de que las fases constructivas de varios conjuntos o grupos arquitectónicos fueron todos sincrónicos (Franco 1998) puede considerarse a manera de hipótesis pero no necesariamente de conclusión. Dicho planteamiento resulta interesante pero debería continuársele sometiendo a prueba, a fin de validarla, modificarla o descartarla posteriormente. Los trabajos efectuados por el PAC llevan a concluir que este tipo de problema no puede soslayarse.

Aunque con una serie de diferencias ya planteadas en capítulos anteriores, considero que la posición de Patterson en torno a la secuencia ocupacional de Cajamarquilla resulta saludablemente cautelosa y coherente, en alguna medida próxima a las evidencias que he presentado, puesto que deslinda las ocupaciones tempranas (Período Intermedio Temprano-Horizonte Medio) de aquellas recientes (quizás fines del Horizonte Medio y Período Intermedio Tardío), siendo estas últimas las que habrían adquirido un verdadero carácter urbano.

> [...] it seems that Cajamarquilla was ocupied continuously from the end of Epoch 7 or the beginning of Epoch 8 to Middle Horizon Epoch 2a. At this time, the site was either abandoned completely or greatly reduced in size. If the latter, then the cemetery must have been moved to a new location. At some time during the Late Intermediate Period, Cajamarquilla was rebuilt and enlarged considerably, and the earlier occupation was completely covered over by the more recent structures. (Patterson 1966: 112)

Precisando que las evidencias de la época 2A del Horizonte Medio son básicamente funerarias, los hallazgos del Conjunto Tello refrendan esta propuesta.

El estrecho marco temporal en el que el Conjunto Tello tomó forma, alcanzó auge y finalmente decayó habría necesitado de mecanismos socio-ideológicos que permitiesen tal dinamismo. Esta necesidad explicaría la importancia de eventos de participación comunal para la subsecuente inversión de energía, tal como lo sugieren las evidencias de libación de chicha y entierro ritual en el R-105. Por otro lado, este diagnóstico resulta preliminarmente compatible con una serie de interpretaciones que últimamente se vienen planteando en torno al crecimiento compulsivo de grandes centros de carácter «urbano» en los Andes centrales (cf. Makowski 1996). Entre tanto, los datos examinados proporcionan nuevas líneas de evidencia que exigen investigaciones más profundas y continuas, tanto en Cajamarquilla como en otros sitios del valle del Rímac asignados a este período de la prehistoria andina.

EPÍLOGO

En el presente libro he tratado de presentar una serie de hipótesis sustentadas en el dato empírico y en la inferencia válidamente lógica. Dicho ejercicio sin duda delata la necesidad de contar con mayor información de campo y de afinar las técnicas de análisis de materiales diversos. Aunque los alcances que he presentado no se han librado del todo de algunas debilidades, creo que algunas de sus principales conclusiones proporcionan nuevos elementos para continuar enriqueciendo el debate arqueológico en torno a Cajamarquilla, uno de los sitios más importantes y extensos de la costa central.

Como ha quedado dicho, el Conjunto Arquitectónico Julio C. Tello representa uno de los seis conjuntos con pirámide que conforman el centro urbano de Cajamarquilla (BUENO 1974-75, 1975). En general, puede sostenerse que la extensión y complejidad de Cajamarquilla se debe tanto a la superposición de grandes episodios constructivos, que a veces reflejan ocupaciones culturales diferenciadas, como a la articulación de «barrios» o sectores que han sido preliminarmente definidos (cf. AGURTO 1984; BUENO *op. cit*; JIMÉNEZ BORJA 1969, 2000; FRANCO 1998, *inter alia*). Este diagnóstico permite plantear que la cabal comprensión de Cajamarquilla como un todo depende del conocimiento de cada una de sus partes conformantes y de un correcto control diacrónico de las evidencias. En este sentido, la apariencia desordenada y aglutinada de las edificaciones en amplios sectores de Cajamarquilla puede ser engañosa, al ocultar el planeamiento y manejo del espacio original del sitio. Consecuentemente, si bien pueden plantearse múltiples hipótesis respecto del origen, auge y abandono definitivo de Cajamarquilla, considero que ninguna de ellas alcanzará un nivel confiable de interpretación si se desconoce la historia específica de al menos los sectores o conjuntos mejor definidos y conservados. De acuerdo con lo dicho, las investigaciones realizadas en el Conjunto Julio C. Tello por el Proyecto Arqueológico Cajamarquilla (PAC) representan un esfuerzo destinado a evaluar algunas hipótesis sugeridas en los últimos años respecto del sitio en su totalidad.

Como también ha sido presentado en los primeros capítulos de este libro, el Conjunto Tello consta de una pirámide central que actualmente alcanza casi los 7 m de altura, circundado por recintos, patios, pasadizos, cuartos, etc., todos construidos generalmente de tapias. Se ha identificado la presencia de estructuras menores de *quincha*, *yapana* y adobitos rectangulares pero es claro que estos materiales y técnicas de construcción fueron empleados solo ocasionalmente. La pirámide central define la orientación general del Conjunto, esto es, hacia el sudoeste, mirando hacia el valle medio-inferior del Rímac.

Por otro lado, ha resultado importante constatar que el Conjunto ocupa el extremo nordeste de Cajamarquilla, próximo al curso principal de la quebrada de Jicamarca; toda vez que esta ubicación cercana a la quebrada parece haber facilitado su abastecimiento de agua. Sin embargo, también lo expuso a las violentas avenidas e inundaciones durante épocas de lluvias anormalmente intensas y prolongadas. Las investigaciones realizadas han revelado que efectivamente las inundaciones fueron habituales en el lugar, a veces con consecuencias devastadoras.

El análisis arquitectónico del Conjunto Tello revela que este adquirió su aspecto final luego de siete grandes fases constructivas y de uso: A, B, CI, CII, CIII, CIV y D. Las actividades de renovación de los edificios fueron a menudo continuas desde la fase A hasta la fase CIV, luego de lo cual sobrevino un período de abandono parcial o total, asociado a fenómenos intensivos de inundaciones y actividad sísmica. Durante esta primera etapa de su historia (época 1A del Horizonte Medio), el Conjunto Tello muestra una consistente ocupación Lima tardío, sobre todo y específicamente con relación a las fases CI, CII y CIII que, en función del crecimiento físico, fueron las más importantes. Poco después el Conjunto fue usado como cementerio. Los contextos funerarios registrados en la cima de la pirámide por el Proyecto Cajamarquilla y la Misión Italiana revelan asociaciones cerámicas del HM 1B y 2A, con diseños decorativos de la sierra y costa sur, pero gran parte de tales contextos son secundarios y siempre intrusivos a la arquitectura en abandono. En consecuencia, el crecimiento máximo del Conjunto y sus funciones originalmente concomitantes no fueron instaurados por una poderosa y sustancial presencia Huari, sino que más bien se debe a un definido impulso local Lima tardío en el que cobra paulatina importancia el estilo Nievería y al que, ciertamente, posteriormente impactan las influencias serranas y sureñas. Los eventos funerarios de la cima de la pirámide interrumpen, por un lapso temporal que queda por definirse con precisión, la etapa de abandono iniciada luego de la fase CIV. Este abandono fue muy prolongado, pues culminó mucho tiempo después con la fase D, aparentemente de fines del Horizonte Medio y comienzos del Período Intermedio Tardío. Durante esta última fase, muchas áreas del Conjunto Tello volvieron a usarse como cementerios ocasionales, a la vez que se reacondicionaron los ambientes del lado sudoeste de la pirámide dándole forma de plaza. Finalmente, hacia mediados del Período Intermedio Tardío, el Conjunto Tello, y quizás otras áreas monumentales de Cajamarquilla, ingresaron a un período de abandono casi total y definitivo.

En el marco de las fases CI y CII, las actividades desarrolladas en el Conjunto Tello incluyeron la construcción, uso y relleno de una serie de pozos y depresiones dentro de un patio (R-105) aledaño al frontis principal de la pirámide. El evento de relleno como parte de una acumulación de basural ha quedado descartado, ya que la deposición de material incluyó un conjunto de prácticas que a) contradicen el ahorro de energía y no revisten ventajas económicas evidentes; b) son irrepetibles, pues se hallan ausentes en otros contextos registrados; y c) comprenden una serie de rasgos que solo cobran sentido dentro de prácticas rituales. Los análisis comparativos efectuados a través de un conjunto diverso de evidencias (arqueológicas, etnohistóricas y etnográficas), llevan a plantear que muchos pozos y depresiones (aunque seguramente no todos) sirvieron para la germinación de maíz, mediante el entierro de los granos en condiciones de humedad y semiasfixia, a fin de conseguir una chicha de alto tenor alcohólico. Las características formales y dimensionales de muchos pozos y depresiones son plenamente coherentes con esta interpretación. Igualmente, los exámenes combinados de palinología y fermentación aplicados a algunas muestras de sedimento y materiales cerámicos asociados sustentan sólidamente esta hipótesis.

Se ha determinado la existencia de dos momentos consecutivos de construcción y uso de los pozos y depresiones (subfases Ia y Ib de la fase CI), asociados a la construcción y funcionamiento de una pequeña pirámide o de las plataformas iniciales que se encontrarían debajo de las ampliaciones posteriores. La existencia de varios pozos y depresiones se debería al propósito de obtener maíz germinado (*jora*) de forma secuencial a través de un tiempo algo prolongado; es decir, a una programación adecuada de las etapas de elaboración de la bebida. Por otro lado, la clausura de los pozos y depresiones no constituye un evento independiente del uso original del recinto, si es que efectivamente allí se germinaba maíz, pues los materiales más frecuentes en el relleno provienen también de las siguientes etapas de elaboración de la bebida (sedimento de chicha, manos de moler, vasijas de cerámica, telas para colar, etc.). Pero la chicha no lo era todo, aunque sí el producto más importante, pues también se han hallado restos de maíz que debió consumirse tostado (*cancha*), lo que indicaría un evento tipo banquete, seguramente masivo a juzgar por la cantidad de desechos depositados. Significativamente, todos los artefactos identificados fueron previa y deliberadamente rotos para proceder a su deposición, lo que contrasta con su utilidad económica. Dado este conjunto de evidencias se concluye que la deposición de materiales respondió a un programa ritual que giró en torno a la producción, libación y significado de la chicha de maíz, y quizás consumo de otros alimentos adicionales, señalando el inicio de la fase CII y con ello la etapa de mayor crecimiento físico del Conjunto Tello. Así, la clausura de los pozos y depresiones de germinación se relaciona con un mayor despliegue de actividades constructivas.

El numeroso material cerámico recuperado, especialmente concentrado en algunos pozos, ha permitido un análisis detallado desde el punto de vista tecnológico, funcional y estilístico. Se ha identificado dos grandes grupos de vasijas: aquellas empleadas en la elaboración y derivación de la chicha de maíz, y aquellas empleadas en su transporte y/o consumo. Las primeras son principalmente vasijas de mediana a gran capacidad de estilo Lima tardío, oxidadas o reducidas durante la cocción, tecnológica y formalmente muy homogéneas. Destacan entre ellas las *ollas medianas con cuello* por su frecuencia y decoración pictórica. Las segundas son vasijas medianas a pequeñas de tecnología y decoración variable. En este grupo se reconocen vasijas de estilo Lima tardío, Nievería y variantes de cocción reductora. Esta clasificación del material cerámico sugiere que los talleres encargados de la confección de las vasijas de preparación y abastecimiento participaban de cánones de producción mucho más homogéneos que aquellos encargados de la elaboración de las vasijas de consumo. La contemporaneidad parcial de los estilos Lima tardío (fases 7, 8 y 9 de PATTERSON [1966]) y Nievería es clara dadas las características de los contextos. Dicha contemporaneidad se enmarca dentro de la época 1A del Horizonte Medio y evidentemente contradice una ideal posición secuencial de las tres últimas fases del estilo Lima y de Nievería. La evaluación de la documentación publicada hasta la fecha (cf. capítulo 6) señala que este ordenamiento secuencial nunca contó con correlatos estratigráficos claros. Bajos tales términos, se plantea la hipótesis de que el estilo Nievería es más temprano de lo que tradicionalmente se ha supuesto (MENZEL 1968a, PATTERSON *op. cit.*), puesto que en Cajamarquilla se halla presente por lo menos desde el HM 1A. No obstante, la problemática de su origen aún queda por definirse.

Al avanzar en los análisis del material de cerámica se han identificado algunas características reveladoras. Particularmente resalta la presencia de huellas de golpe intencional en muchas vasijas, sobre todo en el cuello y porción superior del cuerpo de los especímenes medianos y grandes. Su rotura intencional y entierro en pozos permite relacionar esta práctica con la llamada *Tradición de Ofrendas* del Horizonte Medio (*v.g.* Conchopata, Pacheco, Ayapata, etc.). Las comparaciones desarrolladas llevan a concluir que esta tradición excede espacial y temporalmente la esfera cultural propiamente Huari. La experiencia en el Conjunto Tello de Cajamarquilla sugiere la posibilidad de continuar hallando en el futuro contextos similares en sitios que no necesariamente reflejen una directa ocupación Huari. Un mejor conocimiento de los contextos de este tipo deberá implicar otorgarle la debida importancia a los materiales no cerámicos que pudiesen hallarse asociados, así como considerar la posibilidad de estar frente a prácticas rituales no siempre directa y rígidamente formalizadas por un estado altamente centralizado con sede en Ayacucho. Igualmente, creo que es posible sostener que los fragmentos de las vasijas rotas en eventos similares pueden ser empleados en sellos rituales de arquitectura o en contextos funerarios, tal como ha sido documentado en el caso Lima. La asociación de tales contextos de ofrendas con la producción y consumo de chicha dentro de un espacio público constantemente renovado en el Conjunto Tello de Cajamarquilla proporciona una imagen más coherente del rito, pues permite discutir conceptos como regeneración, tiempo cíclico y sacrificio.

Por último, debo enfatizar que las asociaciones contextuales del R-105 en el marco de la historia constructiva y ocupacional del Conjunto Tello cobra sentido dentro de prácticas dinámicas de reciprocidad y redistribución. La interacción de segmentos o identidades sociales inferidos a través del análisis de la cerámica, conduce a postular que la libación de chicha, consumo de otros alimentos y el entierro de ofrendas fueron parte de una estrategia económica centrada en la hospitalidad. De acuerdo con esto, puede proponerse que las prácticas de este tipo habrían regulado en etapas específicas la captación de energía humana mediatizándola a través del emprendimiento de obras públicas (*v.g.* la ampliación física, rápida y eficaz del Conjunto Tello). Esta interpretación deberá conllevar a futuro a definir los segmentos sociales co-participantes y la estructura socio-política que las enmarca en el valle del Rímac durante esta época.

APÉNDICE A

Descripción sumaria de rasgos y elementos arquitectónicos del Recinto 105 mencionados en el texto y/o representados en las ilustraciones correspondientes al capítulo 2*

H-45: Hoyo pequeño de forma circular. Su matriz rompía los pisos inferiores al piso 1, y su relleno consistió exclusivamente de ceniza fina y fragmentos de carbón. No se encontró en el interior ningún otro tipo de material. La ausencia de secciones enrojecidas o tierra quemada circundante descarta la posibilidad de que haya sido un fogón.
Diámetro superior: 22 cm
Profundidad: 18 cm
Fig. 22 (Plano)

H-48: Hoyo de boca y base circulares y paredes convergentes hacia la base plana. Contenía un relleno estratificado del siguiente modo:

1. Sobre la boca un sello de tierra compactada mezclada con piedras pequeñas. Este sello se ha conservado solo parcialmente.
2. Tierra mezclada con sedimento orgánico de color marrón oscuro. En este nivel se hallaron un adobito paralelepípedo tipo Lima y un fragmento de gollete de botella estilo Lima 7-8.
3. Tierra mezclada con una alta densidad de fragmentos de una pared de quincha (trozos de barro con improntas de cañas).
4. Tierra compactada y sin desperdicios, depositada directamente sobre la base del pozo.

La forma y dimensiones del pozo sugieren que podría tratarse originalmente de una base de vasija.
Diametro superior: 48 cm
Profundidad: 10 cm
Fig. 22 (Plano)

H-49: Restos parciales de una pared de quincha. Se han conservado solo algunos segmentos de la base a través de un tramo de 1.20 m. La sección superior habría sido destruida y emparejada al nivel del piso 1; sobre ella

* La letra H corresponde a la abreviación de «Hallazgo», tal como inicialmente fueron catalogados los rasgos y elementos. No se incluyen los pozos y depresiones de la capa 14 porque estos se describen extensamente en el capítulo 3.

se colocó una porción de barro a modo de resane con el objeto de regularizar la superficie. La intrusión de esta pared rompió los pisos inferiores. En el perfil contiguo se han preservado algunas de las cañas que constituían el entramado de la pared así como la matriz de un hoyo pequeño de poste.
Profundidad promedio: 15 cm
Fig. 22 (Plano)

H-50: Hoyo de boca circular, base irregular y paredes convergentes. Contenía el siguiente relleno estratificado:

1. Mezcla de barro, piedras pequeñas y algunos pocos fragmentos de pared de quincha.
2. Capa delgada de sedimento orgánico de color marrón oscuro, directamente depositado sobre el fondo del pozo.

La forma y dimensiones de este pozo sugieren que podría tratarse de una base de vasija.
Diámetro superior: 56 cm
Profundidad: 11 cm
Fig. 22 (Plano)

H-51a: Hoyo de boca circular y paredes y fondo cóncavo. Relleno estratificado:

1. Tierra compactada con presencia de algunos pocos terrones y tiestos no diagnósticos de cerámica.
2. Capa delgada de sedimento orgánico descompuesto. Pudo reconocerse algunas ramas y tallos finamente fragmentados.

Tierra mezclada con fragmentos de pared de quincha.
Este rasgo fue cortado por el H-51b.
Diámetro superior: 54 cm
Profundidad: 23 cm
Figs. 22 (Plano), 23

H-51b: Hoyo de boca circular y paredes y fondo cóncavo. Relleno estratificado:

1. Sello bastante sólido y compacto conformado por tierra mezclada con trozos de barro, fragmentos de pared de quincha y pedazos de adobes.
2. Relleno basado en trozos de barro con improntas de cañas y unos pocos fragmentos de cerámica llana, sin duda perteneciente a una misma vasija (olla/cántaro).
3. Dos lentes depositados lado a lado al mismo nivel pero no mezclados; uno de ceniza limpia de color plomo claro y otro de ceniza mezclada con basura y material orgánico descompuesto.
4. Tierra marrón con material orgánico descompuesto y algunos pocos tiestos de cerámica llana provenientes de la misma vasija.

Este rasgo cortaba parcialmente al H-51a.

Diámetro superior: 62 cm
Profundidad: 23 cm
Figs. 22 (Plano), 23

H-52: Hoyo de boca circular aunque un tanto irregular, y de paredes y fondo cóncavo. Contenía el siguiente relleno estratificado:

1. Tierra mezclada con diversos tipos de desechos: piedras pequeñas, fragmentos toscos de cerámica, fragmentos de carbón, restos de moluscos (*Mesodesma donacium*) y material vegetal descompuesto.
2. Relleno compacto de tierra mezclada solo con algunos pocos fragmentos de cerámica.

Diámetro superior: 66 cm
Profundidad: 18 cm
Fig. 22 (Plano)

H-53: Hoyo de poste. Se ha preservado aún la porción inferior del tronco que hizo de poste. Dicho tronco presentaba evidentes huellas de quema (carbonización y tiznado de las capas externas de la corteza). La Misión Italiana habría extraído la porción superior del poste, dado que el relleno superior del hoyo consistía de tierra fina de arrastre eólico, similar a la depositada sobre el piso 1. El relleno inferior constaba de tierra semicompacta y piedrecillas, pudiendo corresponder al relleno original.
Diámetro superior: 32 cm
Profundidad: 64 cm
Fig. 22 (Plano)

H-54: Hoyo de boca circular y fondo cóncavo. Las paredes no se encuentran bien definidas pues se han erosionado como consecuencia de su exposición permanente luego de los trabajos que habría realizado la Misión Italiana. Sin embargo, su forma general y sus medidas podrían indicar que se trató de una base de vasija.
Diámetro superior: 60 cm
Profundidad: 18 cm
Fig. 22 (Plano)

H-55: Hoyo de forma irregular a causa de la erosión de su estructura general. Contenía un relleno de tierra suelta de arrastre eólico, algunos pocos fragmentos de cerámica y trozos de barro provenientes de los pisos inferiores destruidos. Habría sido abierto por la Misión Italiana y alterado algún tiempo después. Si se toma en cuenta la recurrencia entre formas y medidas podría sugerirse que este hoyo habría sido también una base de vasija.
Diámetro superior: 50 cm
Profundidad: 10 cm
Fig. 22 (Plano)

H-56: Muro de quincha parcialmente conservado y asentado directamente sobre el piso 1. Se trata de la porción inferior de un muro con improntas interiores de cañas. El recorrido del muro (E-O y SO-NE) delinea una probable habitación de esquinas redondeadas (dentro de R-105) que lamentablemente no se ha preservado en su totalidad.
Ancho promedio: 20 cm
Altura promedio preservada: 10 cm
Fig. 22 (Plano)

H-58: Hoyo de boca circular malamente conservado. La erosión de sus paredes permite ver los pisos inferiores a los cuales intruye. Fue hallado parcialmente rellenado con tierra suelta de origen eólico. También habría sido abierto a través de excavaciones anteriores.
Diámetro superior: 28 cm
Profundidad: 11 cm
Fig. 22 (Plano)

H-60: Hoyo de boca circular y fondo cóncavo. Se encontraba relleno de tierra compactada y terrones.
Diámetro superior: 25 cm
Profundidad: 8 cm
Fig. 22 (Plano)

H-61: Hoyo de boca circular y fondo cóncavo. Su relleno consistía de tierra suelta depositada por acarreo eólico. Su contenido original habría sido retirado mediante trabajos anteriores.
Diámetro superior: 30 cm
Profundidad: 10 cm
Fig. 22 (Plano)

H-75: Hoyo de boca aproximadamente circular, sin embargo tiene el aspecto de una intrusión irregular. Su relleno consistió de tierra suelta y fragmentos de enlucido de piso. Podría tratarse de una intrusión hecha por algún animal.
Diámetro superior: 25 cm
Profundidad: No determinada
Fig. 22 (Plano)

H-77: Probable base de vasija a modo de «poyo» de tierra y material orgánico compactado sobresaliente a la superficie del piso 1. Su aspecto general es el de un ligero pedestal con una depresión irregular interior sobre la que se disponían radialmente varios fragmentos de raíces de huarango. Esta depresión correspondería a la superficie sobre la que se asentaría directamente algún tipo de vasija.
Diámetro: 24 cm

Altura: 2.5 - 3 cm
Profundidad interior (depresión): 1 cm
Fig. 22 (Plano)

H-80: Fogón. Se trata de una concentración de ceniza, fragmentos de carbón y tierra enrojecida por quema.
Diámetro promedio: 30 cm
Espesor promedio: 3 cm
Fig. 22 (Plano)

H-89: Hoyo irregular que rompe el piso 1 y pisos subyacentes. Aparentemente se trata de una intrusión ocurrida luego de finalizado el uso del piso 1. Contenía tierra suelta, y algunos terrones.
Longitud máxima: 75 cm
Profundidad: 23 cm
Fig. 22 (Plano)

H-100: Hoyo de boca circular, perfil irregular y base cóncava. Relleno de tierra y abundantes fragmentos de barro enrojecidos por quema. Intruye hasta la capa 14.
Diámetro superior: 66 cm
Profundidad: 12 cm.
Fig. 22 (Plano)

H-103: Hoyo de planta circular. Intruye los niveles inferiores de modo irregular. Relleno estratificado:
Tierra y fragmentos de barro enrojecidos por quema.
Tierra suelta y bloque de yapana depositados directamente sobre el fondo.
Este hallazgo se ubicó directamente encima del pozo 91 (cf. capítulo 3).
Diámetro superior: 39 cm
Profundidad estimada: 40 cm
Fig. 22 (Plano)

H-105: Muro rústico hecho a base de dos cuerpos de barro. Corre de E a O. Se encuentra roto y habría sido parcialmente destruido para la nivelación de la plaza. Marca el límite del R-105 por el lado S-O, pues empalma también con el piso 2. El H-105 se superpuso directamente sobre el muro H-110 y sobre él se superpuso parcial y transversalmente el muro de tapias V.
Ancho promedio conservado: 60 cm
Altura promedio conservada: 35 cm
Figs. 21, 22 (Plano)

H-108: Muro hecho a partir de bloques de tapias. Corre con dirección E-O. Por sus dimensiones parece tratarse de un gran muro de arquitectura ma-

siva. Los bloques de tapia presentan la base más ancha que la cima, aunque de medidas variables (ancho base = 65 cm–132 cm; ancho cima = 52 cm–124 cm). Podría tratarse de un acceso epimural. Uno de los bloques de tapia fue hallado completamente desmontado de su lugar, debido a una intrusión que alcanzó los niveles de yapana de la capa culturalmente estéril.
Alto: 52 cm
Ancho total: no determinado pues intruye en el perfil
Fig. 103

H-110: Muro de barro detectado en un tramo de 1 m. Fue hallado roto por las remodelaciones posteriores. Probablemente fue construido a partir de tapias. Solo se han conservado su base y porción inferior inmediatamente debajo del muro H-105. Fue posible determinar que se trató de un muro de doble cara. La cara que da hacia el R-105 se encontró muy deteriorada, en claro contraste con la cara exterior que resultó relativamente fácil de definir durante la excavación. Este muro corre de E a O y marcaría el límite del R-105 durante el momento de uso de los pisos de la capa 14, antes de ser reemplazado por el muro H-105.
Altura preservada: 23 cm
Ancho promedio: 25 cm
Figs. 15, 22 (Plano)

H-118: Muro de barro, probablemente hecho de tapias. Fue hallado muy destruido y nivelado por el piso de la capa 14 que en este sector adopta la forma de un piso irregular. Este muro fue expuesto en un tramo de un metro, corre de S a N y se encuentra funcionalmente asociado con los pisos 5 y 6.
Altura preservada: 16 cm
Ancho: No determinado, pues intruye en el perfil.
Fig. 16

H-120: Acceso epimural. Muro levantado a partir de bloques de tapias. Corre de S a N, es decir, desde la explanada del Sector I hasta el frontis de la pirámide del Conjunto Tello. La superficie se encuentra fuertemente erosionada aunque manteniendo un nivel muy regular en perfecta nivelación con la altura de la explanada del Sector I. Ello sugiere que este muro fue «rebajado» a la altura en que se niveló la explanada. No obstante, en la cima aún se ha conservado una intrusión alargada, algo irregular, que corre transversalmente al muro. Esta intrusión presenta un ancho promedio de 25 cm y una profundidad promedio de 18 cm, pudiendo corresponder a algún tipo de estructura de quincha posterior al uso del acceso. Asimismo, presenta dos agujeros de 20 cm de diámetro en su cara oeste de función desconocida. Este muro se superpone directamente sobre el muro H-129.
Ancho promedio: 270 cm

Altura promedio: 82 cm
Figs. 20, 22 (Plano)

H-129: Muro de barro, aparentemente de tapias, muy destruido por las remodelaciones posteriores. Este muro fue expuesto parcialmente solo por una cara y en un tramo aproximado de 1 m. Corre de S a N, en el mismo sentido que el H-120, y marcaría el límite del R-105 por el lado Oeste durante el momento de uso de los pozos de la capa 14. Se hallaba cubierto totalmente por el acceso epimural H-120.
Altura promedio preservada: 46 cm
Ancho: No determinado.
Fig. 17.

H-139: Hoyo de boca circular. Relleno superior de tierra suelta. No fue excavado. Este hoyo intruía el muro H-110
Diámetro superior: 42 cm
Fig. 22 (Plano)

H-141: Muro de tapias en la base del frontis SO de la pirámide. Enlucido beige. Correspondería al frontis de la pirámide más antigua.
Altura promedio: 60 cm
Fig. 19

APÉNDICE B

Lista de vasijas de cerámica analizadas provenientes de los pozos y depresiones del R-105*

ALFAR A

Grupo 1

Ollas grandes con cuello
1) 3288 Figs. 97, 141
2) 3310 Fig. 98
3) 3283 Fig. 100

Cántaros grandes con cuello
4) 3307 Fig. 115
5) 3311 Fig. 117
6) 3309 Figs. 118, 156
7) 3305 Fig. 119
8) 3308 Fig. 120
9) 3306 Fig. 121

Ollas/cántaros grandes
10) 3323 Fig. 128
11) 3319 Fig. 129
12) 3320 Fig. 130
13) 3228 Fig. 131
14) 3239 Fig. 143
15) 3213 Fig. 144
16) 3262 Fig. 150
17) 3207 Fig. 155
18) 3210 Fig. 140
19) 3217 No dibujado (fragmento de cuerpo sin decoración)
20) 3218 No dibujado (»)
21) 3219 No dibujado (»)
22) 3226 No dibujado (»)
23) 3230 No dibujado (»)
24) 3231 No dibujado (»)
25) 3234 No dibujado (»)
26) 3243 No dibujado (»)
27) 3244 No dibujado (»)
28) 3245 No dibujado (»)
29) 3246 No dibujado (»)
30) 3247 No dibujado (»)
31) 3248 No dibujado (»)
32) 3206 No dibujado (»)
33) 3208 No dibujado (»)
34) 3209 No dibujado (»)
35) 3211 No dibujado (»)
36) 3238 No dibujado (»)
37) 3250 No dibujado (»)
38) 3242 No dibujado (»)
39) 3223 No dibujado (»)

Grupo 2

Ollas medianas con cuello
40) 3282 Fig. 72
41) 3286 Fig. 73
42) 3292 Fig. 74
43) 3299 Fig. 75
44) 3284 Fig. 76
45) 3316 Fig. 77
46) 3314 Fig. 78
47) 3289 Fig. 79

* Se consigna primero el número de registro de inventario establecido por el PAC y luego, si fuese el caso, el número de figura con que aparece ilustrado en este libro.

48) 3295 Fig. 80
49) 3285 Fig. 81
50) 3313 Fig. 82
51) 3297 Fig. 83
52) 3298 Fig. 84
53) 3280 Fig. 85
54) 3281 Fig. 86
55) 3291 Fig. 87
56) 3296 Fig. 88
57) 3294 Fig. 89
58) 3293 Fig. 90
59) 3312 Fig. 91
60) 3315 Fig. 92
61) 3287 Figs. 93, 154
62) 3300 Fig. 94
63) 3301 Fig. 95
64) 3301 Fig. 96

Olla con vertedera
65) 3329 Fig. 104

Ollas medianas sin cuello
66) 3276 Fig. 105
67) 3277 Fig. 106

Ollas/cántaros medianos
68) 3227 Fig. 132
69) 3212 Fig. 133
70) 3229 Fig. 134
71) 3236 Fig. 135
72) 3214 Fig. 136
73) 3237 Fig. 137
74) 3255 Fig. 138
75) 3216 Fig. 139
76) 3215 Fig. 145
77) 3258 Fig. 147
78) 3259 Fig. 148
79) 3260 Fig. 149
80) 3235 No dibujado (fragmento de cuerpo sin decoración)
81) 3220 No dibujado (»)
82) 3225 No dibujado (»)
83) 3232 No dibujado (»)
84) 3233 No dibujado (»)
85) 3240 No dibujado (»)
86) 3252 No dibujado (»)
87) 3256 No dibujado (»)
88) 3257 No dibujado (»)
89) 3249 No dibujado (»)
90) 3251 Fragmento de cuerpo decorado (cf. Cuadro 17)
91) 3261 Fragmento de cuerpo decorado (cf. Cuadro 17)

Grupo 3

Cántaros mamiformes
92) 3265 Figs. 122, 152
93) 3268 Fig. 123
94) 3266 Fig. 124
95) 3264 Fig. 125
96) 3263 Fig. 126
97) 3269 No dibujado (fragmento de cuerpo sin decoración)
98) 3270 No dibujado (»)

Grupo 4

Platos
99) 0810 Fig. 51
100) 0808-1 Fig. 52
101) 1116 Fig. 55
102) 1363 Fig. 57
103) 1328-1 Fig. 59
104) 1065-2 Fig. 60

Sin grupo definido

Platos
105) 0808-2 Fig. 53
106) 1177 Fig. 56
107) 1328-2 No dibujado

Cántaro mamiforme
108) 3267 Fig. 127

Botella
109) 3333 Fig. 66

Ollas/cántaros medianos
110) 3253 Fig. 146
111) 3254 Fig. 142

ALFAR B

Olla grande con cuello
112) 3303 Fig. 99

Cántaro grande con cuello
113) 3304 Fig. 116

Plato
114) 1126 Figs. 49, 61

ALFAR C

Olla mediana sin cuello
115) 3279 Fig. 107

Olla pequeña sin cuello
116) 3317 Fig. 71

Olla/cántaro
117) 3224 No dibujado (fragmentos de cuerpo sin decoración)

ALFAR D

Cuencos
118) 1303-1 Fig. 62
119) 3383 Fig. 63
120) 1303 Fig. 64

Plato/cuenco
121) 1273 Fig. 65

Botellas
122) 3382 Fig. 67
123) 3381 Fig. 68

Ollas pequeñas sin cuello
124) 3382 Fig. 69
125) 3321 Fig. 70

ALFAR E

Platos
126) 1021 Fig. 54
127) 1065-1 Fig. 58

Ollas pequeñas sin cuello
128) 3278 Fig. 108
129) 1326 Fig. 109
130) 3273 Fig. 110
131) 3271 Fig. 111
132) 3324 Fig. 112
133) 3272 Fig. 113
134) 3274 Fig. 114
135) 3275 No dibujado (fragmentos de cuerpo sin decoración)

SIN ASIGNACIÓN A ALGÚN ALFAR DETERMINADO

Ollas con vertedera
136) 3328 Fig. 103
137) 3330 Fig. 102

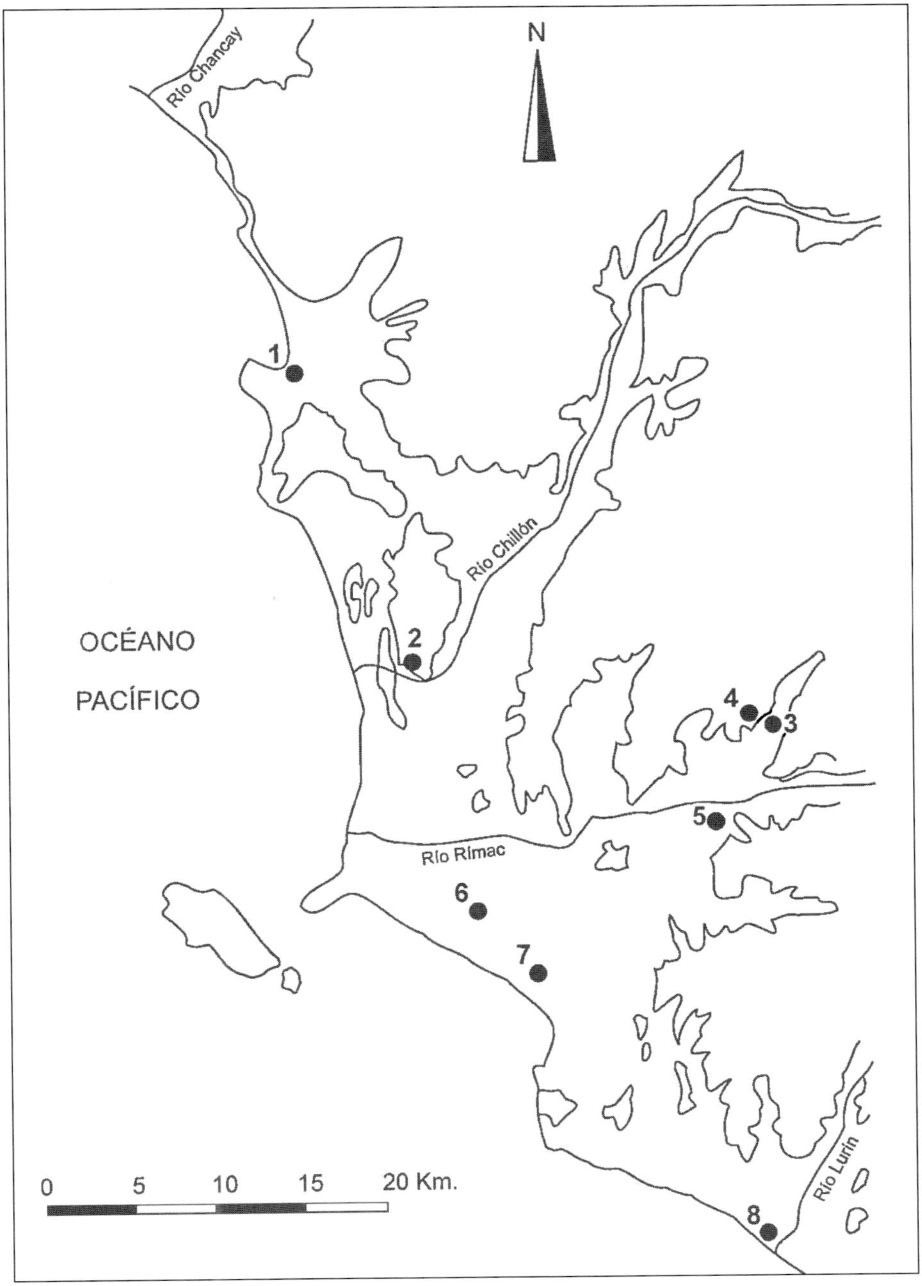

Fig.1.- Costa central del Perú. Mapa de ubicación de Cajamarquilla y otros sitios arqueológicos mencionados en el texto: 1, Ancón; 2, Cerro Culebras; 3, Cajamarquilla; 4, Nievería; 5, Vista Alegre; 6, Maranga; 7, Huaca Pucllana (Juliana); 8, Pachacamac.

Fig.2.- Fotografía aérea de Cajamarquilla. La flecha indica el Conjunto Julio C. Tello ocupando el extremo Nordeste del sitio arqueológico.

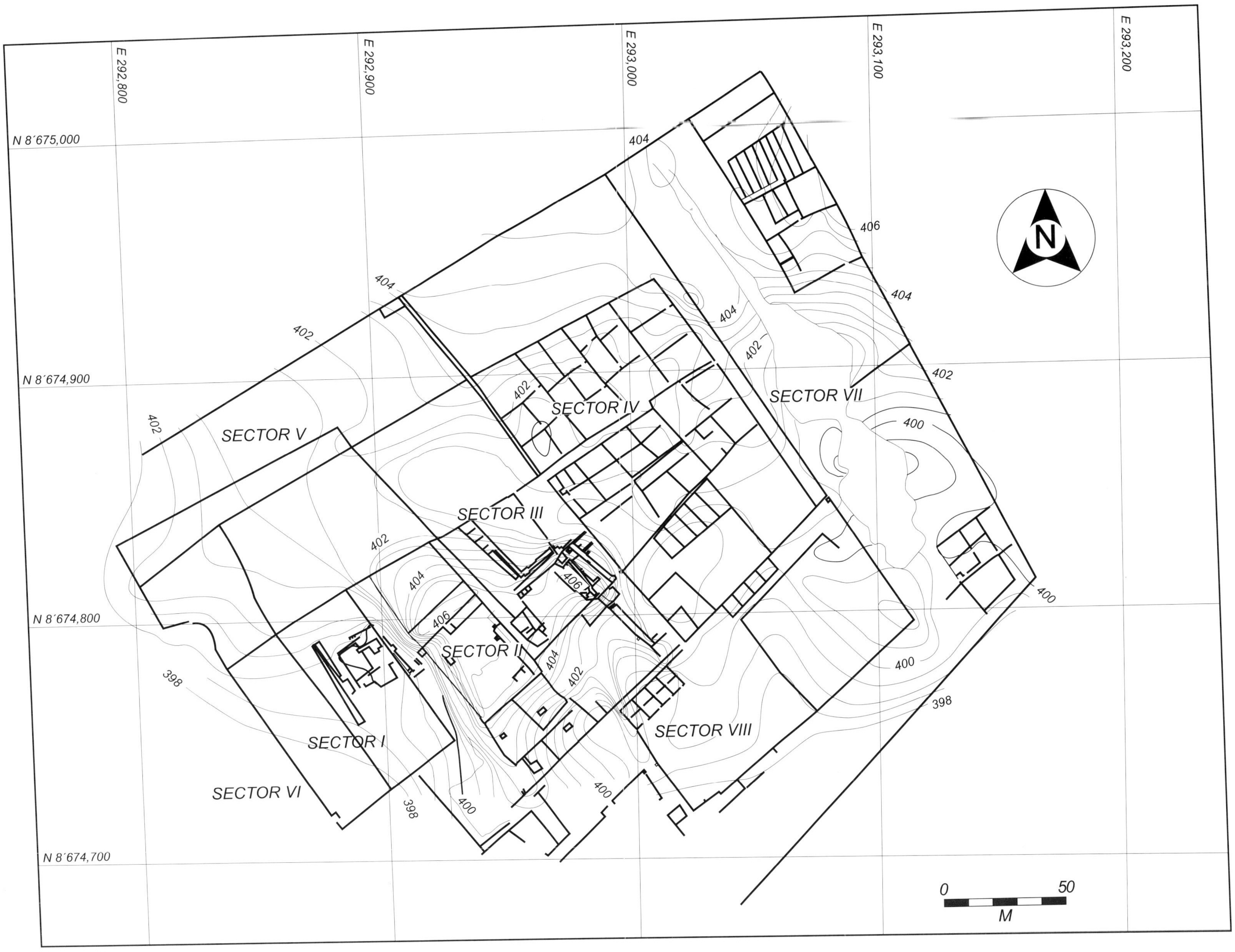

Fig.3.- Plano general del Conjunto Julio C. Tello levantado por el P.A.C. Se indican los sectores establecidos durante 1996 - 1997.

Fig.4.- Vista del frontis principal de la Pirámide Julio C. Tello durante las excavaciones 1996 -1997.

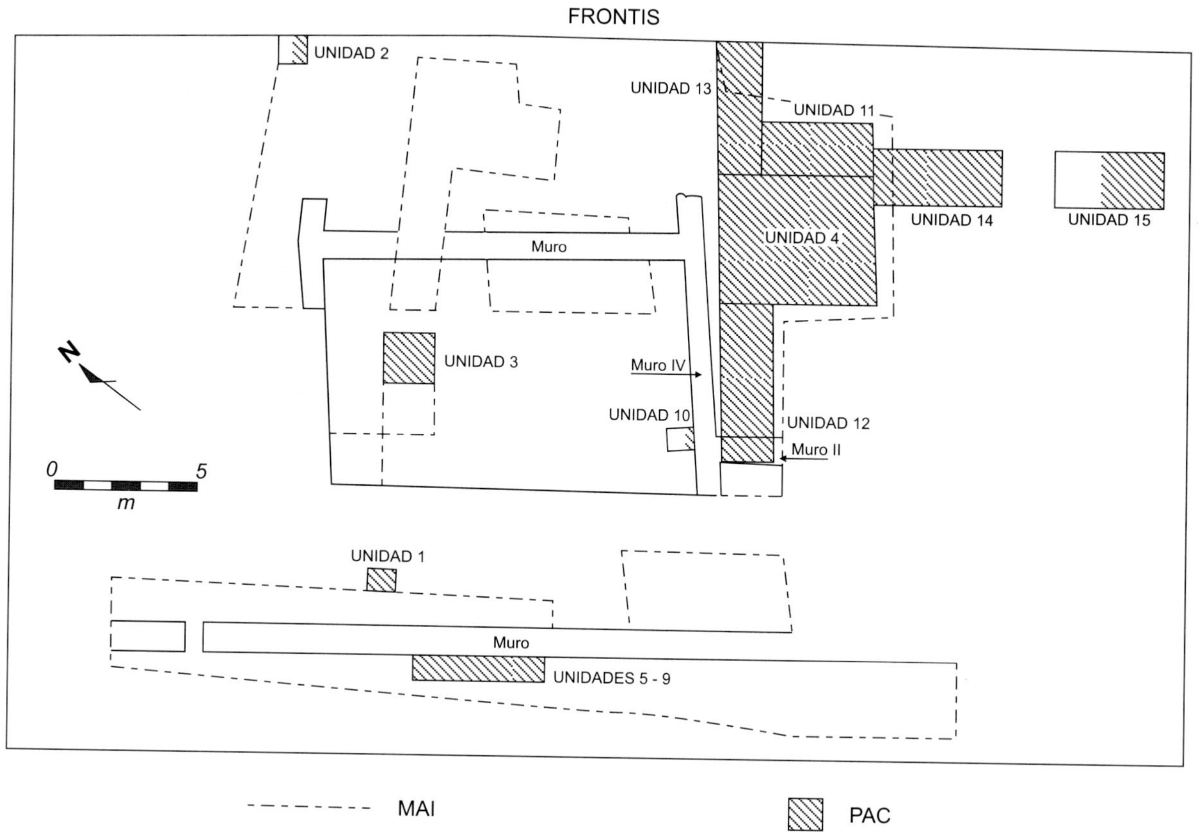

Fig.5.- Plano del Sector I mostrando unidades excavadas por el P.A.C. (1996 - 1997) y áreas excavadas por la M.A.I. hasta 1971.

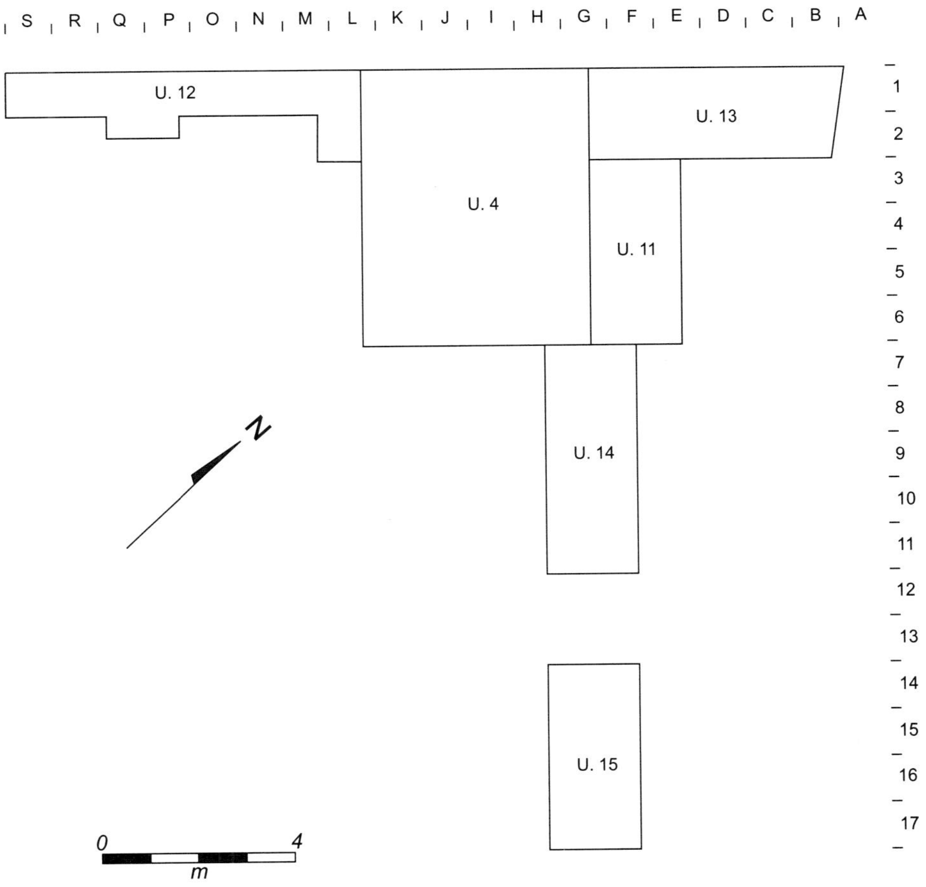

Fig.6.- Plano de unidades de excavación del Recinto 105 mostrando las notaciones de unidades y cuadrículas.

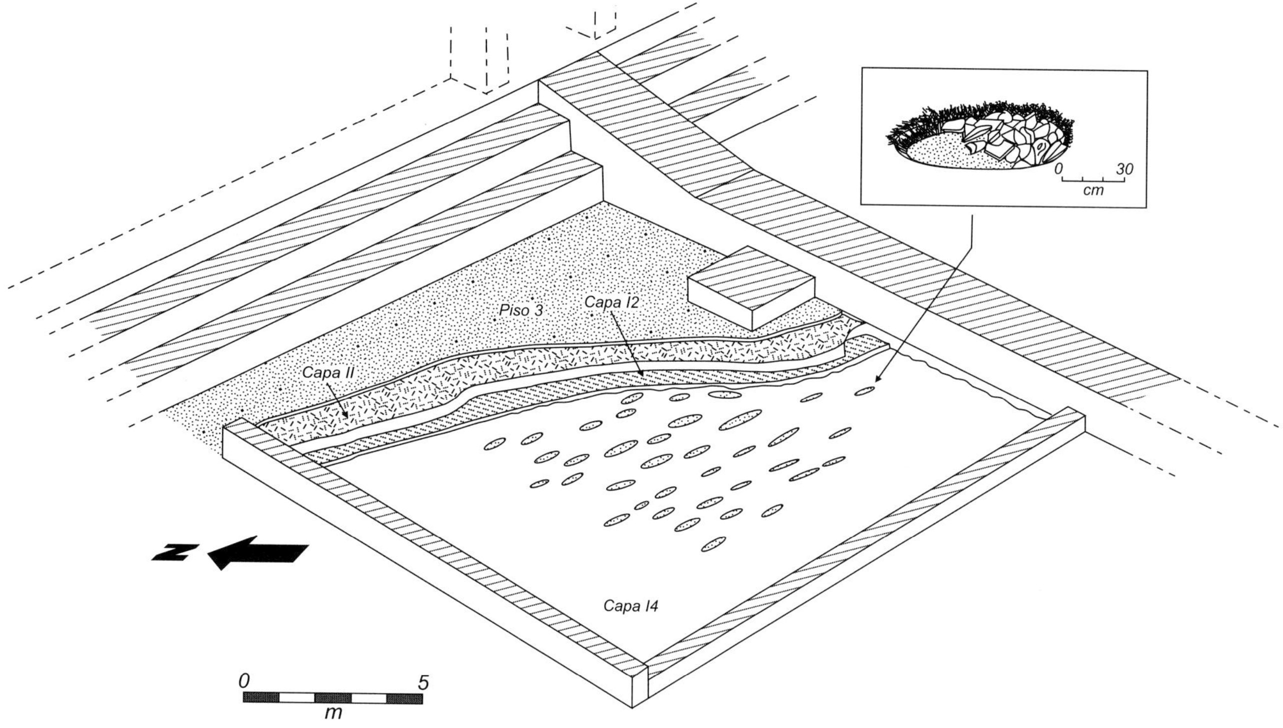

Fig.7.- Dibujo isométrico (reconstrucción hipotética) del Recinto 105 mostrando los pozos y depresiones de la Fase CI clausurados por la Fase CII. En el recuadro superior derecho se representa un contexto ideal relleno con fragmentos de cerámica.

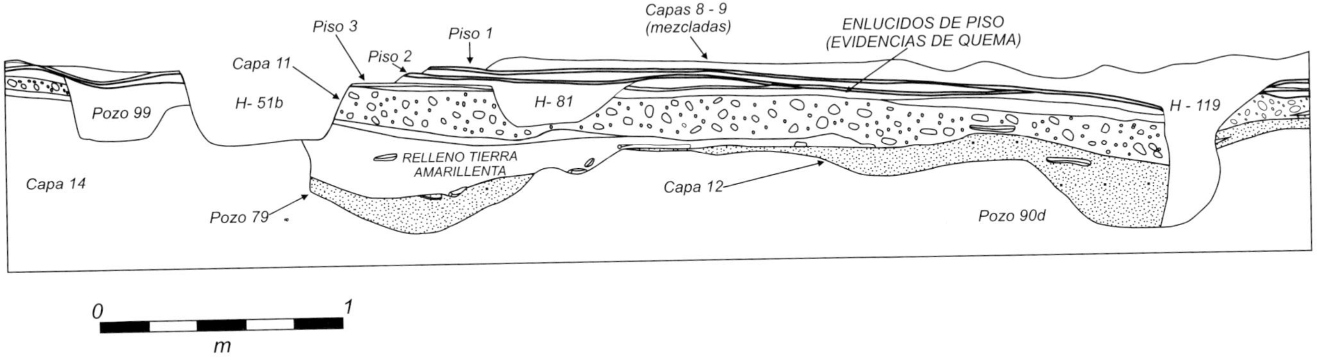

Fig.8.- Dibujo de perfil estratigráfico Nordeste de la U. Exc. 4. Recinto 105 - Conjunto J. C. Tello.

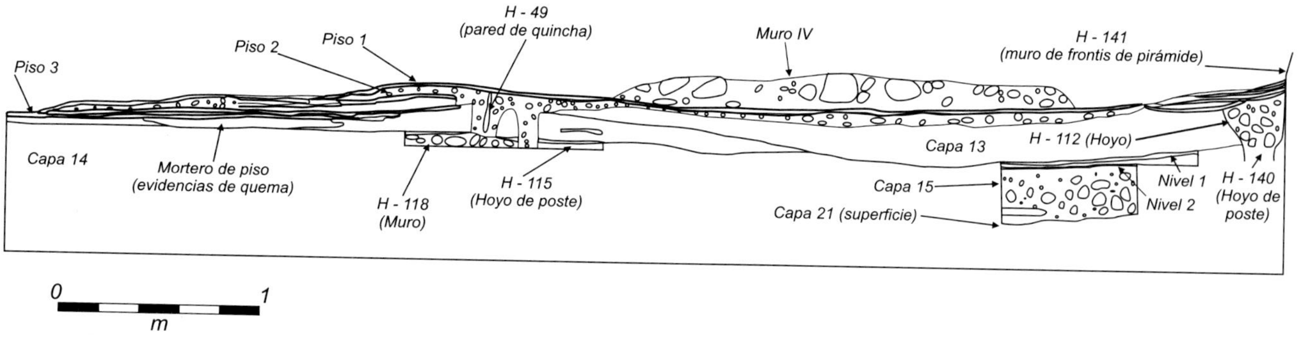

Fig.9.- Dibujo del perfil estratigráfico Nordeste de la U. Exc. 13. Recinto 105 - Conjunto J.C.Tello.

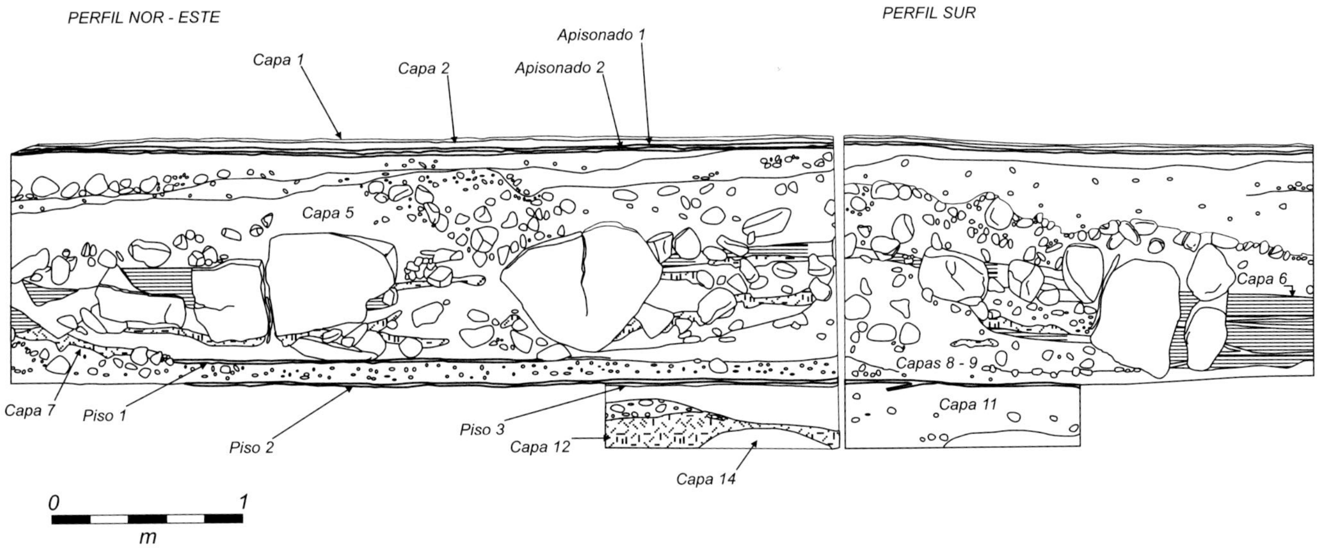

Fig.10.- Dibujo de los perfiles estratigráficos Nordeste y Sur de la U. Exc. 14. Recinto 105 - Conjunto J .C. Tello.

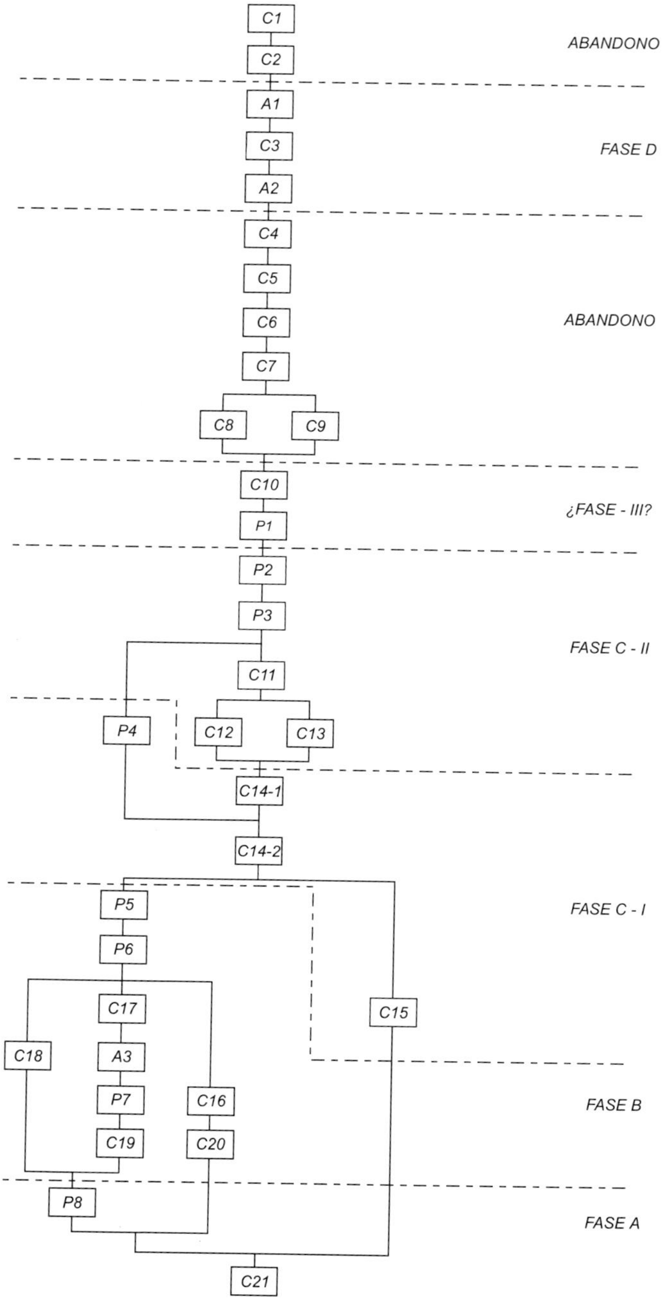

Fig.11.- Matriz de Harris presentando la secuencia estratigráfica del Recinto 105, Conjunto Julio C. Tello. C=Capa, A= Apisonado, P=Piso.

Fig. 12.- Huellas de pisadas humanas sobre una superficie de *yapana* expuestas en la Unidad de Exc. 2, Sector I.

Fig. 13.- Muro de tapias H-108 expuesto en la Unidad de Exc. 12.

Fig. 14.- Piso 6 expuesto en la Unidad de Exc. 12. Las hendiduras y grietas que presenta se deben al material de relleno poco consolidado sobre el que fue construido.

Fig. 15.- Restos de muro H-110 en la Unidad de Exc. 12. La flecha ha sido colocada sobre el Piso 5 que es contemporáneo con el muro.

Fig. 16.- Restos del muro H-118 en la Unidad de Exc. 13. Se observa parte del Piso 6 muy deteriorado.

Fig. 17.- Muro de tapias H-129 debajo del muro de acceso epimural H-120.

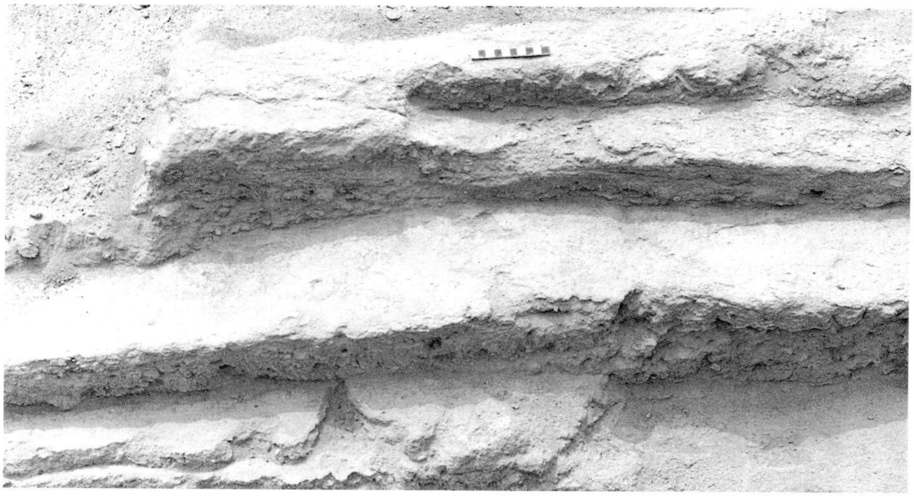

Fig. 18.- Porción de Capa 14 mostrando al menos dos niveles de barro superpuestos. Debajo de ellos se observa el Piso 5.

Fig. 19.- Muro H-141 asociado a la Capa 14. Este muro constituye parte del primer frontis de la Pirámide Tello.

Fig. 20.- Acceso epimural H-120 durante los primeros trabajos de excavación.
La fotografía ha sido tomada desde la base de la pirámide hacia la parte central del Sector I.

Fig. 21.- Restos de muro destruido H-105 expuesto en la Unidad de Exc. 12.

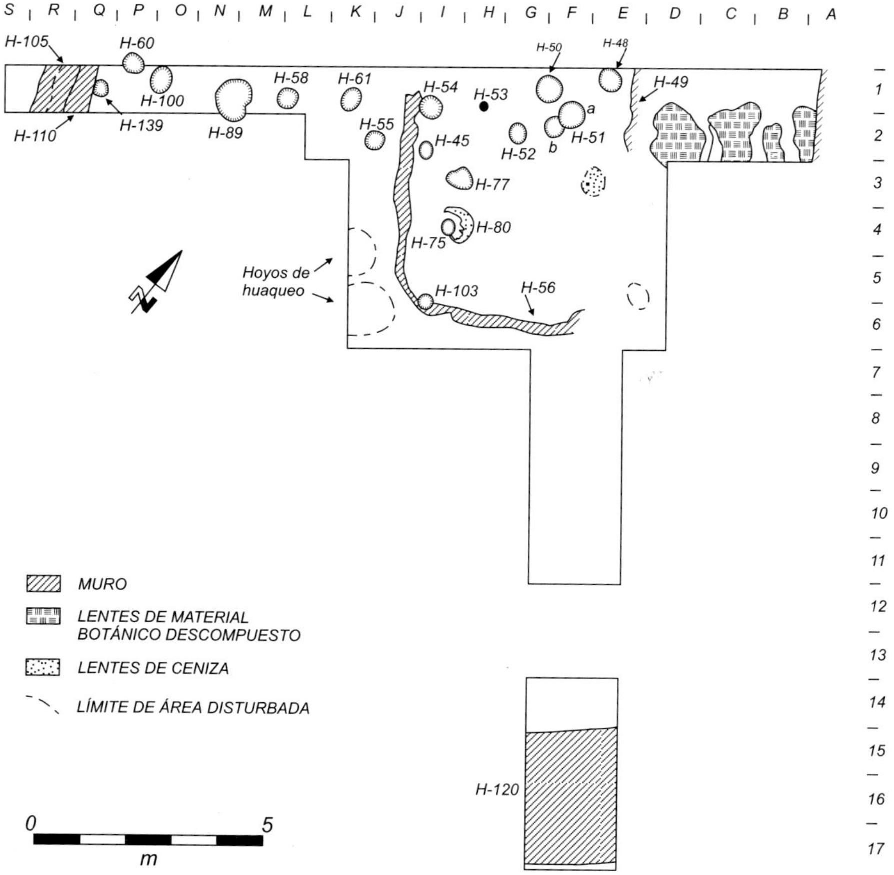

Fig. 22.- Plano de las Unidades excavadas en el R-105 mostrando los rasgos y elementos de la Fase C- II. Algunos rasgos intrusivos podrían corresponder a la Fase C-III. Una descripción breve de los mismos ha sido consignada en el apéndice A.

Fig. 23.- Piso 1 del R-105 mostrando algunos hoyos y pozos con desechos y material diverso.

Fig. 24.- Muros de tapias construidos probablemente entre fines del Horizonte Medio e inicios del Período Intermedio Tardío.

Fig. 25.- Escalinata rústica construída a base de bloques de *yapana* y basura de la Fase C-IV en el Sector I.

Fig. 26.- Vista general de pozos y depresiones (Capa 14) del R-105. Nótese los bordes de los pozos y compárese con la intrusión del hoyo de poste que aparece en primer plano.

Fig. 27.- Pozo 73 luego de retirar su contenido. Los bordes indican que el pozo no fue simplemente excavado sino que fue modelado o cuando menos cuidadosamente enlucido.

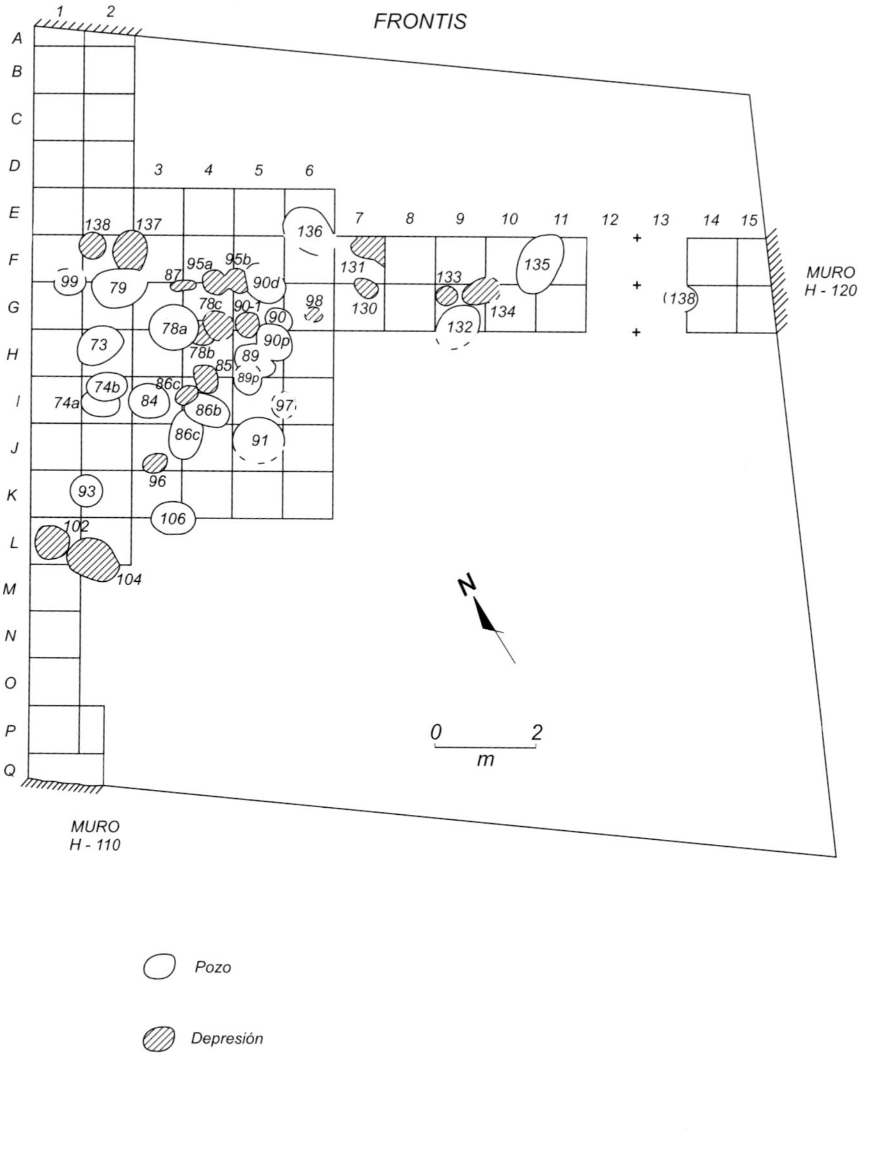

Fig.28.- Plano del Recinto 105 mostrando los pozos y depresiones de la Fase C-Ib.

Fig. 29.- Vista oblícua del pozo 73 mostrando evidencia de remodelación.

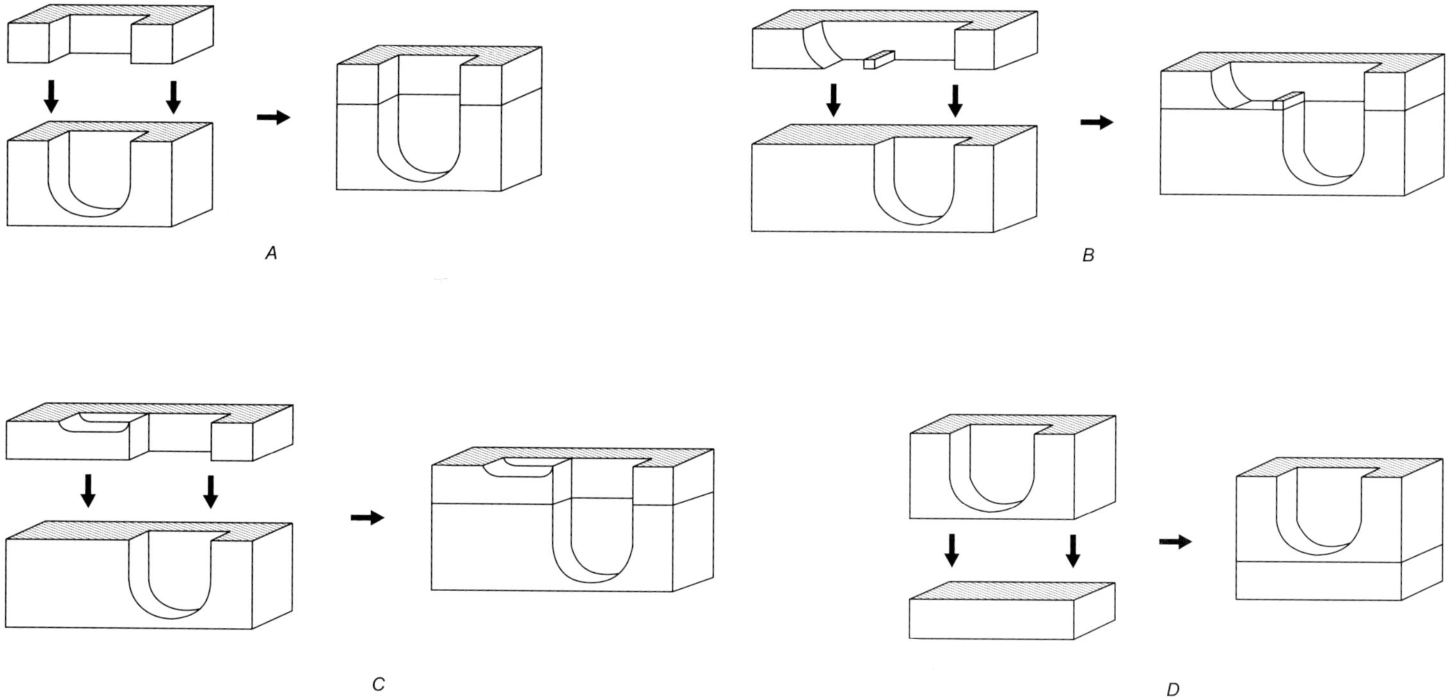

Fig.30.- Construcción de pozos y depresiones según variantes de superposición: A, superposición vertical; B, ampliación lateral a desnivel; C, superposición vertical y ampliación lateral; D, sin ampliación.

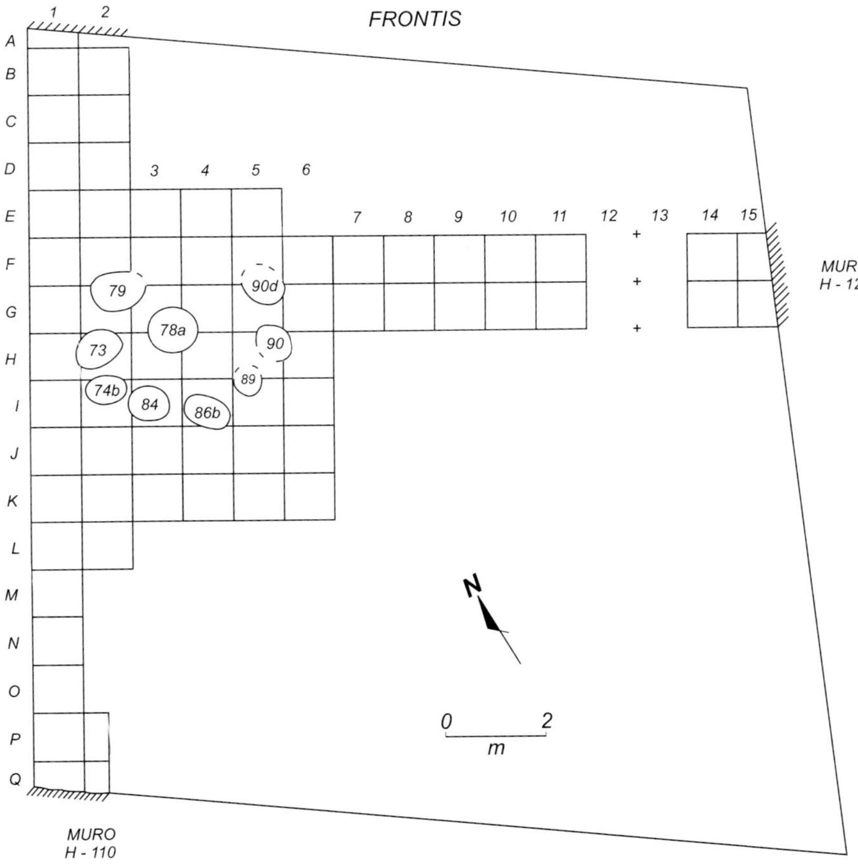

Fig.31.- Plano del Recinto 105 mostrando los pozos de la Fase C-Ia.

Fig. 32.- Depresión 102 sumamente deteriorada.

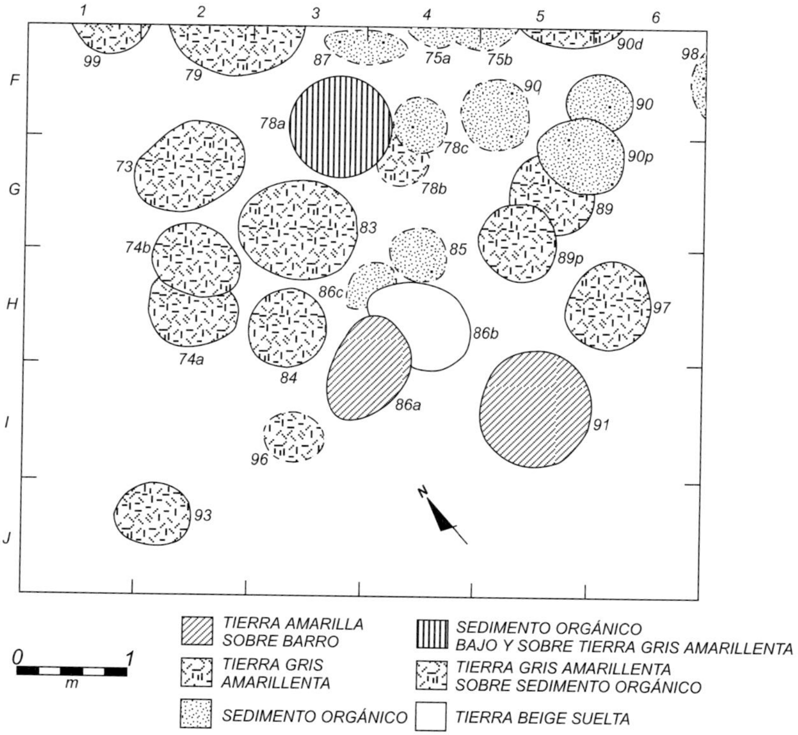

Fig. 33.- Plano de la U. Exc. 4 mostrando algunos pozos y depresiones con relleno diferenciado.

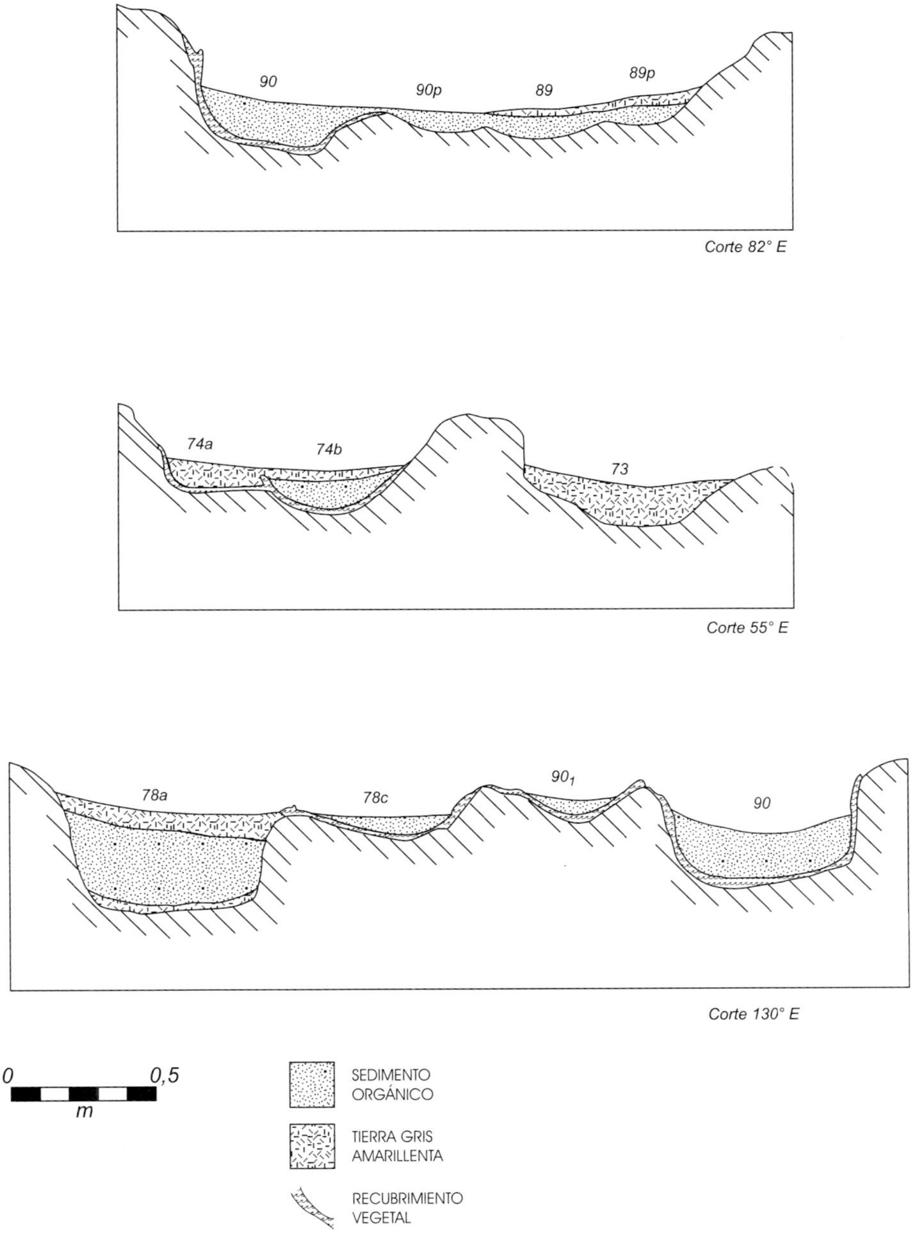

Fig. 34.- Dibujo de corte de algunos contextos de la U. Exc. 4 mostrando forma de perfil y rellenos.

Fig. 35.- Fragmentos de mano de moler provenientes del pozo 90.

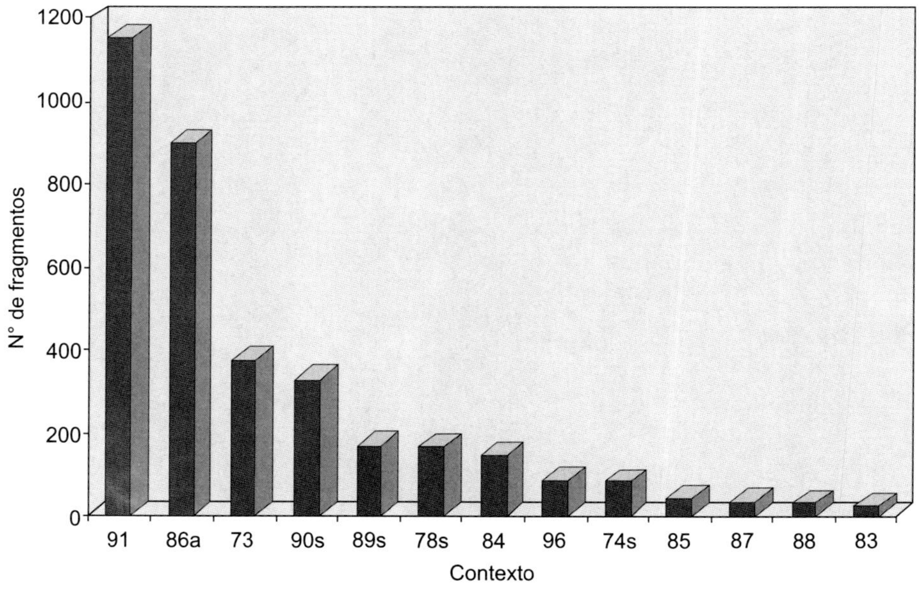

Fig. 36.- Cantidad de fragmentos de cerámica por contexto o conjunto de contextos.

Fig. 37.- Vista a media altura del R-105 durante los trabajos de excavación. Se observan los pozos y depresiones rellenos y cubiertos de cerámica.

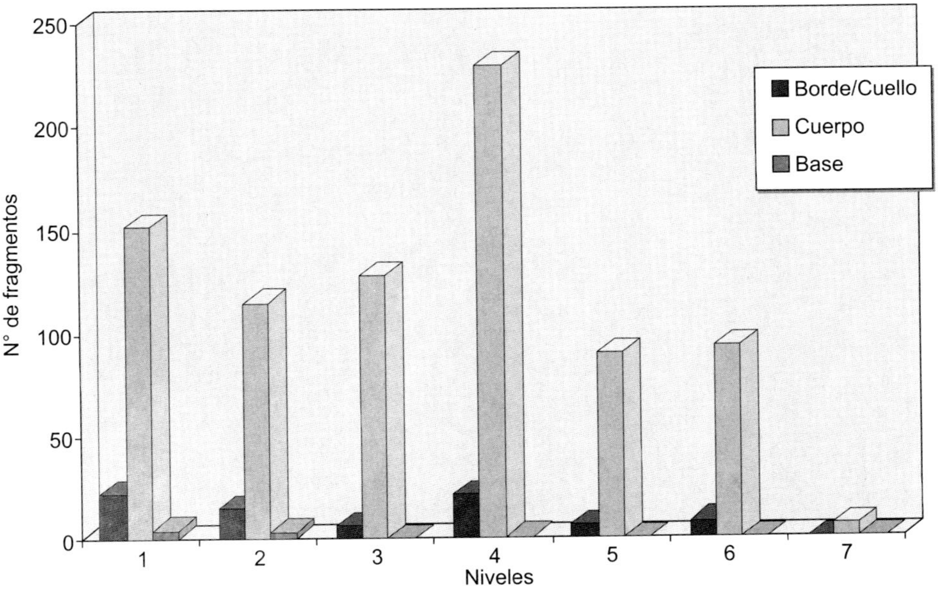

Fig. 38.- Cantidad y tipo de fragmentos de cerámica por niveles en Pozo 86a.

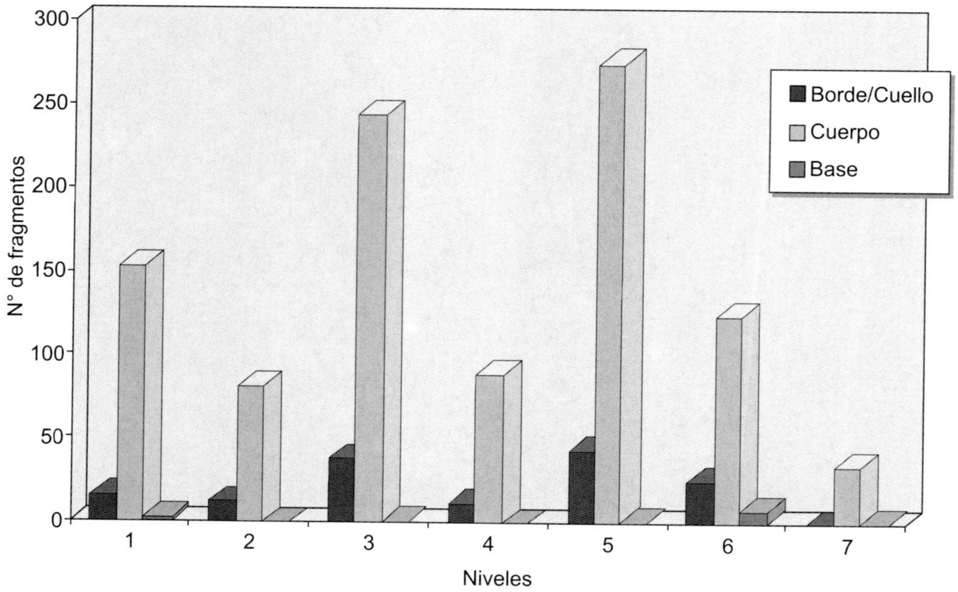

Fig. 39.- Cantidad y tipo de fragmentos de cerámica por niveles en Pozo 91.

Fig. 40.- Pozo 86a (primer plano) mostrando los fragmentos de cerámica del Nivel 5 recubiertos con arcilla. En segundo plano, el pozo 86b muestra sólo un bloque de *yapana*.

Fig. 41.- Fragmentos de cerámica del pozo 86a. Obsérvese la película de arcilla sobre los fragmentos y el relleno de tierra.

Fig. 42.- Barro del pozo 86a con las improntas de los tiestos de cerámica que ya han sido retirados. El barro intruye parcialmente la matriz del pozo 86b contiguo.

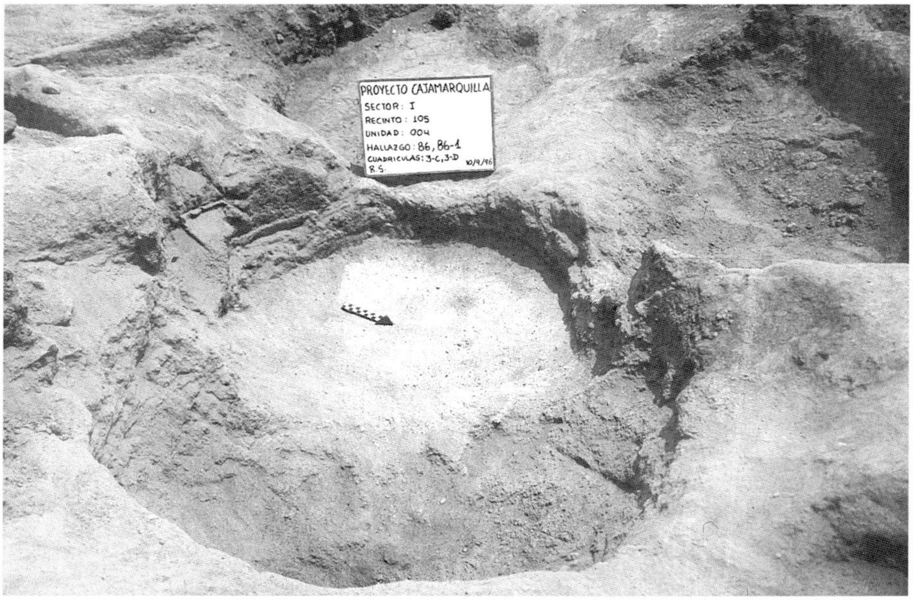

Fig. 43.- Lente de ceniza expuesto en el pozo 86a una vez que el barro ha sido retirado.

Fig. 44.- Pozo 91 mostrando los fragmentos de cerámica del Nivel 4.

Fig. 45.- Pozo 91 mostrando los fragmentos de cerámica del Nivel 3.

Fig. 46.- Pozo 91, Nivel 2. Adviértase la escala y el tamaño de los fragmentos de cerámica.

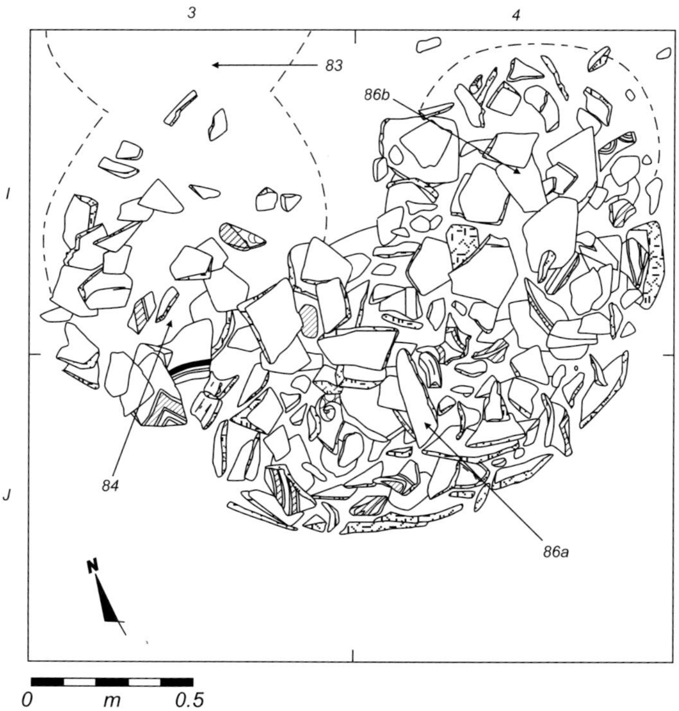

Fig. 47.- Dibujo de planta de los pozos 83,84 y 86a-b. Nivel 1. Los fragmentos de cerámica se disponen a veces como una capa de tiestos sobre varias matrices.

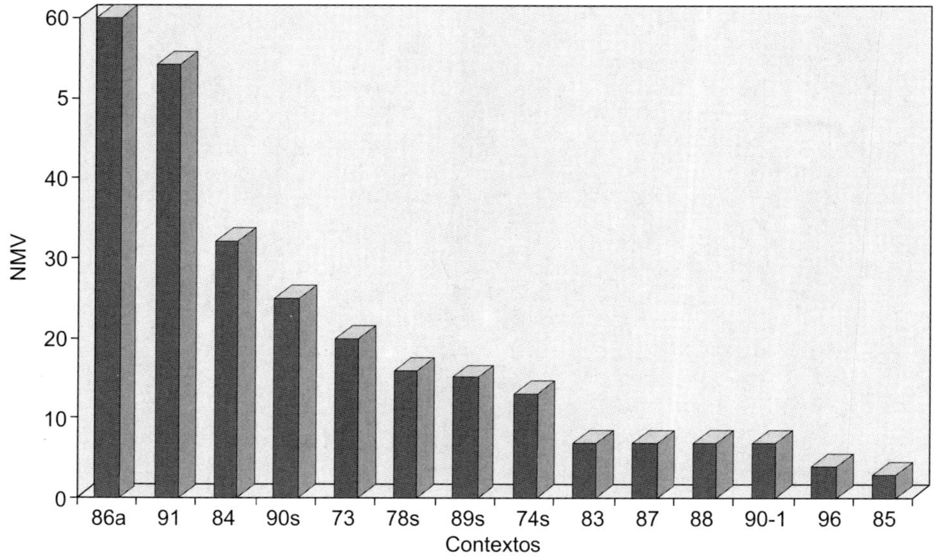

Fig. 48.- Distribución de número mínimo de vasijas (NMV) por contexto o conjunto de contextos.

Fig. 49.- Plato hondo (No. Reg. 1126) cocido en atmósfera reductora.

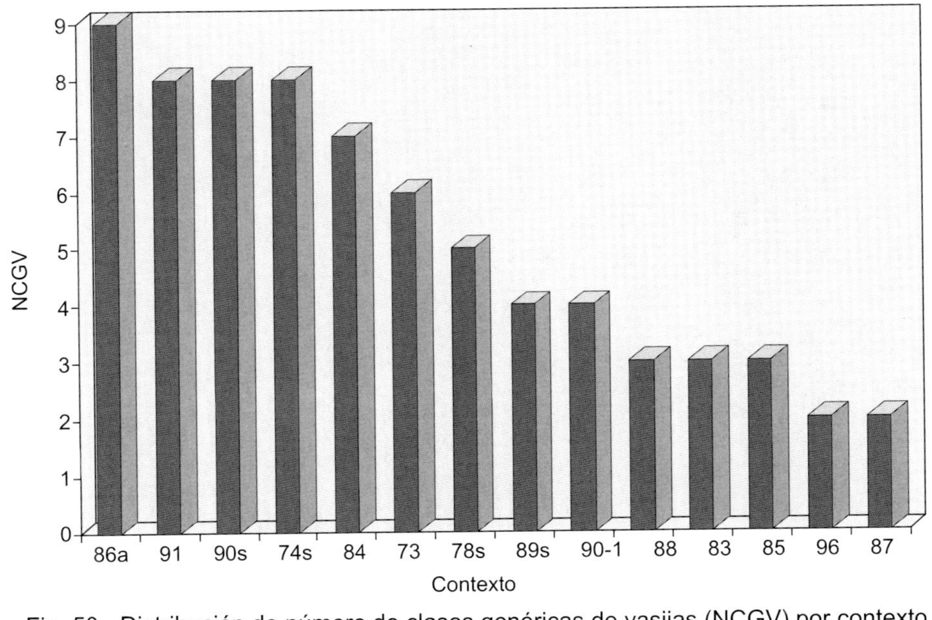

Fig. 50.- Distribución de número de clases genéricas de vasijas (NCGV) por contexto o conjunto de contextos.

CLAVE DE COLORES

Convención empleada en la representación de los materiales de cerámica.

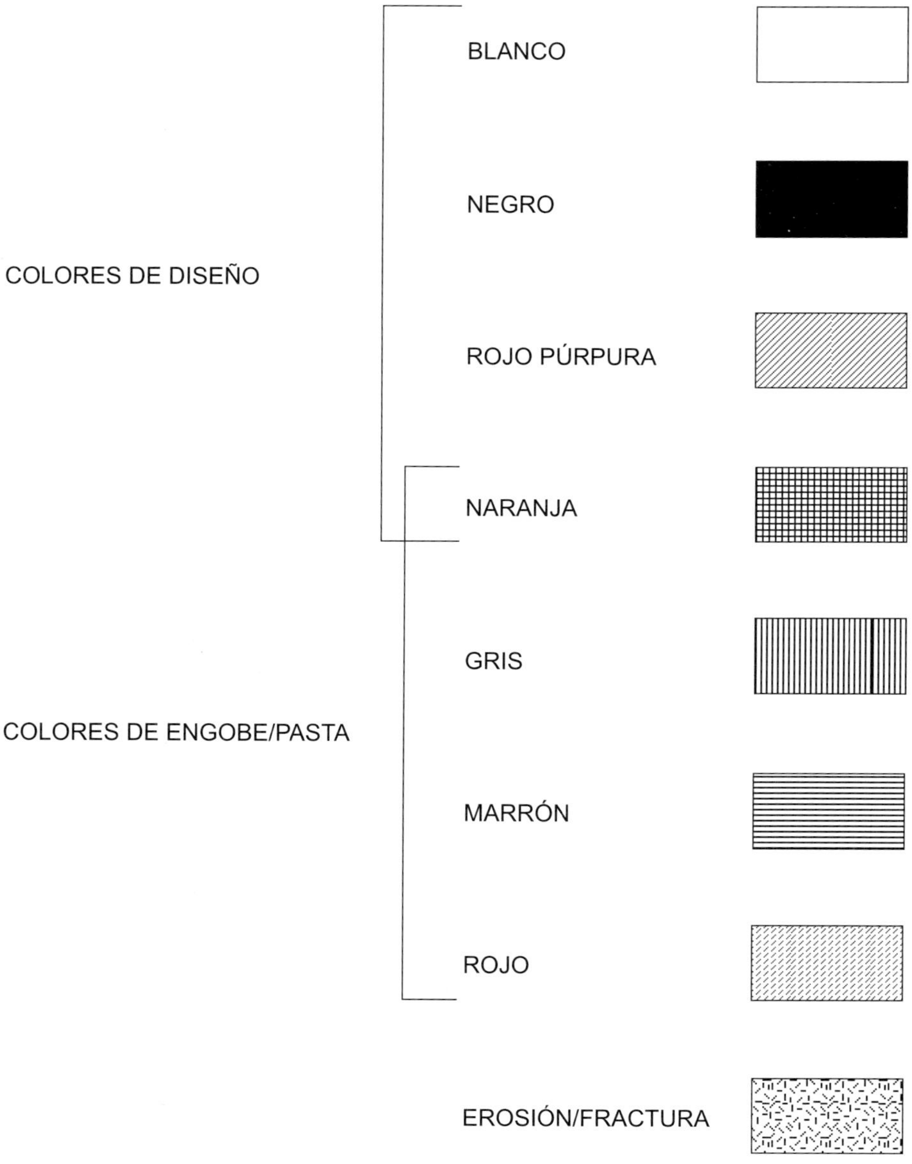

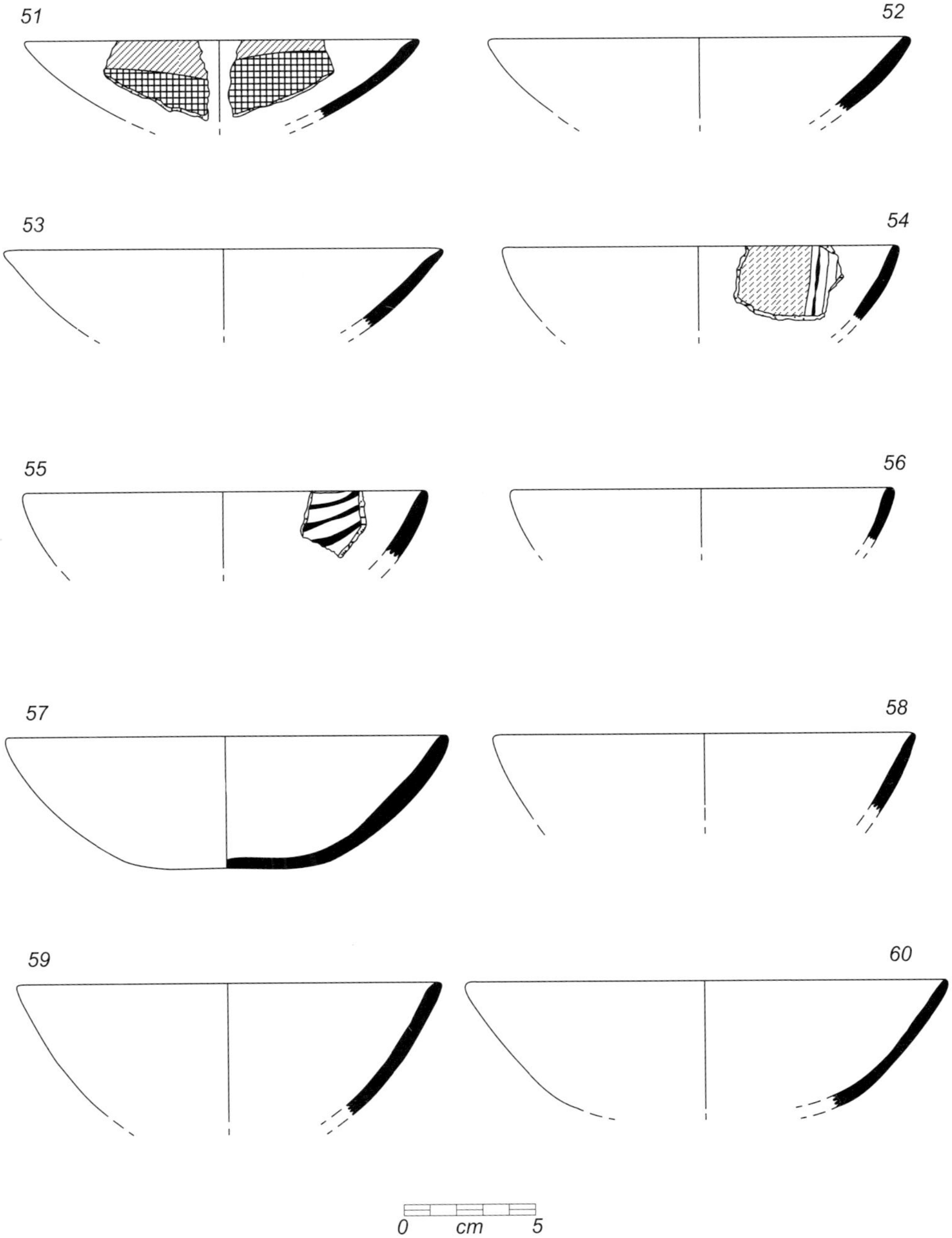

Fig. 51-53.- Platos simples. Fig. 54-60.- Platos hondos.

61

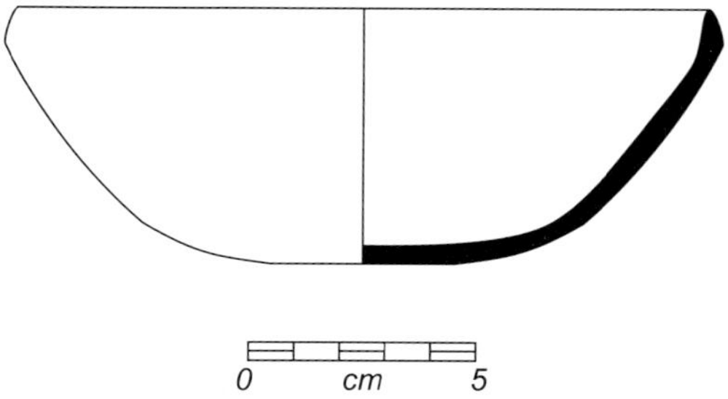

62

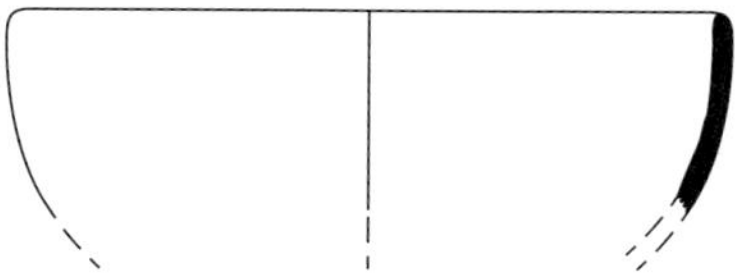

63

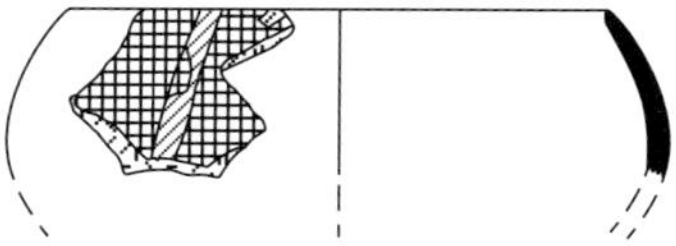

64

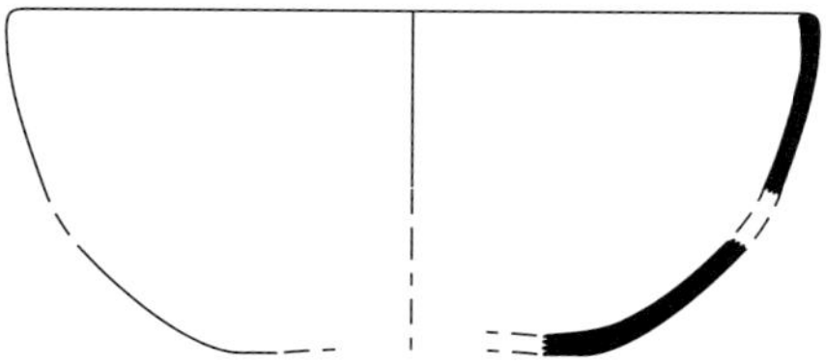

65

66

67

68

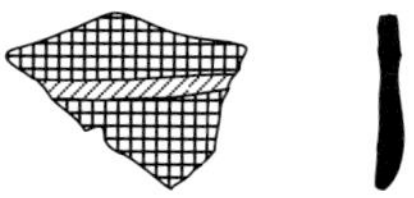

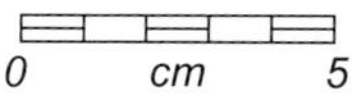

Fig. 61.- Plato hondo único. Figs. 62-64.- Cuencos. Fig. 65.- Plato/Cuenco, porción de base.
Figs. 66-68.- Botellas, fragmentos de cuerpo.

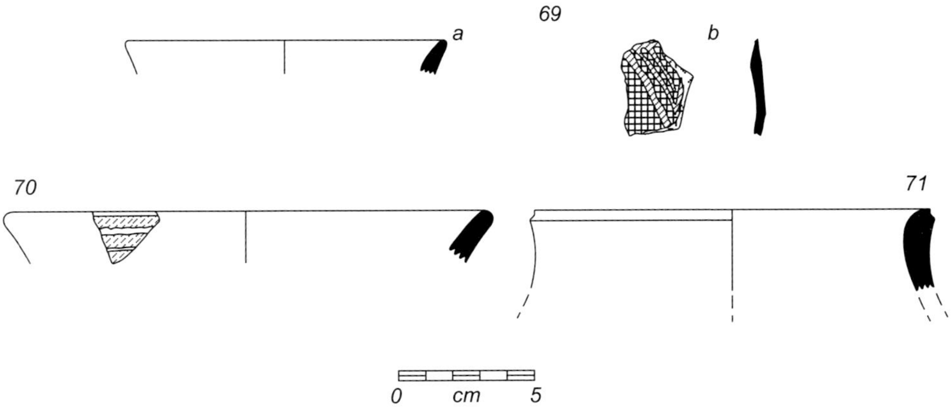

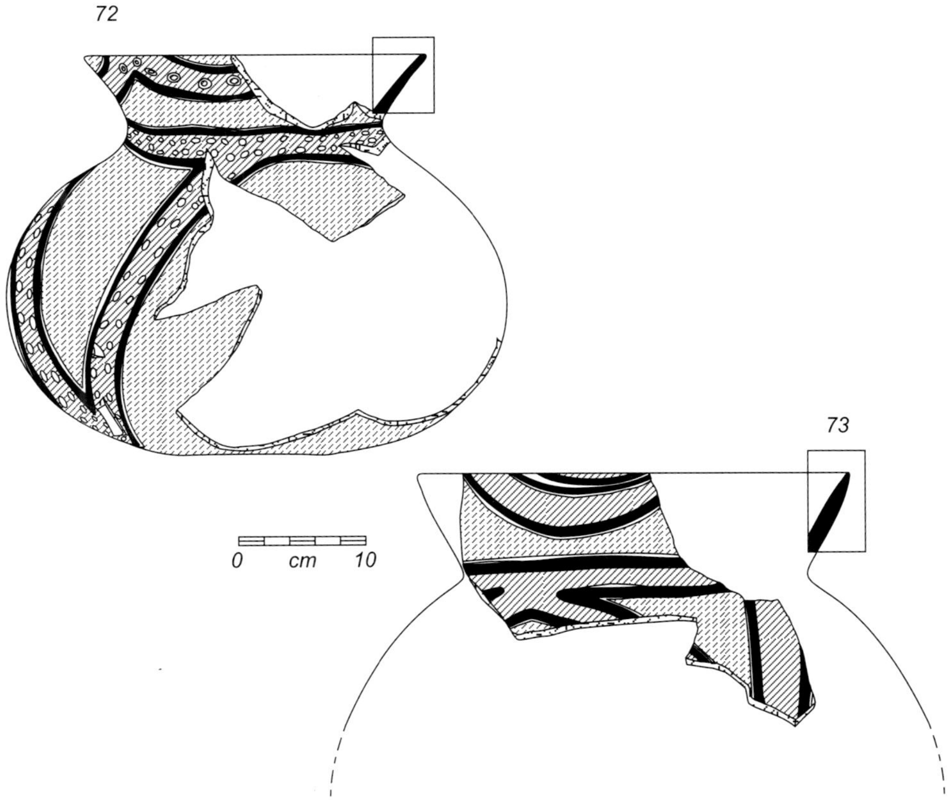

Figs. 69-71.- Ollas pequeñas con cuello. Figs. 72-73.- Ollas medianas con cuello recto.

74

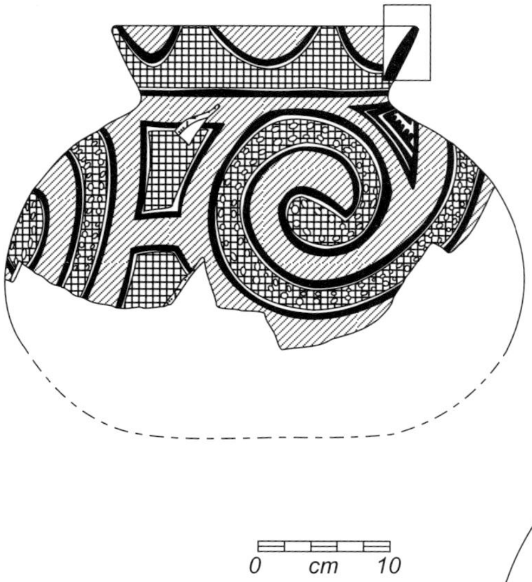

75

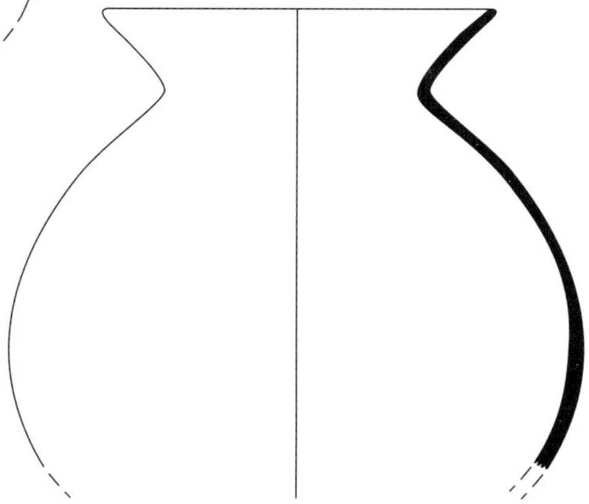

76

a

b

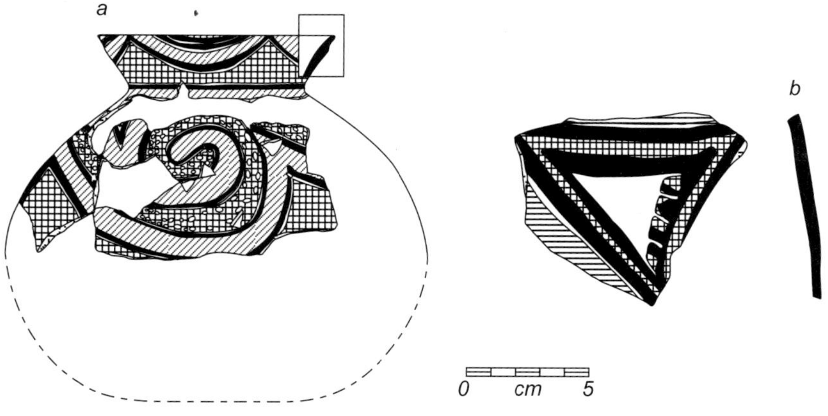

Figs. 74-76.- Ollas medianas con cuello recto.

77

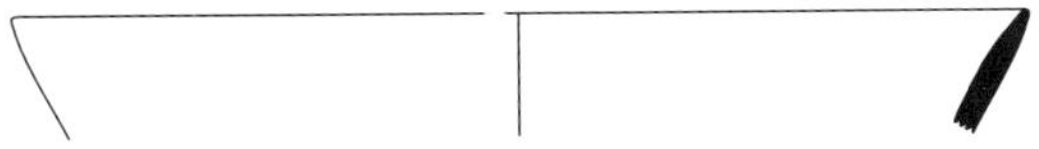

78

0 cm 5

79

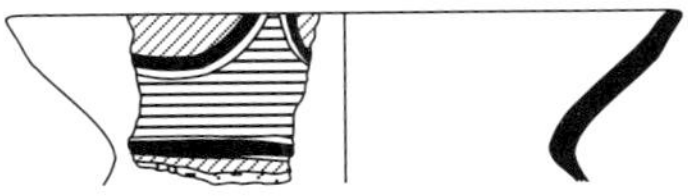

80

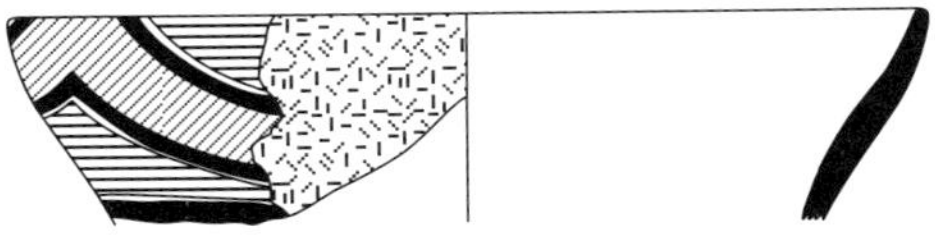

0 cm 5

81

a

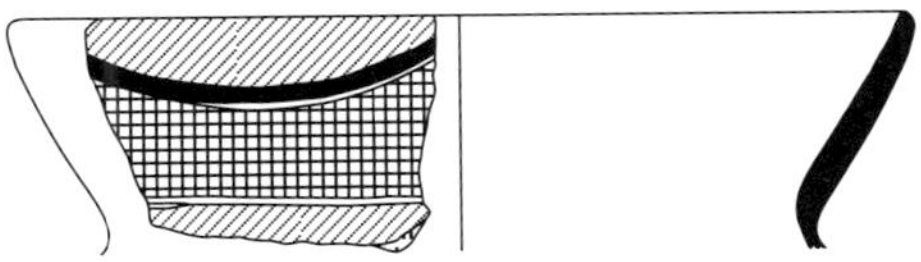

0 cm 5

b

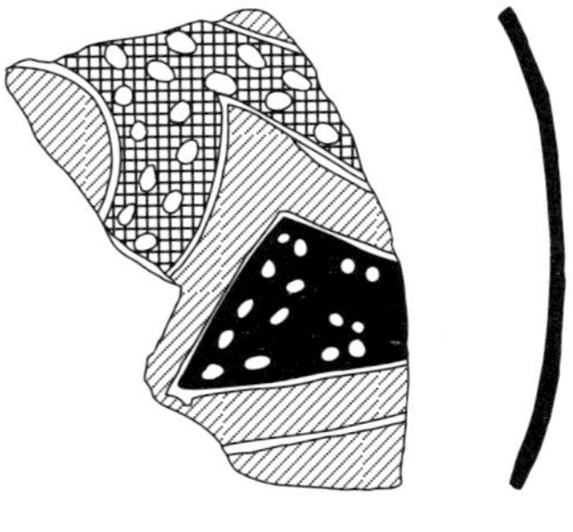

0 cm 5

82

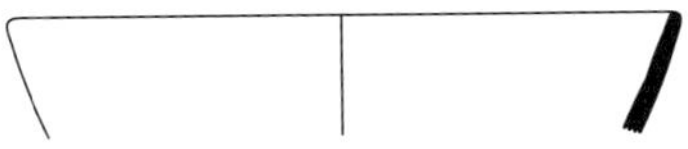

83

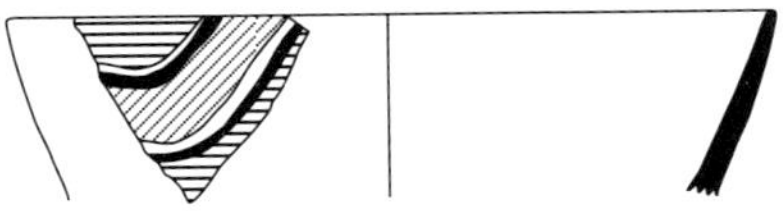

0 cm 5

Figs. 77-78.- Ollas medianas con cuello recto.
Figs. 79-83.- Ollas medianas con cuello ligeramente convexo.

84 85

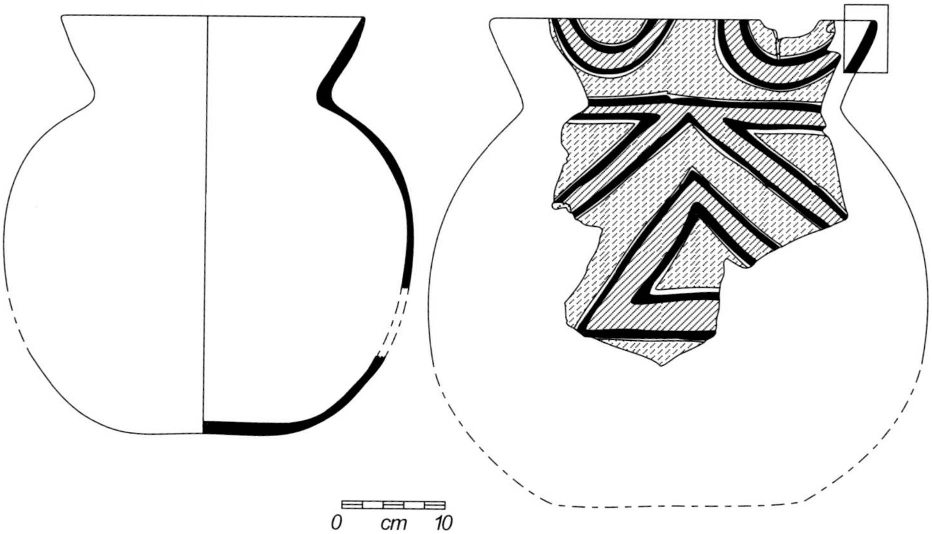

86

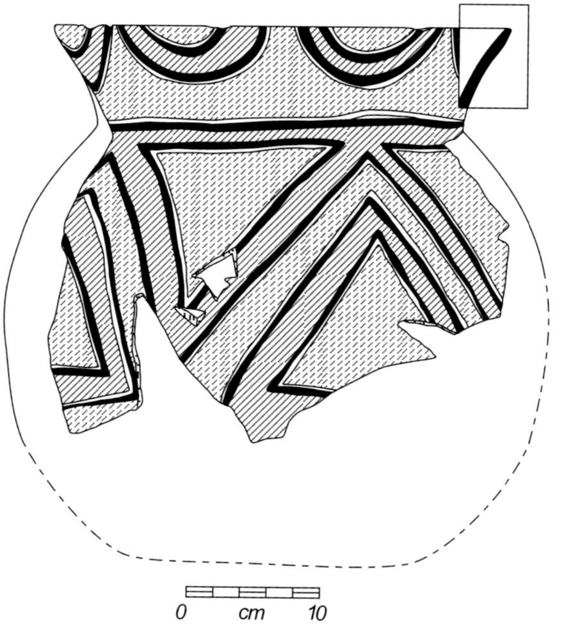

Figs. 84-85.- Ollas medianas con cuello ligeramente convexo.
Fig. 86.- Olla mediana con cuello cóncavo.

87

88

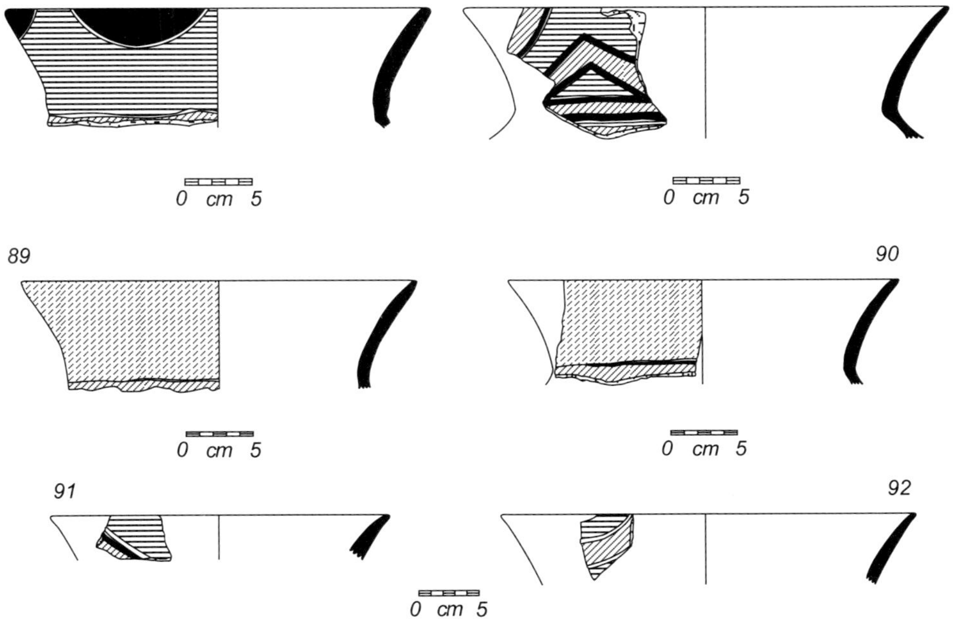

93

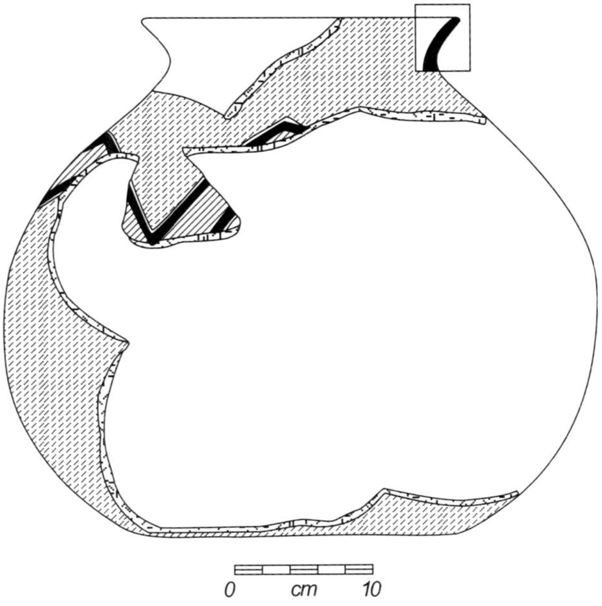

Figs. 87-92.- Ollas medianas con cuello cóncavo.
Fig. 93.- Olla mediana con cuello cóncavo y corto.

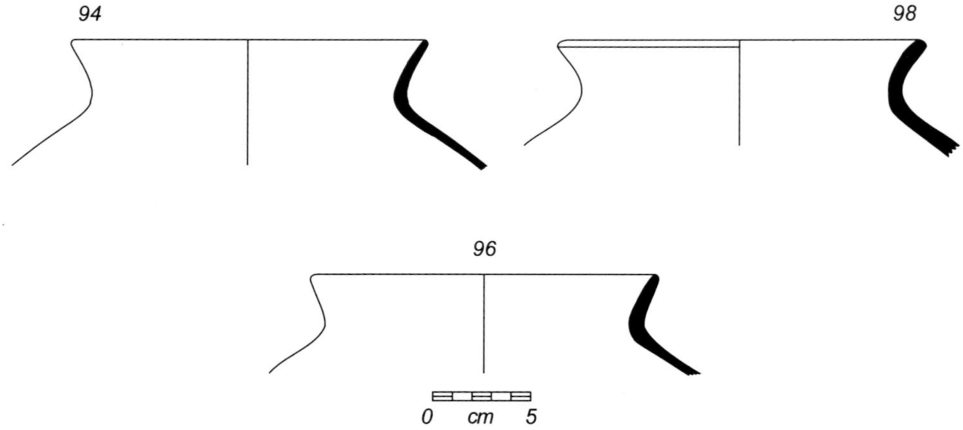

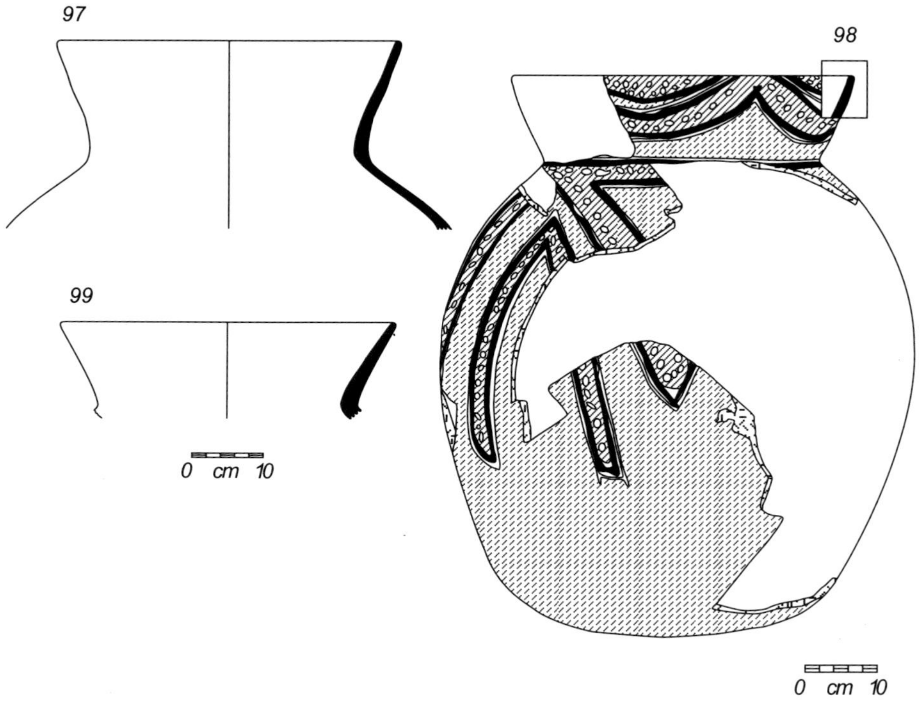

Figs. 94-96.- Ollas medianas con cuello cóncavo y corto.
Figs. 97-99.- Ollas grandes con cuello.

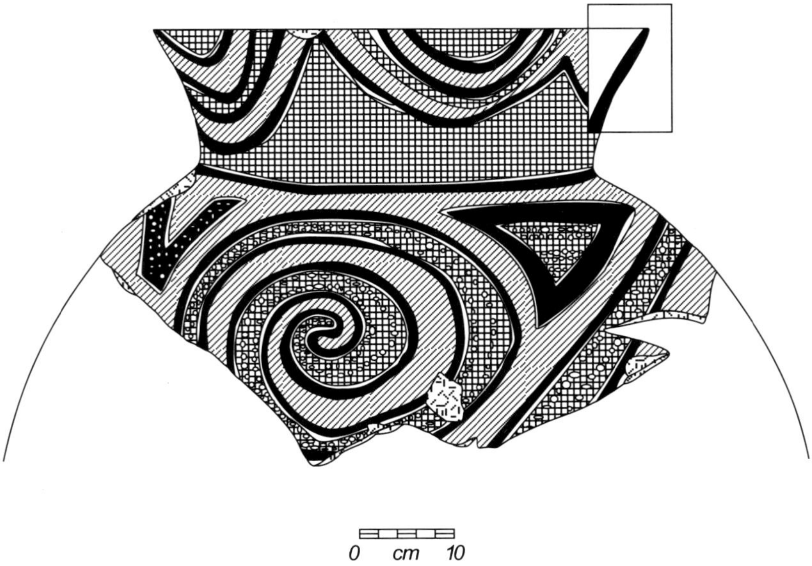

Fig. 100.- Olla grande con cuello.

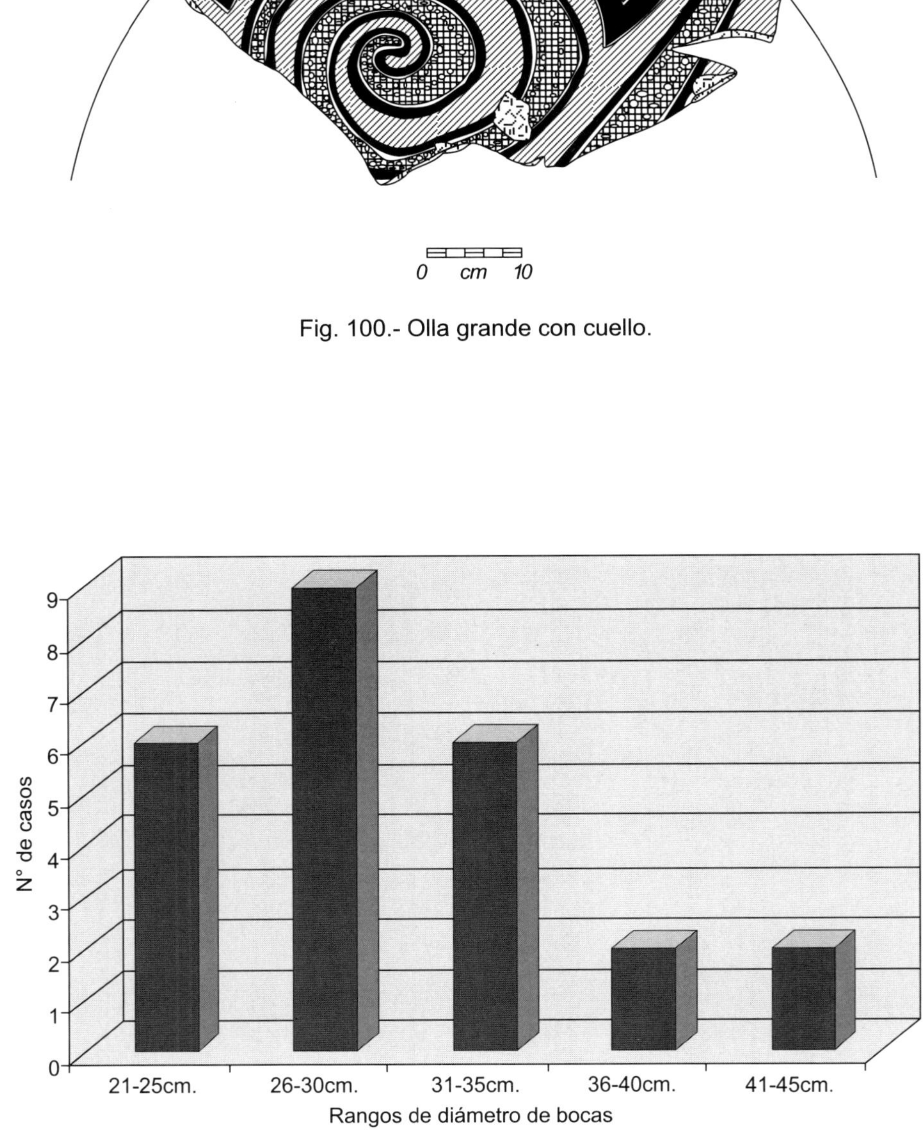

Fig. 101.- Distribución de ollas medianas con cuello según rangos de diámetro de boca.

102

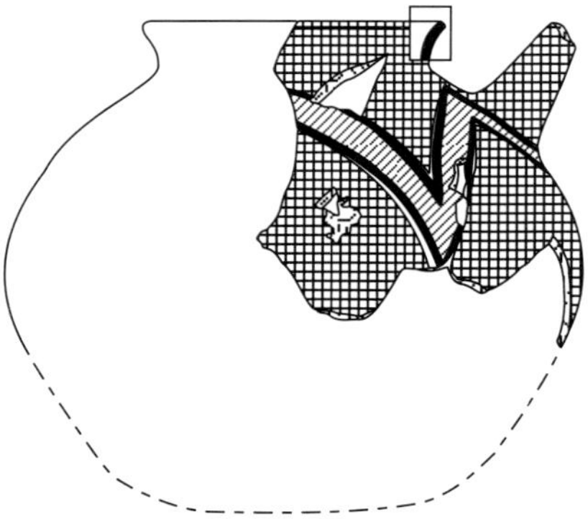

103

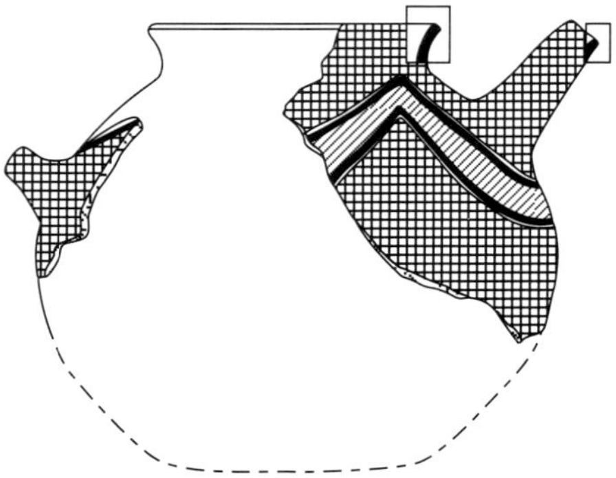

104

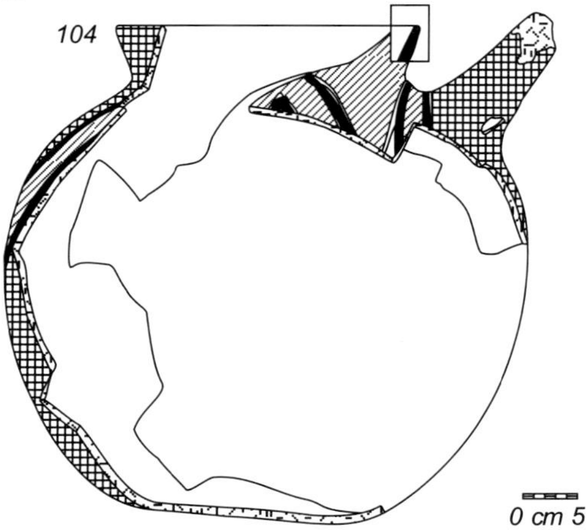

0 cm 5

105

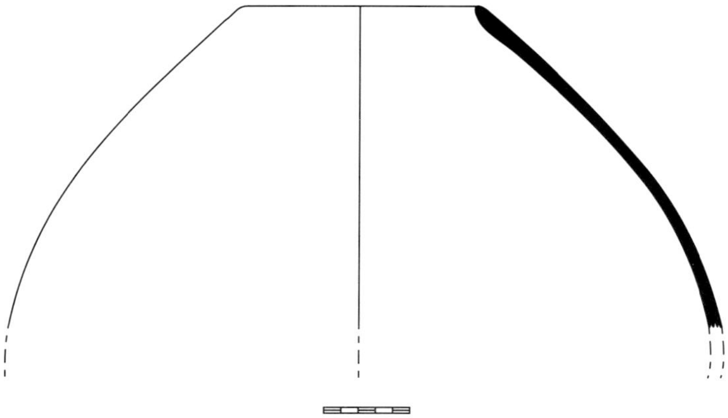

0 cm 5

Figs. 102-104.- Ollas medianas con vertedera. Fig. 105.- Olla mediana sin cuello.

106

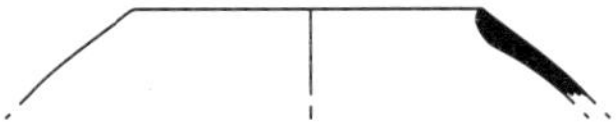

107

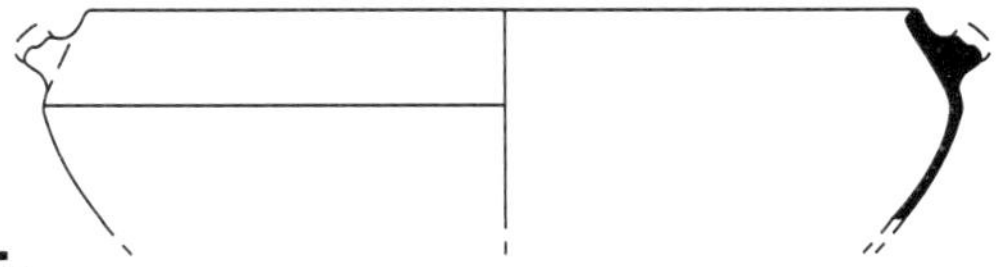

108

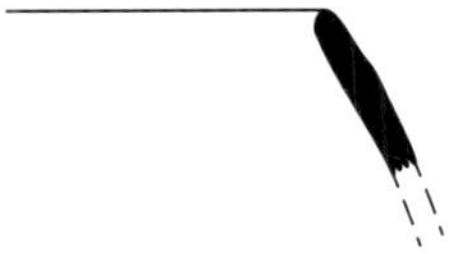

109

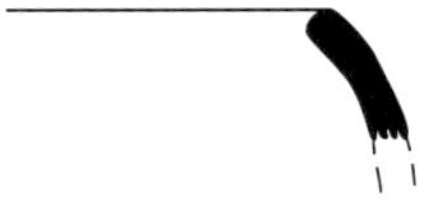

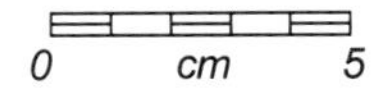

110

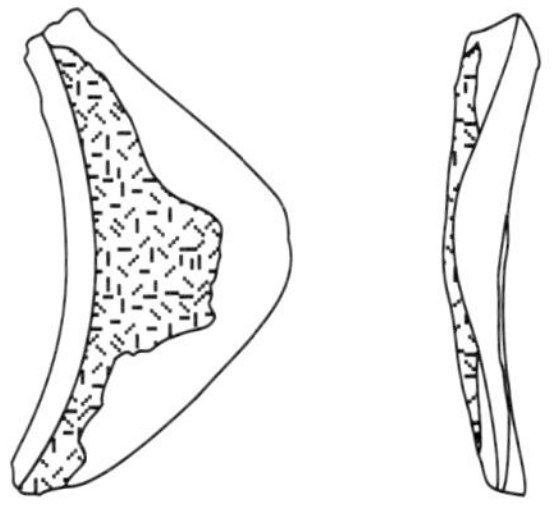

111

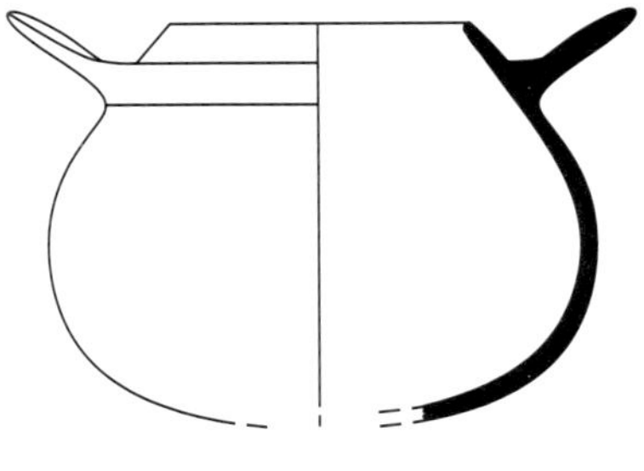

112

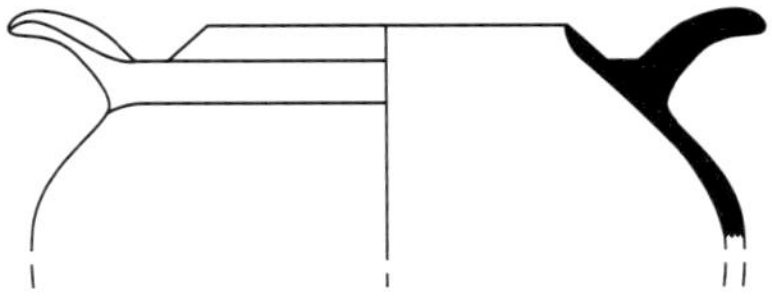

113

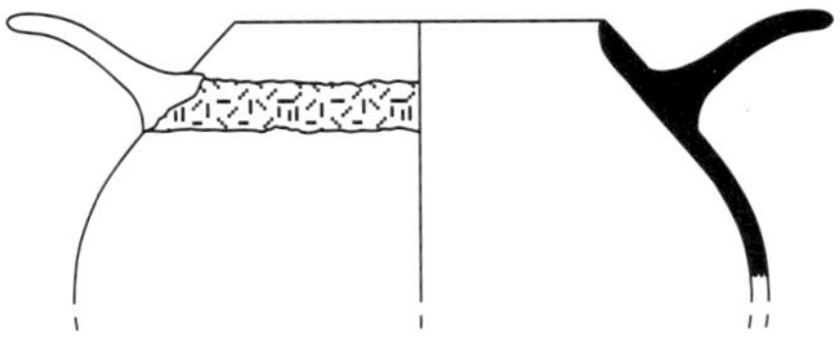

114

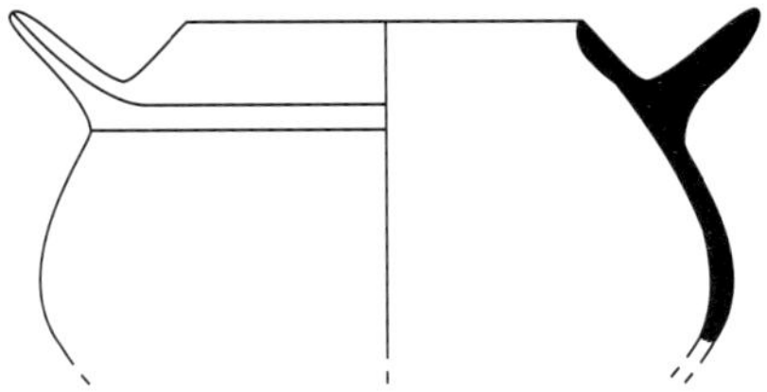

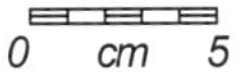

Figs. 106-107.- Ollas medianas sin cuello. Figs. 108-114.-Ollas pequeñas sin cuello.

115

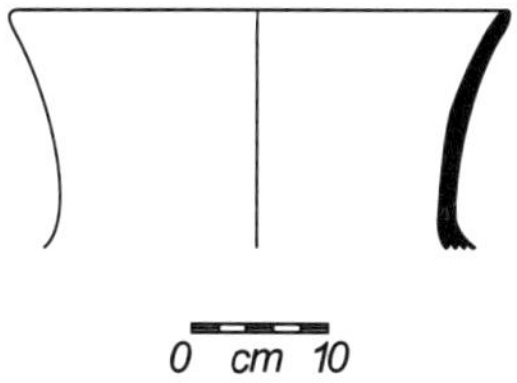

116

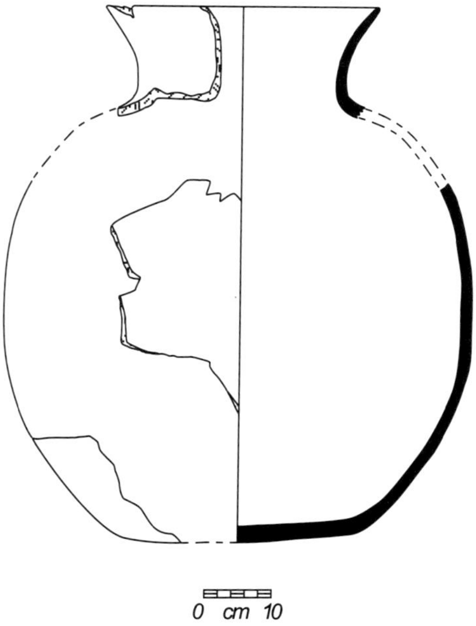

117

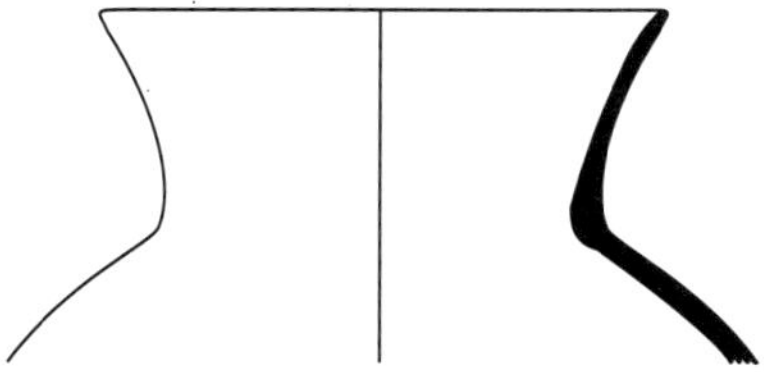

118

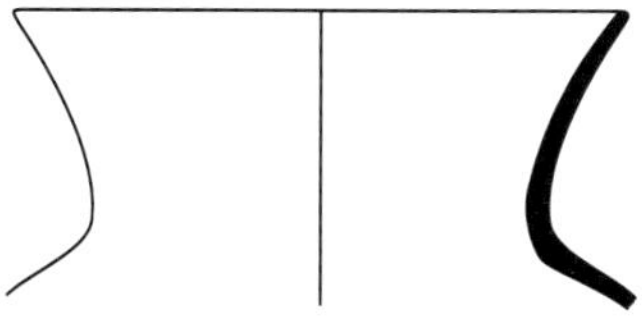

119

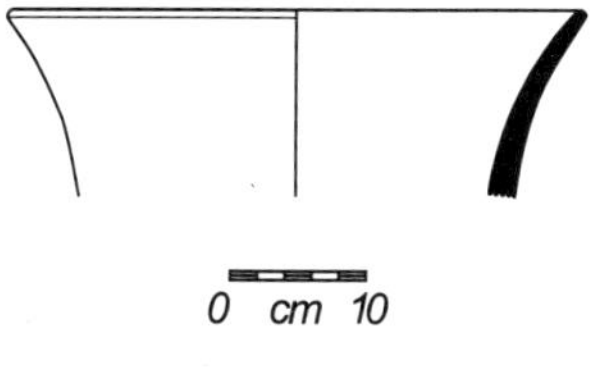

120

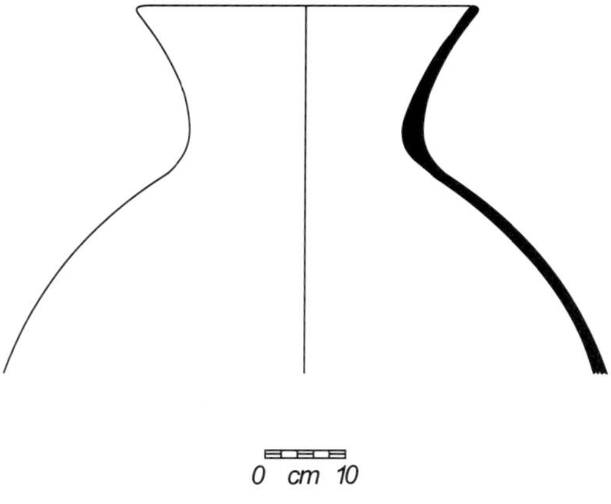

121

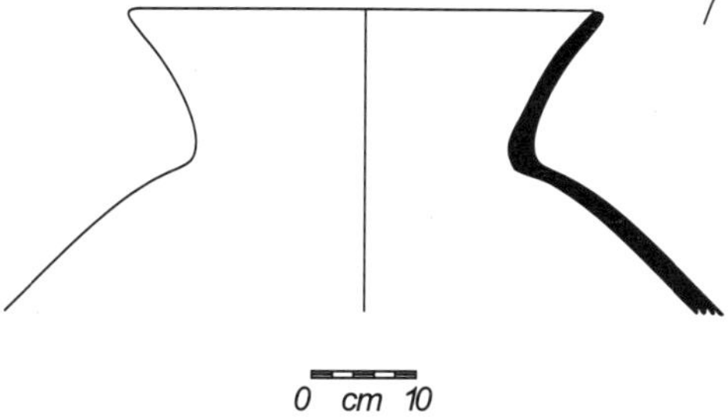

Figs. 115-121.- Cántaros grandes con cuello.

122

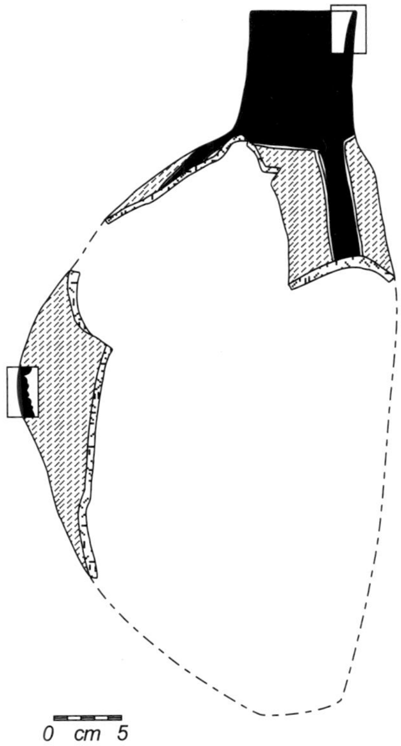

124

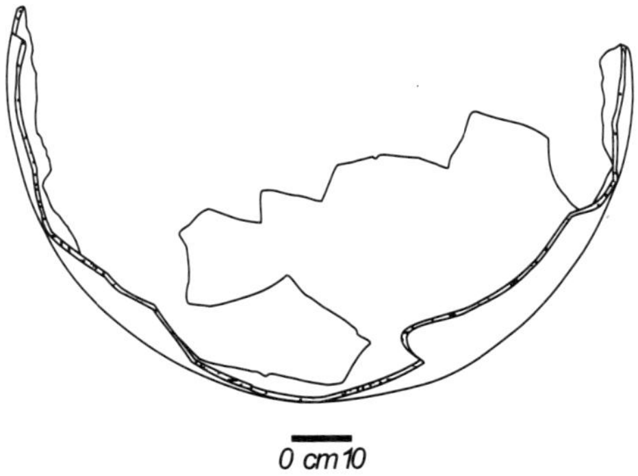

125

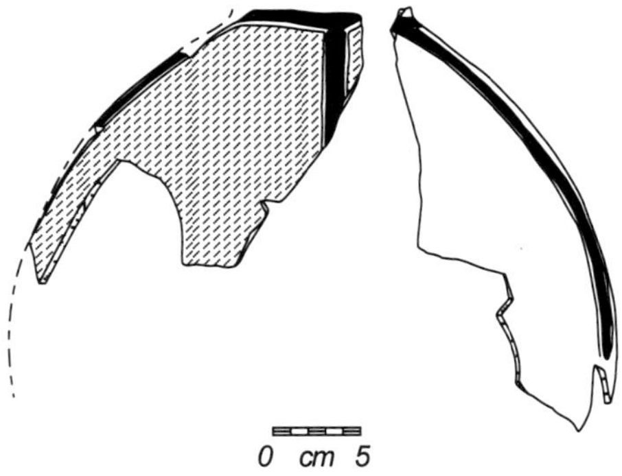

123

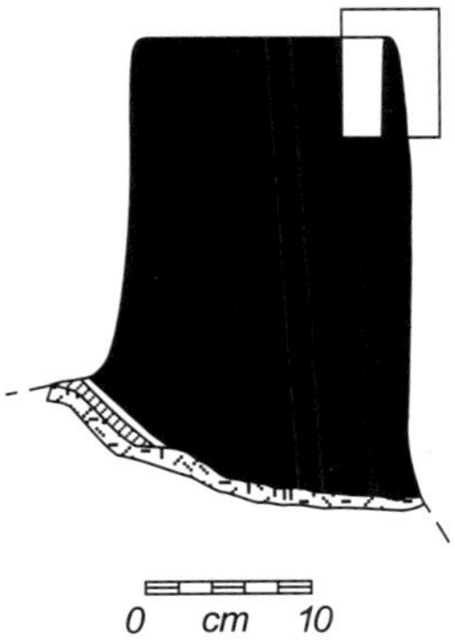

126

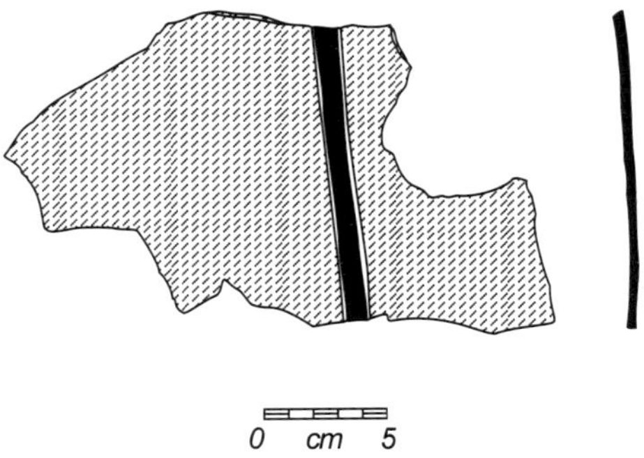

Figs. 122-126.- Cántaros mamiformes.

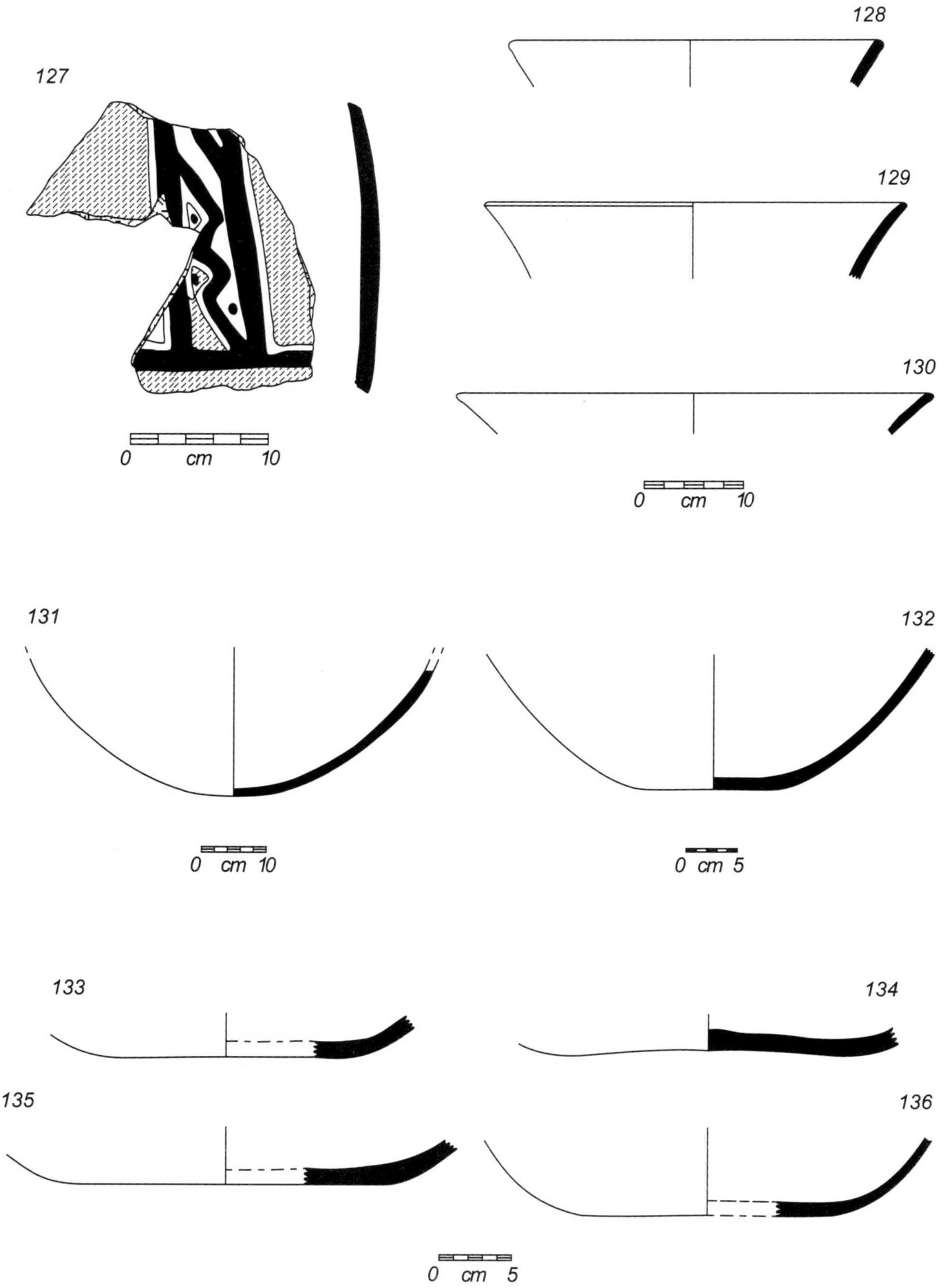

Fig. 127.- Cántaro mamiforme. Figs. 128-130.- Ollas/Cántaros medianos, cuellos. Figs. 131-132.- Ollas/Cántaros grandes, bases. Figs. 133-136.- Ollas/Cántaros medianos, bases.

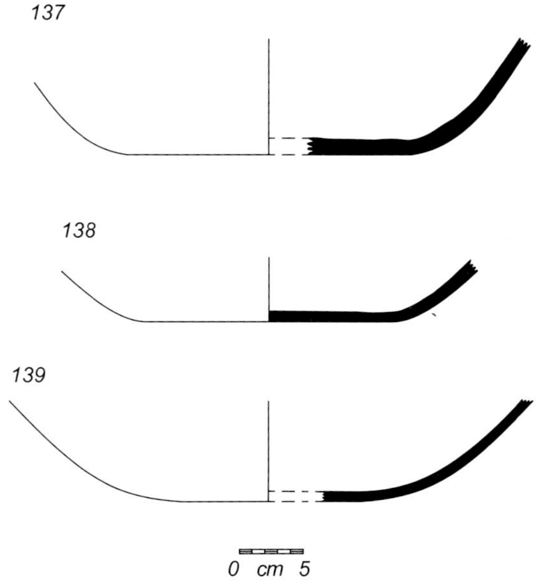

Figs. 137-139.- Ollas/Cántaros medianos, bases.

Fig. 140.- Olla/Cántaro grande (3210) parcialmente reconstruido.

Fig. 141.- Olla grande con cuello 3288. En el fondo interior se observa la aplicación de engobe.

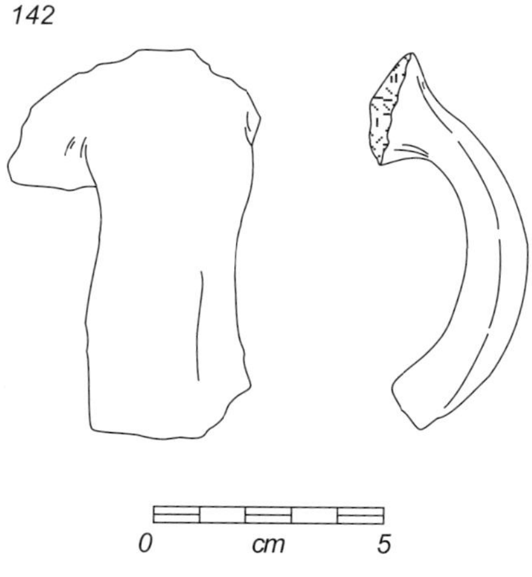

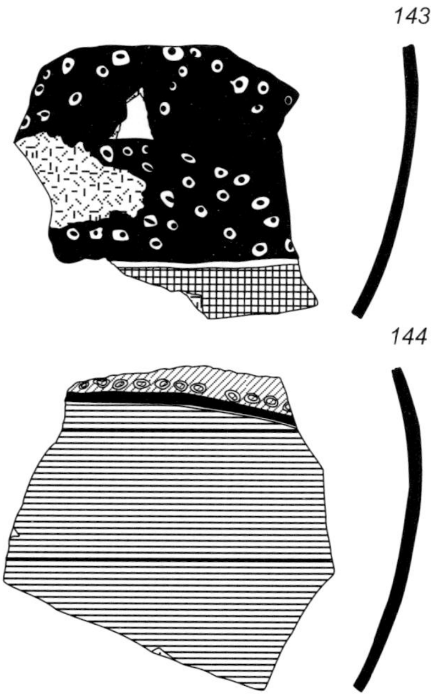

Fig. 142.- Olla /Cántaro mediano, asa.
Figs. 143-144.- Ollas/Cántaros grandes, fragmentos de cuerpo.

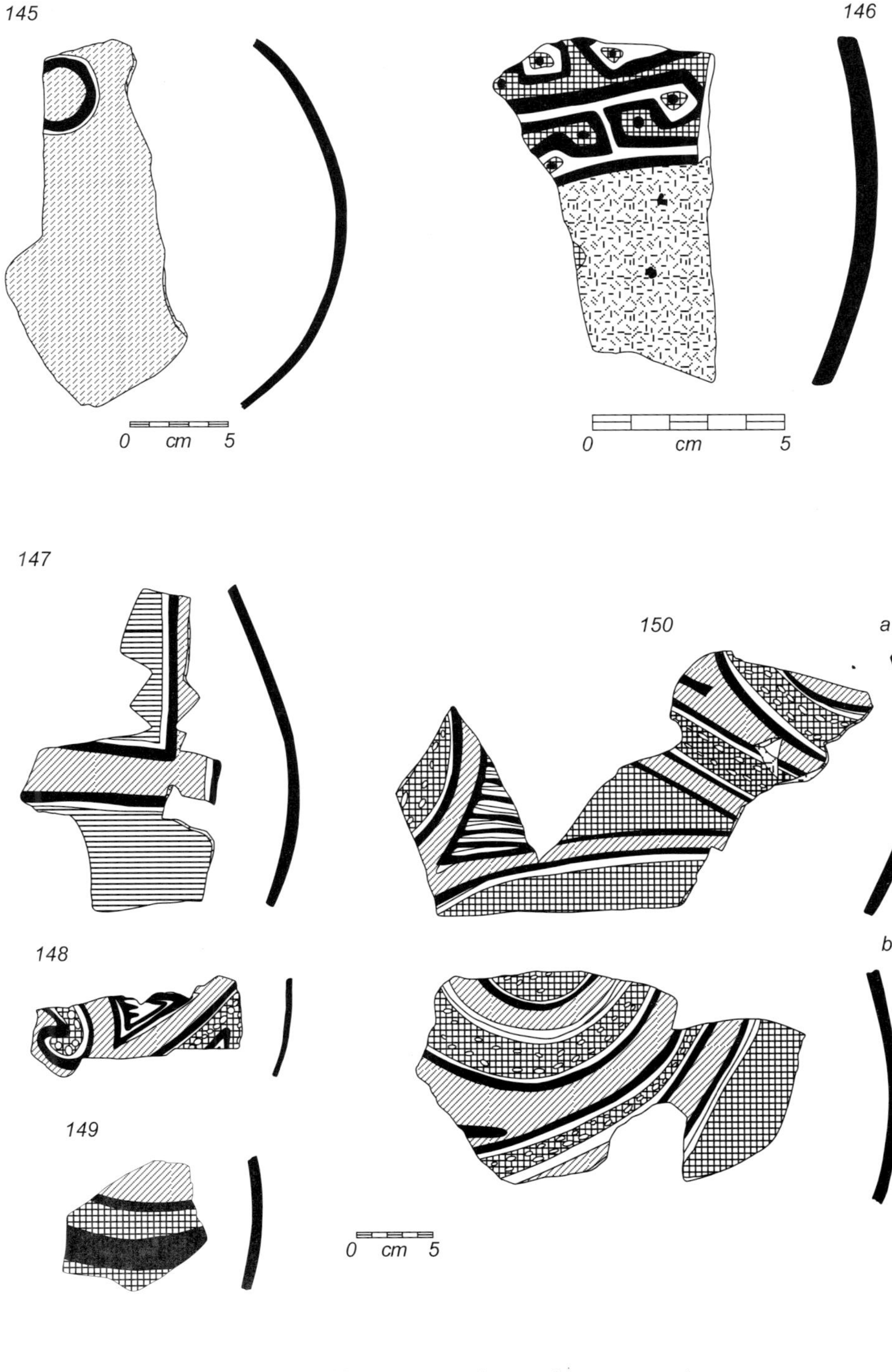

Figs. 145-150.- Ollas/Cántaros medianos, fragmentos de cuerpo.

Fig. 151.- Inventario de diseños decorativos. Muestra de cerámica de los contextos del R-105.

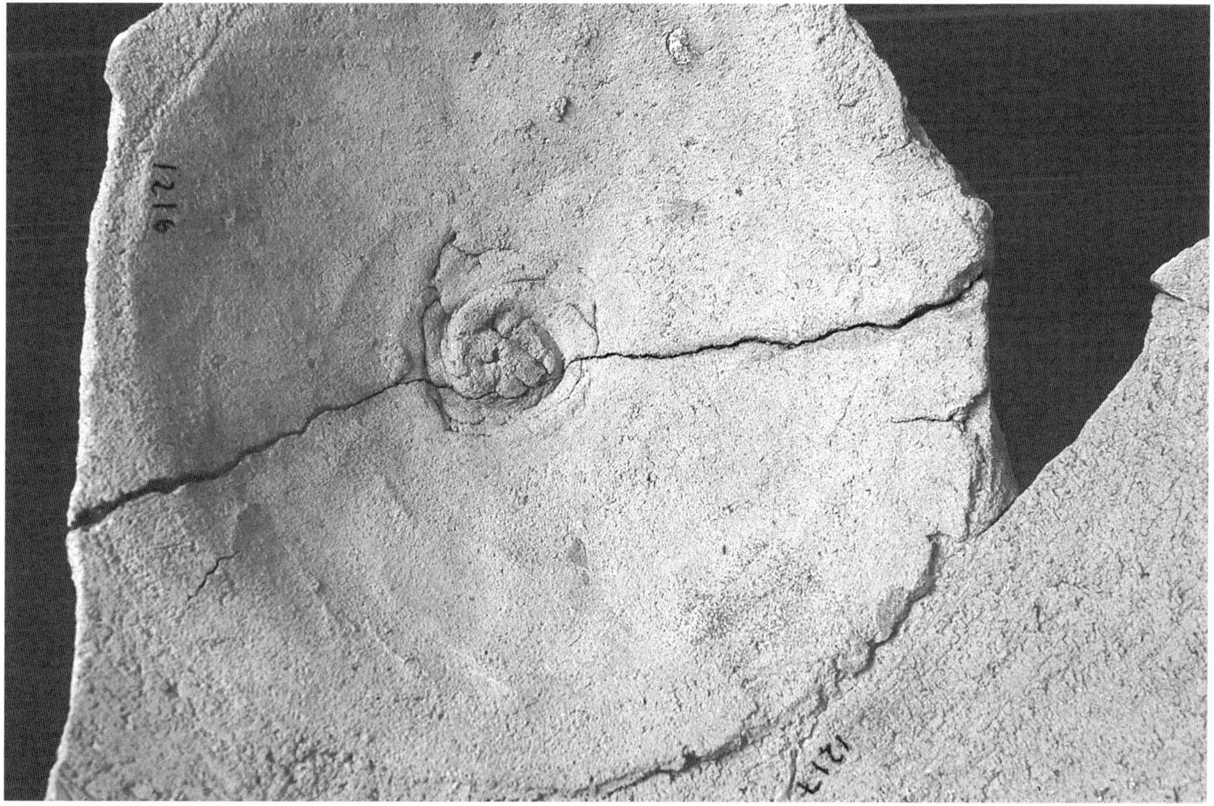

Fig. 152.- Cierre interior del cántaro mamiforme 3265.

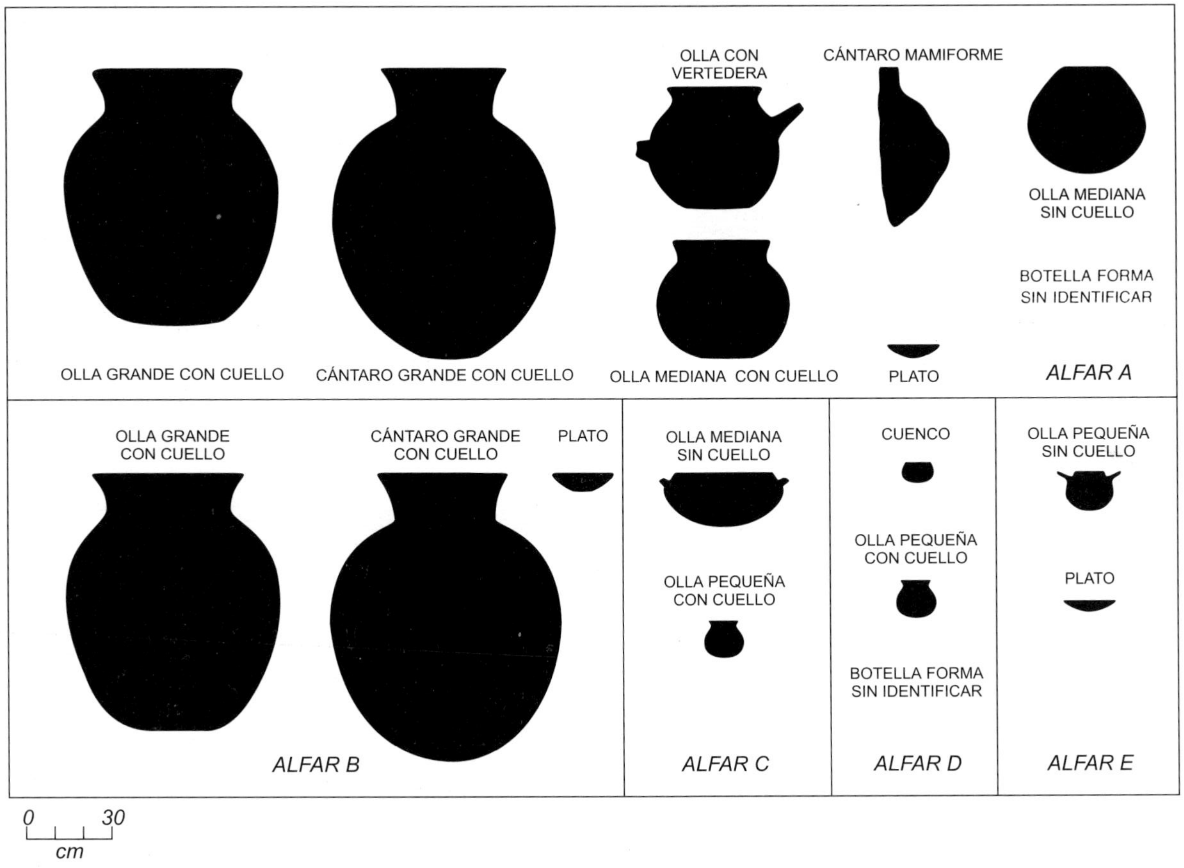

Fig. 153.- Representación de categorías formales de vasijas por alfares.

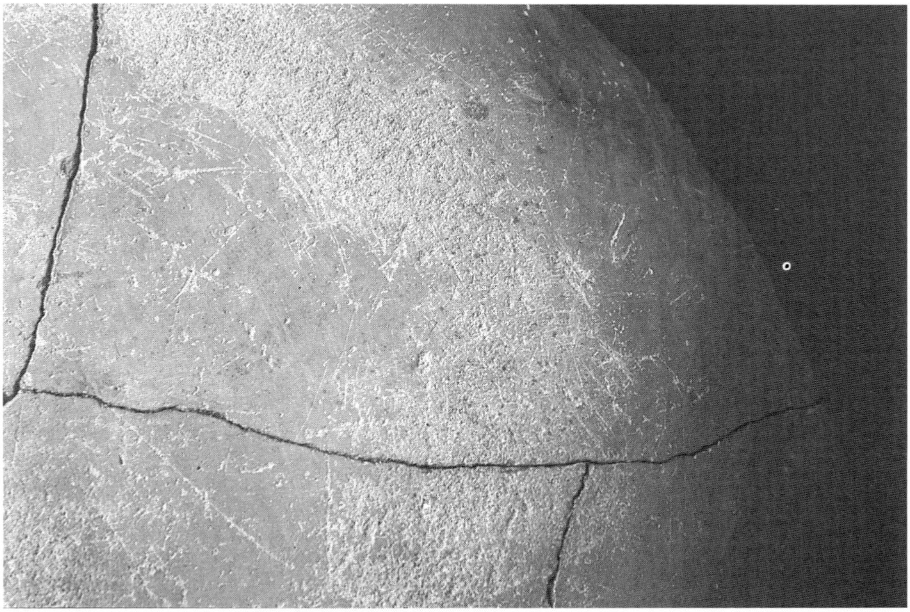

Fig. 154.- Base de la Olla mediana con cuello 3287 mostrando desgaste por abrasión. Nótese la ausencia de hollín.

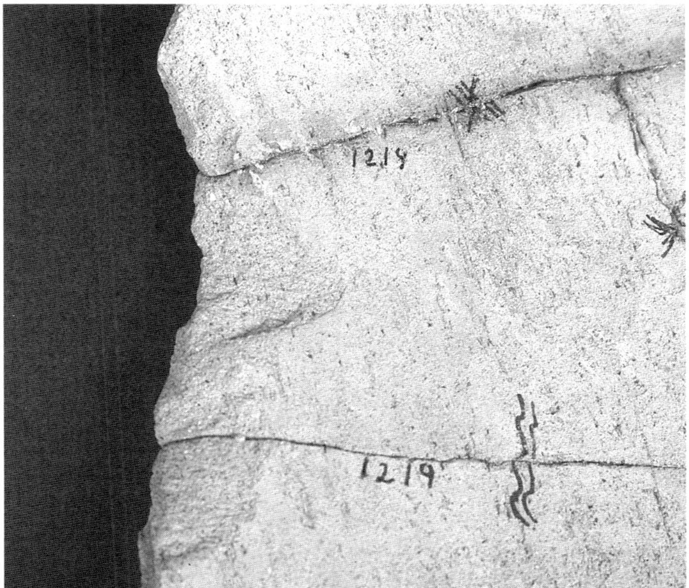

Fig. 155.- Evidencia de golpe con percutor convexo en el cuerpo de la Olla/Cántaro grande 3207.

Fig. 156.- Evidencia de golpe con vara en el cuerpo del cántaro grande con cuello 3309.

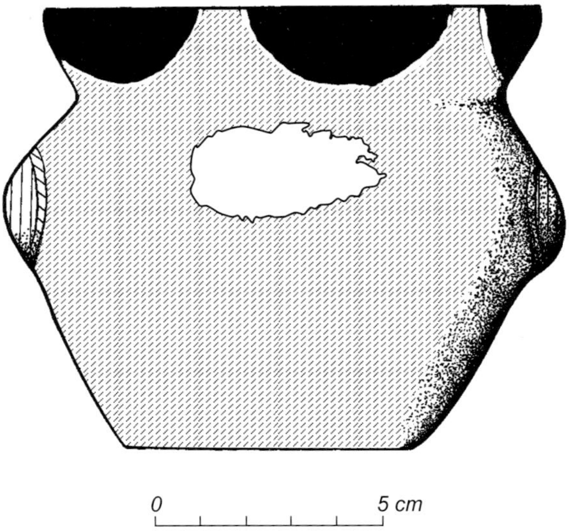

Fig. 157.- Olla pequeña con cuello del Entierro 3. Cima de la Pirámide Tello (Sector II).

BIBLIOGRAFÍA

ACOSTA, Joseph de

[1590] 1979 *Historia natural y moral de las Indias*. México, D.F.: Fondo de Cultura Económica.

AGURTO C. Santiago

1984 *Lima prehispánica*. Lima: Municipalidad de Lima-FINAMPRO.

ALESSIO, M. *et al.*

1967 «University of Roma Carbon-14 Dates». *Radiocarbon* 9: 363-364.

ANDERS, Martha

1986a «Dual Organization and Calendars Inferred from the Planned Site of Azangaro: Wari Administrative Strategies». Tesis doctoral, 3 vols. Ann Arbor, Michigan. London University Microfilms International.

1986b «Wari Experiments in State Craft: A View from Azangaro». En MATOS, R., S. TURPIN, y H. ELING (eds.). *Andean Archaeology. Papers in Memory of Clifford Evans*. Publications in Anthropology. Universidad de California, Los Angeles, vol. 27, pp. 201-224.

1990 «Maymi: un sitio del Horizonte Medio en el valle de Pisco». *Gaceta Arqueológica Andina* 5 (17): 27-39.

ANÓNIMO

[1811] 1991 «Informe (incompleto) del párroco del pueblo de Virú sobre usos y costumbres de la población: 1811». En *Etnohistoria del área Virú-Santa: un avance documental (siglos XVI-XIX)*. Documentos para la zona norte 1. INC, La Libertad-Proyecto Chavimochic, Trujillo, pp. 93-101.

ANTÚNEZ DE MAYOLO, Santiago E.

1984 «Reseña de la nutrición en el Perú precolombino». Parte 2: *Bebidas*. Separata, Lima.

1988 *La nutrición en el antiguo Perú*. Lima: Banco Central de Reserva del Perú.

ARRIAGA, Joseph de

[1620] 1920 *La extirpación de la idolatría en el Perú*. Lima: Imprenta y Librería San Martí.

BAESSLER, Arthur

1902-1903 *Altperuanische Kunst. Beitrage zur Archaeologie des Inca-Reichs*. 4 tomos, Berlín.

BAILEY, Douglass
1990 «The Living House: Signifying Continuity». En SIMSON, R. (ed.). *The Social Aarchaeology of Houses.* Edimburgo: Edimburg University Press, pp. 19-48.

BENNETT, Wendell C.
1948 «The Peruvian Co-Tradition». En BENNETT, E. C. (ed.). *Reappraisal of Peruvian Archaeology.* Memoir of the Society for American Archaeology 4, Menasha, pp. 1-7.

BETANZOS, Juan de
[1551] 1987 *Suma y narración de los incas.* Biblioteca de autores españoles. Madrid: Ediciones Atlas.

BOAS, Franz
1966 *Kwakiutl e Ethnography.* Chicago: The University of Chicago Press.

BONAVIA, Duccio
1962 «Sobre el estilo Teatino». *Revista del Museo Nacional* 31: 43-94.

BUENO, Alberto
1974-75 «Cajamarquilla y Pachacamac: dos ciudades de la Costa Central del Perú». *Boletín Bibliográfico de Antropología Americana,* 36: 171-201.

1975 «La zona arqueológica de Cajamarquilla, valle del Rímac». *Proceso.* Órgano cultural de la Universidad Nacional del Centro 4: 17-21.

BUSE, Herman
1959 «Cajamarquilla». *El Comercio,* jueves 6 de agosto: 5. Lima.

CAMINO, Lupe
1982 *Los que vencieron el tiempo. Simbilá, costa norte. Perfil etnográfico de un centro alfarero.* Piura: CIPCA.

1987 *Chicha de maíz: bebida y vida del pueblo Catacaos.* Piura: CIPCA.

CÁRDENAS, Mercedes
1974-75 «Vasijas del Intermedio Temprano en la sierra de Lima». *Arqueología* PUCP, Lima 15-16: 37-51.

CARMICHAEL, Patrick
1994 «Cerámica Nasca: producción y contexto social». En SHIMADA, I. (ed.). *Tecnología y organización de la producción de cerámica prehispánica en los Andes.* Pontificia Universidad Católica del Perú, Fondo Editorial, Lima, pp. 229-247.

1995 «Nasca Burial Patterns: Social Structure and Moartuary Ideology». En DILLEHAY, T. (ed.). *Tombs for the Living: Andean Mortuary Practices,* Washington D.C.: Dumbarton Oaks Library Research and Collections, pp. 161-187.

CASAVILCA, Alberto
1939 «La ciudad muerta de Cajamarquilla». *Boletín de la Sociedad Geográfica de Lima,* 56: 100-119.

CASTILLO, Luis Jaime
1989 *Personajes míticos, escenas y narraciones en la iconografía mochica.* Lima: Pontificia Universidad Católica del Perú.

1993 «Prácticas funerarias: poder e ideología en la sociedad Moche tardía». *Gaceta Arqueológica Andina* 23: 62-87.

CAVATRUNCI, Claudio
1991 «Cajamarquilla, un centro urbano de la costa central». En *Los Incas y el antiguo Perú, 3000 años de historia.* Madrid: Centro Cultural de la Villa de Madrid, tomo I, pp. 352-363.

CERULLI, Ernesta
1967 «Cajamarquilla 1962-1967. Attivitá della Missione Archeologica Italiana in Peru». *Annali di Studi di Geografia* 3: 49-60.

1969 «Cajamarquilla 1968: Informazioni preliminari sugli scavi della Missione Archeologica Italiana in Peru». Verhandlungen Kongress, Stuttgart-Munchen, 12. Bis 18, August. Band I, pp. 353-355.

CIEZA DE LEÓN, Pedro
[1553] 1996 *La crónica del Perú.* Primera parte. Lima: Pontificia Universidad Católica del Perú.

COBO, Bernabé
[1653] 1996 *Historia del Nuevo Mundo.* Madrid: Biblioteca de autores españoles. Ediciones Atlas.

COOK, Anita
1987 «The Middle Horizon Ceramic Offerings from Conchapata». *Ñaupa Pacha* 22-23: 49-90.

1994 *Wari y Tiwanaku: entre el estilo y la imagen.* Lima: Pontificia Universidad Católica del Perú.

CUTLER, Hugh C. y Martín CÁRDENAS
1981 «Chicha, una cerveza indígena sudamericana». En LECHTMAN, H. y A. M. SOLDI (eds.). *Runakunap Kawsayninkupaq Rurasqankunaqa. La tecnología en el mundo andino.* México D.F.: Universidad Nacional Autónoma de México, tomo I, pp. 247-259.

CHEVALIER, Alexandre
1999 «Archaeology + Ethnobotany = Paleoethnobotany?». *Société Suisse des Américanistes.* Bulletin 63 (149-162).

D'HARCOURT, Raoul
1922 «La céramique de Cajamarquilla-Nievería». *Journal de la Societé des Americanistes*, 14: 107-118, Paris.

DEBOER, Warren y Donald LATHRAP
1979 «The Making and Breaking of Shipibo-Conibo Ceramics». En KRAMER, C. (ed.). *Ethnoarchaeology: Implications of Ethnography for Archaeology.* Nueva York: Columbia University Press, pp. 102-138.

DELGADO S., Hugo
1989 «El gesto ritual en las ceremonias mágico-religiosas en Ayacucho». *Cuadernos de Investigación* N° 8. Universidad Nacional San Cristóbal de Huamanga, Facultad de Ciencias Sociales, Ayacucho.

DIETLER, Michael
1990 «Drivin by Drink: The Role of Drinking in the Political Economy and the Case of Early Iron Age France». *Journal of Anthropological Archaeology* 9: 352-406.

1996 «Feasts and Commensal Politics in the Political Economy: Food, Power, and Status in Prehistoric Europe». En WIESSNER, P. y W. SCHIEFENHÖVEL (eds.). *Food and Status Quest: An Interdisciplinary Perspective*. Providence, Rhode Island: Berghahn Books, pp. 87-125.

DILLEHAY, Tom
1995 «Mounds of Social Death. Araucanian Funerary Rites and Political Succession». En DILLEHAY, T. (ed.). *Tombs for the Living: Andean Mortuary Practices*. Washington, D.C.: Dumbarton Oaks Library Research and Collections, pp. 281-313.

DOLLFUS, Oliver
1981 *El reto del espacio andino*. Lima: IEP.

DONNAN, Christopher
1968 «An Association of Middle Horizon Epoch 2A Specimens from the Chicama Valley, Peru». *Ñaupa Pacha* 6: 15-18.

1985 (ed.) *Early Ceremonial Architecture in the Andes*. Washington D.C.: Dumbarton Oaks Research Library and Collection.

DUVIOLS, Pierre
1986 *Cultura andina y represión. Procesos y visitas de idolatrías y hechicerías. Cajatambo, siglo XVII*. Cusco: Centro de Estudios Rurales Andinos Bartolomé de Las Casas.

EECKHOUT, Peter
1999 *Pachacamac durant l'Intermédiaire récent. Étude d'un site monumental préhispanique de la Côte centrale du Pérou*. British Archaeological Reports International Series 747. Oxford: Hadrian Books.

ELIADE, Mircea
1972 El mito del eterno retorno: arquetipos y repetición. Madrid: Emece editores.

ERICCSON, Jonathan, Read DWIGHT y Cheryl BURKE
1972 «Research Desing: The Relationships Between the Primary Functions and the Phsysical Properties of Ceramic Vessels and their Implications for Ceramic Distributions on Archaeological Site». *Anthropology* UCLA 3 (2): 74-95.

ESCOBEDO, Manuel y Marco GOLDHAUSEN
1999 Algunas consideraciones acerca de la iconografía Lima. Baessler Archiv Beiträge zur Völkerkunde. Neue Folge Band XLVII.

FALCÓN, Víctor
1998 «El poste sagrado de Playa Grande». *Lima.* Boletín del Museo de Arqueología y Antropología de la Universidad Nacional Mayor de San Marcos. I (8): 14-15.

FERNÁNDEZ, Gerardo
1997 *Entre la repugnancia y la seducción. Ofrendas complejas en los Andes del sur.* Cusco: Centro de Estudios Andinos Bartolomé de Las Casas.

FERNÁNDEZ SOTOMAYOR, José
1960 «El estilo Maranga: apuntes preliminares para su estudio y clasificación». En: *Antiguo Perú. Espacio y Tiempo.* Trabajos presentados a la Semana de Arqueología peruana (9-14 de Noviembre de 1959). Lima: Librería Editorial Juan Mejía Baca, pp. 241-250.

FLORES, ISABELL
1981 «Investigaciones arqueológicas en la Huaca Juliana». *Boletín de Lima* 13: 65-70.

FLORIO R., Enrique de
1986 «Estudio de la fermentación de chicha de jora». Tesis para optar el grado de ingeniero. Universidad Nacional Agraria La Molina, Facultad de Industrias Alimentarias, Lima.

FRANCO, Régulo
1998 «Cajamarquilla: la arquitectura de un gran centro prehispánico en la costa central». *Arkinka* 36: 72-89.

GARCILASO DE LA VEGA, Inca
[1609] 1959 *Comentarios reales de los Incas.* Lima: Librería Internacional del Perú S.A.

GAYTON, Anna
1927 «The Uhle Pottery Collections from Nievería». University of California Publications in American Archaeology and Ethnology 21 (8): 305-329, Berkeley.

GIESECKE, Albert A.
1937 «Cajamarquilla». *Turismo* 12 (119): 32-33.

GODELIER, Maurice
1977 *Perspectives in Marxist Anthropology.* Nueva York: Cambridge University Press.

GOLDSTEIN, PAUL
1989 «Omo, a Tiwanaku Provincial Center in Moquegua, Peru». Tesis doctoral. Departamento de Antropología, Universidad de Illinois, Chicago.

1993 «House, Community, and the Earliest Tiwanaku Colony: Domestic Patterns and State Integration at Omo M12, Moquegua». En ALDENDERFER, M. S. (ed.). *Domestic Architecture, Ethnicity, and Complementarity in the South-Central Andes.* Iowa City: University of Iowa Press, pp. 25-41.

González de Holguín, Diego
[1608] 1989 *Vocabulario de la lengua general de todo el Peru llamada lengua qquichua o del Inca.* Edición facsimilar de la edición de 1952. Lima: UNMSM.

Grobman, Alexander
1982 «Maíz (Zea mays)». En Bonavia, Duccio. *Precerámico peruano: Los Gavilanes. Mar, desierto y oasis en la historia del hombre.* Lima: Corporación Financiera de Desarrollo (COFIDE) e Instituto Arqueológico Alemán, pp. 157-179.

———. Wilfredo Salhuana, Ricardo Sevilla y Paul Mangeldorf
1961 «Races of Maize in Peru». Natural Academy Science. Natural Research Council. Publication 915. Washington D.C.

Guamán Poma de Ayala, Felipe
[1615] 1980 Nueva crónica y buen gobierno. 3 tomos. México: Siglo XXI-IEP.

Guerrero, Daniel y Jonathan Palacios
1994 «El surgimiento del estilo Nievería en el valle del Rímac». *Boletín de Lima* 91-96: 275-311.

Hally, D. J.
1986 «The Identification the Vessel Function: A Case Study from Northwest Georgia». *American Antiquity* 51 (2): 267-295.

Harris, Edward
1979 *Principles of Archaeological Stratigraphy.* Londres: Academic Press.

Hecker, Gisela y Wolfgang Hecker
1992 «Ofrendas de huesos humanos y uso repetido de vasijas en el culto funerario de la costa norperuana». *Gaceta Arqueológica Andina* 21: 33-53.

Hocquenghem, Anne-Marie y Susana Monzón
1995 *La cocina piurana. Ensayo de la antropología de la alimentación.* Lima: CNRS-IFEA-IEP.

Isbell, Billie Jean
1980 «To Defend Ourselves: Ecology and Ritual in Andean Village». Institute of Latin American Studies. University of Texas at Austin.

Isbell, William H.
1977 «The Rural Fundation for Urbanism. Economic and Stylistic Interaction between Rural and Urban Communities in Eight-Century Peru». Illinois Studies in Anthropology 10. University of Illinois Press, Urbana.

1987 «Conchopata, Ideological Innovator in Middle Horizon 1A». *Ñaupa Pacha* 22-23: 91-134.

1991 «Huari Administration and the Orthogonal Cellular Architecture Horizon». En *Huari Administrative Structure. Prehistoric Monumental Government.* Isbell, W. H. y G. P. McEwan (eds.). Washington D.C.: Dumbarton Oaks Research Library and Collection, pp. 293-315.

En prensa «Significado y experiencia en la arquitectura Huari y Tiwanaku». Para ser publicado en *Dioses prehispánicos* (volumen 2). Colección Arte y Tesoros del Perú. MAKOWSKI, K. (Comp.) Lima: Banco de Crédito del Perú.

———. Anita COOK
1987 «Ideological Origins of an Andean Conquest State». *Archaeology* 40 (4): 26-33.

———. Katharina SCHRAIBER
1978 «Was Wari a State?». *American Antiquity* 43 (3): 372-389.

ITIER, César
1993 «Estudio y comentario lingüistico». En *Relación de antiguedades desde reyno del Perú*. Joan de Santa Cruz Pachacuti Yamqui Salcamaygua. Cusco: Instituto Francés de Estudios Andinos y Centro de Estudios Regionales Andinos «Bartolomé de Las Casas», pp. 127-163.

JIJÓN y CAAMAÑO, Jacinto
1949 *Maranga, contribución al conocimiento de los aborígenes del valle del Rímac*. Quito: La Prensa Católica.

JIMÉNEZ BORJA, Arturo
1969 «Ruinas de Cajamarquilla». *Cultura y Pueblo* 13-14: 12-13.

2000 «Cajamarquilla: lo visible y lo invisible». *Arqueológicas* 24: 19-21. Museo de Arqueología, Antropología e Historia.

KAUFMANN, Federico
1978 *Manual de arqueología peruana*. Lima: Peisa.

KAULICKE, Peter
1974-75 «Reflexiones sobre la arqueología de la sierra de Lima». *Arqueología PUCP*, 15-16: 29-36.

1991 «El Período Intermedio Temprano en el Alto Piura: Avances del proyecto Arqueológico Alto Piura (1987-1990)». *Boletín del Instituto Francés de Estudios Andinos* 20 (2): 381-422.

1994 «Los orígenes de la civilización andina». En *Historia general del Perú*, tomo I. Lima: Editorial BRASA S.A.

1997 *Contextos funerarios de Ancón: esbozos de una síntesis analítica*. Lima: Pontifica Universidad Católica del Perú.

KNOBLOCH, Patricia
1989 «Artisans of the Realm: Art of the Wari Empire and its Contemporaries» En MAZUDA, S., T. SHOZO e I. SHIMADA (eds.). *Kodai Andesu Bijutsu*. Tokio: Iwanami, pp. 107-123.

1991 «Stilistic Date of Ceramics from Huari Centers». En ISBELL, W. H. y G. MCEWAN (eds.). *Huari Administrative Structure. Prehistoric Monumental Architecture and State Government*. Washington D.C.: Dumbarton Oaks Research Library and Collection, pp. 247-358.

KROEBER, Alfred
1926 «The Uhle Pottery Collections from Chancay». University of California Publications in Archaeology and Ethnology, 21 (7): 265-304.

1954 «Proto Lima, a Middle Period Culture of Peru». *Fieldiana Anthropology*. Chicago National History Museum, vol. 44, n.º 1.

LANNING, Edward P.
1967 *Peru before the Incas*. Nueva Jersey: Prentice Hall, Englewood Cliffs.

LAVALLÉE, Daniéle
1966 «Una colección de cerámica de Pachacamac». *Revista del Museo Nacional* 34: 220-246.

LIRA, Jorge A.
1945 *Diccionario Kkechuwa-Español*. Tucumán: *Instituto de Historia, Lingüística y Folklore XII*.

LUMBRERAS, Luis G.
1969 *De los pueblos, las culturas y las artes del Perú antiguo*. Lima: Moncloa-Campodónico editores asociados.

1980 «El imperio Huari». En *Historia del Perú*. Lima: Editorial Juan Mejía Baca, tomo 2, pp. 9-91.

1983 «El criterio de función en arqueología (I)». *Gaceta Arqueológica Andina* 8: 3.

1984 «El criterio de función en arqueología (II)». *Gaceta Arqueológica Andina* 9: 3.

MACNEISH, Richard, Thomas PATTERSON y David BROWMAN
1975 «The Central Peruvian Prehistoric Interaction Sphere». Papers of Robert S. Peabody, Foundation for Archaeology, vol. 7.

MAKOWSKI, Krzysztof
1996 «La ciudad y los orígenes de la civilización en los Andes». Cuadernos de la Facultad de Letras y Ciencias Humanas de la Pontificia Universidad Católica del Perú, n.º 15.

MASKREY, Andrew
1985 «La vulnerabilidad de los centros poblados en el valle del Rímac». En *Huaycos e inundaciones en el valle del Rímac*. Lima: CIED-PREDES, pp. 7-15.

MAUSS, Marcel
1969 *The Gift: Forms and Functions of Exchange in Archaic Societies*. Londres: Cohen & West.

MARTÍNEZ DE COMPAÑÓN, Baltazar J.
1997 *Trujillo del Perú. Acuarelas del siglo XVIII*. Lima: Fundación del Banco Continental.

MENZEL, Dorothy
1964 «Style and Time in the Middle Horizon». *Ñaupa Pacha* 2: 1-105.

1968a *La cultura Huari*. Serie las Grandes Civilizaciones del Perú. Lima: Compañía de seguros y reaseguros Peruano-Suiza.

1968b «New Data on the Huari Empire in Middle Horizon Epoch 2A». *Ñaupa Pacha* 6: 47-114.

1977 *The Archaeology of Ancient Peru and the Work of Max Uhle*. Berkeley: R. H. Lowie Museum.

MIDDENS, Frank

1991 A Provincial Perspective of Huari Organization Viewed from the Chicha/Soras Valley. En ISBELL, W. H. y G. MCEWAN (eds.). *Huari Administrative Structure. Prehistoric Monumental Architecture and State Government*. Washington D.C.: Dumbarton Oaks Research Library and Collection, pp. 215-231.

MOGROVEJO, Juan D.

1996a «Informe final de la primera temporada de investigaciones 1996 en el Conjunto Julio C. Tello, Cajamarquilla». Informe presentado al Instituto Nacional de Cultura. Proyecto Arqueológico Cajamarquilla, Lima.

1996b «Informe final de la segunda temporada de investigaciones 1996 en el Conjunto Julio C. Tello, Cajamarquilla». Informe presentado al Instituto Nacional de Cultura. Proyecto Arqueológico Cajamarquilla, Lima.

1997 «Informe final de la tercera temporada de investigaciones 1997 en el Conjunto Julio C. Tello, Cajamarquilla». Informe presentado al Instituto Nacional de Cultura. Proyecto Arqueológico Cajamarquilla, Lima.

MOGROVEJO, Juan D. y Krzysztof MAKOWSKI

1999 «Cajamarquilla y los Mega Niños en el pasado prehispánico». *Íconos* 1: 46-57.

MOHR-CHÁVEZ, Karen

1984-85 «Traditional Pottery of Raqch'i, Cuzco, Peru: A Preliminary Study of its Production, Distribution and Consumption». *Ñaupa Pacha* 22-23: 161-210.

MOLINA, Cristobal de

[1575] 1916 *Relación de las fábulas y ritos de los incas*. Lima: Imprenta y Librería San Marti y Ca.

MONTENEGRO, Jorge

1997 «Coastal Cajamarca Pottery from the North Coast of Peru: Style, Technology, and Function». Tesis de maestría. Department of Anthropology, Southern Illinois University, Carbondale.

MONTOYA, Huayta

1995 «Análisis de fragmentería cerámica excavada en un relleno de clausura. Complejo Arqueológico Huaca Pucllana». Tesis de Licenciatura. Facultad de Letras y Ciencias Humanas. Especialidad de Arqueología. Pontificia Universidad Católica del Perú, Lima.

MOORE, Jerry D.
1989 «Pre-Hispanic Beer in Coastal Peru: Technology and Social Context of Prehistoric Production». *American Anthropologist* 91 (3): 682-695.

MORRIS, Craig
1979 «Maize Beer in the Economics, Politcs, and Religion of the Inca Empire». En GASTINEAU, C., W. DARBY y T. TURNER (eds.). *Fermented Food Beverages in Nutrition.* Nueva York: Academic Press, pp. 21-34.

MORRIS, Craig y Donald THOMPSON
1985 *Huanuco Pampa: An Inca City and Its Hinterland.* Londres: Thames and Hudson.

MOSELEY, Michael y Kent DAY (eds.)
1982 *Chan Chan: Andean Desert City.* School of American Research. Albuquerque: University of New Mexico Press.

MOSELEY, Michael y Robert FELDMAN
1982 «Vivir con crisis: percepción humana de proceso y tiempo». *Revista del Museo Nacional* 46: 267-287.

MUELLE, Jorge C.
1935 «Restos hallados en una tumba en Nievería». *Revista del Museo Nacional* 4: 135-152.

1978a «La chicha en el distrito de San Sebastián». En RAVINES, R. (comp.). *Tecnología andina.* Lima: IEP-ITINTEC, pp. 241-251.

1978b «Tecnología del barro». En RAVINES, R. (comp.). *Tecnología andina*, pp. 573-579. Lima: IEP-ITINTEC.

MURRA, John
1960 «Rite and Crop in the Inca State». En *Culture and History: Essays in Honor of Paul Redin.* DIAMOND, S. (ed.). Nueva York: Columbia University Press, pp. 393-407.

1977 *Formaciones económicas del mundo andino.* Lima: IEP.

1978 *La organización económica del estado Inca.* Lima: IEP.

NARROLL, R.
1962 «Floor Area and Settlement Population». *American Antiquity* 27: 587-589.

NETHERLY, Patricia
1990 «Out of Many, One: The Organization of Rule in the North Coast Polities». MOSELEY, M. y A. CORDY-COLLINS (eds.). En *The Northern Dynasties: Kingship and Statecraft in Chimor.* Washington D.C.: Dumbarton Oaks Library Research and Collections, pp. 461-487.

NICHOLSON, G. Edward
1960 «Chicha Maize Tipes and Chicha Manufacture in Peru». *Economic Botany* 14 (4): 290-299.

ORTON, Clive, TYERS, Paul y Alan VINCE
1993 *Pottery in Archaeology.* Cambridge: Cambridge University Press.

PALACIOS, Félix
1990 «El simbolismo de la casa de los pastores aymara». Trabajo presentado en Simposio sobre Pastoreo Andino: Desarrollo y situación actual. Coordinado por Jorge A. Flores Ochoa durante el 46° Congreso Internacional de Americanistas (Amsterdan 1988), CEAC, Cuzco, pp. 63-83.

PALACIOS, Jonathan
1988 «La secuencia de la cerámica temprana del valle de Lima en Huachipa». *Gaceta Arqueológica Andina* 16: 13-29.

PALACIOS, Jonathan y Daniel GUERRERO
1992 «Potrero Tenorio: un enterramiento ritual de ofrendas del estilo Nievería en el valle del Rímac». *Pachacamac* 1: 75-100.

PAREDES, Ponciano
1988 «Pachacamac, Pirámide con Rampa N°. 2». *Boletín de Lima* 55: 41-58.

PATTERSON, Thomas
1966 *Patterns and Process in the Early Intermediate Period Pottery of the Central Coast of Peru*. Berkeley y Los Angeles: University of California Press.

PAUKETAT, Timothy y Thomas EMERSON
1991 «The Ideology of Autority and the Power of the Pot». *American Anthropologist* 93 (4): 919-941.

PEARSALL, Deborah
1985 *Paleoethnobotany: A Handbook of Procedures*. Nueva York: Academic Press.

PINILLA, José
1985 «Una aproximación a los patrones de enterramiento durante el Horizonte Medio en Lima, Maranga». Informe de prácticas pre-profesionales. Universidad Nacional Mayor de San Marcos, Lima.

POLANKI, Karl, C. A ARENBERG y H. PEARSON
1957 *Trade and Market in the Early Empires*. The Free Press, Glencos.

PULGAR VIDAL, Javier
1946 *Historia y geografía del Perú. Las ocho regiones naturales del Perú*. Lima.

RAMÍREZ HORTON, Susana
1981 «La organización económica de la costa norte: un análisis preliminar del período prehispánico tardío». En CASTELLI, A., M. KOTH DE PAREDES y M. MOULD DE PEASE (eds.). *Etnohistoria y antropología andina*. Lima: IEP, pp. 281-297.

RANDALL, Robert
1987 «Del tiempo y del río: el ciclo de la historia y la energía en la cosmología incaica». *Boletín de Lima* 54: 69-95.

1993 Los dos vasos. Cosmovisión y política de la embriaguez desde el inkanato hasta la Colonia. En SAIGNES, T. (ed.). *Borrachera y memo-*

ria. La experiencia de lo sagrado en los Andes. La Paz: HISBOL-IFEA, pp. 73-112.

RAUH, Werner
1979 «Perú: país de los contrastes». Separata del *Boletín de Lima* n.° 1 y 2, Lima.

RAVINES, Rogger
1968 «Un depósito de ofrendas del Horizonte Medio en la sierra central del Perú». *Ñaupa Pacha* 6: 19-45.

1977a «Prácticas funerarias en Ancón». Primera parte. *Revista del Museo Nacional* 43: 234-314.

1977b «Excavaciones en Ayapata, Huancavelica, Perú». *Ñaupa Pacha* 15: 49-100.

1981 «Prácticas funerarias en Ancón». Segunda parte. *Revista del Museo Nacional* 45: 89-166.

1989 *Introducción a una bibliografía general de la arqueología del Perú (1860-1988)*. Lima: Editorial Los Pinos.

1994 «Las culturas preincaicas». *Historia General del Perú*, tomo 2. Lima: Editorial Brasa.

RAYMOND, Scott
1993 «Ceremonialism in the Early Formative of Ecuador». En MILLONES, L. y Y. ONUKI (eds.). *El mundo ceremonial andino*. Osaka: *Museo Nacional de Etnología*, pp. 25-43.

REISS, Wilhem y Alfons STÜBEL
1880-1887 *Das Todtenfeld von Ancon in Peru. Ein Beitrage zur Kenntnis der Kultur und Industrie des Inca-Reiches*. 3 tomos, Berlín.

RICE, Prudence M.
1987 *Pottery Analysis*. A Sourcebook. Chicago: The University of Chicago Press.

RIVERO, Mariano E. y Johann Jakob VON TSCHUDI
1851 *Antigüedades peruanas*. 2 tomos, Viena.

ROSTWOROWSKI DE DIEZ CANSECO, María
1977 *Etnia y Sociedad. Ensayos sobre la costa central prehispánica*. Lima: IEP.

1981 *Recursos naturales renovables y pesca, siglos XVI y XVII*. Lima: IEP.

SANDERS, Donald
1990 «Behavioral Conventions and Archaeology: Methods for the Analysis of Ancient Architecture». En KENT, S. (ed.). *Domestic Architecture and the Use of Space*. Cambridge: Cambridge University Press, pp. 43-72.

SANTO TOMÁS, Domingo de
[1563] 1951 *Lexicon o vocabulario de la lengua general del Peru*. Edición facsimilar. Lima: UNMSM-Instituto de Historia.

Schaedel, Richard P.

1951 «Mayor Ceremonial and Populations Centers in North Peru». En *The Civilizations of Ancient America, Selected Papers of the 29.th International Congress of Americanists*. Chicago: University of Chicago Press, pp. 232-243.

1988 *La etnografía Muchik en las fotografías de H. Brunning, 1886-1925*. Lima: COFIDE.

Schiffer, Michael D.

1972 «Archaeological Context and Systemic Context». *American Antiquity* 37: 156-165.

1983 «Toward the Identification of Formation Processes». *American Antiquity* 48: 675-706.

1987 *Formation Processes of the Archaeological Record*. Albuquerque: University of New Mexico Press.

Schraiber, Katharina

1994 *Wari Imperialism in Middle Horizon Peru*. Museum of Anthropology, University of Michigan, Ann Arbor.

Segura, Rafael A.

1999 «Rito y estrategia económica en Cajamarquilla. Un estudio de las evidencias arqueológicas del Conjunto Julio C. Tello del Horizonte Medio 1A». Tesis de Licenciatura. Facultad de Letras y Ciencias Humanas. Especialidad de Arqueología. Pontificia Universidad Católica del Perú, Lima.

Sestieri, Claudio P.

1963 «Scavi della Misione Archeologica Italiana in Peru. Relazione Preliminare». *Bolletino d'Arte del Ministerio della Pubblica Instruzione* 1-2: 166-182.

1964a «Un vaso configurato da Cajamarquilla (Peru)». Estrato dal *Bolletino d'Arte del Ministerio della Pubblica Instruzione* 3: 246-249.

1964b «Excavations at Cajamarquilla, Peru». *Archaeology* 17 (1): 12-17.

1967 *Attività della Missione Archeologica Italiana in Perù. Cajamarquilla 1962-1965*. Roma: Sala di Santa Marta.

1971 «Cajamarquilla, Peru: The Necropolis on the Huaca Tello». *Archaeology* 24 (2): 101-106.

1972 «Scavi a Cajamarquilla (Perù)». *Atti del XL Congresso Internazionale degli Americanistas* (Estratto). Roma-Genova.

Shady, Ruth

1981 «Intensificación de contactos entre las sociedades andinas como preludio al movimiento Huari del Horizonte Medio». *Boletín del Museo Nacional de Antropología y Arqueología* 7.

1982 «La cultura Nievería y la interacción social en el mundo andino en la época Huari». *Arqueológicas* 19: 5-18.

SHEPPARD, Anna O.
1968 «Ceramics for the Archeologist». Washington D.C.: Carnegie Institution of Washington. Publication 609.

SHIMADA, Izumi
1978 «Economy of Prehistoric Urban Context: Commodoty and Labor Flow in Moche V Pampa Grande, Peru». *American Antiquity* 43: 569-592.

1991 «Pachacamac Archaeology: Retrospect and Prospect». En *Pachacamac. A Reprint of the 1903 Edition by Max Uhle*. Philadelphia: The University of Museum of Archaeology and Anthropology, University of Pennsylvania, pp. XV-XLVI.

1994 *Pampa Grande and the Mochica Culture*. Austin: University of Texas Press.

————. y Rafael CAVALLARO
1986 «Monumental Adobe Architecture of the Late Prehispanic Northern North Coast of Peru». *Journal de Société des Américanistes* 71: 41-78.

————. y otros
1991 «Implicaciones culturales de una gran sequía del siglo VI d.C. en los Andes peruanos». *Boletín de Lima* 77: 33-56.

SILVA, Jorge
1992 «Ocupaciones postformativas en el valle del Rímac: Huachipa-Jicamarca». *Pachacamac* 1: 49-74.

SILVA, Jorge y Rubén GARCÍA
1997 «Huachipa-Jicamarca: cronología y desarrollo socio-político en el Rímac». *Boletín del Instituto Francés de Estudios Andinos* 26 (2): 195-228.

SILVA, Jorge y otros
1982 «El valle del Rímac hace 2500 años: Huachipa-Jicamarca». *Boletín de Lima* 21: 59-68.

SILVERMAN, Helaine
1993 *Cahuachi in the Ancient Nasca World*. Iowa: University of Iowa Press.

SMITH, Marion
1985 «Reconstructing Ceramic Vessels and their Systemic Context». En *Decoding Prehistoric Ceramics*. NELSON, B. A. (ed.). Carbondale y Edwardsville: Southern Illinois University Press, pp. 254-309.

SQUIER, E. George
[1877] 1974 *Un viaje por tierras incaicas. Crónica de una expedición arqueológica (1863-1865)*. Edición auspiciada por la UNMSM y por la Embajada de los EE UU de Norteamérica, Buenos Aires.

STUMER, Alfred L.
1953 «Playa Grande: Primitive Elegance in Pre-Tiahuanaco, Peru». *Archaeology* 6 (1): 42-48.

1954a «The Chillon Valley of Peru: Excavation and Reconnaissance 1952-1953». Part 2. *Archaeology* 7 (4): 220-228.

1954b «Antiguos centros de población del valle del Rimac». *Revista del Museo Nacional* 23: 212-240.

1956 «Desarrollo de los estilos tiahuanacoides costeños». *Revista del Museo Nacional* 25: 73-88.

1957 «Cerámica negra del estilo Maranga». *Revista del Museo Nacional* 26: 272-289.

1958 «Contactos foráneos en la arquitectura de la costa central del Perú». *Revista del Museo Nacional* 27: 11-30.

SZEMINSKI, Jan

1985 «De la imagen de Wiraqucan según las oraciones recogidas por Joan de Santa Cruz Pachacuti Yamqui Salcamaygua». *Histórica* IX (2): 247-264.

TABÍO, Ernesto

1957 «Excavaciones en Playa Grande, costa central del Perú, 1955». *Arqueológicas* 1.

TASCHINI, Mariella

1968 «L'Industria litica pre-incaica di Cajamarquilla (Perù)». *Bolletino di Paleoetnología Italiana.* Nuova serie, 77:187-225.

TELLENBACH, Michael

1997 «Los vestigios de un ritual ofrendatorio en el Formativo peruano. Acerca de la reclación entre templos, viviendas y hallazgos». En BONNIER E. y H. BISCHOF (eds.). *Arqueológica peruana 2. Arquitectura y civilización en los Andes prehispánicos.* Heidelberg: Sociedad Arqueológica Peruano-Alemana y Reiss Museum Mannheim, pp. 163-175.

TELLO, Julio C.

1999 «Arqueología del valle de Lima». Cuadernos de Investigación del Archivo Tello n.º 1. Museo de Arqueología y Antropología de la Universidad Nacional Mayor de San Marcos, Lima.

THATCHER, John

1977 «A Middle Horizon 1B Cache from Huamachuco, North Highlands, Peru». *Ñaupa Pacha* 15: 101-110.

THOMPSON, Lonnie *et al.*

1985 «A 1500-year Record of Tropical Precipitation in Ice Cores from the Quelccaya Ice Cap, Peru». Science 229: 971-973.

TOSI, J. A.

1960 «Zonas de vida natural en el Perú». Boletín técnico 5. Instituto de Ciencias Agrícolas de la OEA, Lima.

TOWLE, Margaret A.

1961 *The Ethnobotany of Pre-Columbian Peru.* Chicago: Aldine Publishing Company.

TSCHAUNER, Hartmut

1998 «El maíz y la desigualdad social en la América precolombina». BAS 30. Separata por los 50 años de Estudios Americanistas en la Universidad de Bonn. Verlag, Anton Saurwein.

TSCHUDI, Johann Jakob von
[1846] 1963 *Peru. Reiseskizzen aus den Jahren 1838-1842.* Vermehrt durch Marginalien in englisher Sprache. 2 tomos, Graz.

[1891] 1918 *Contribuciones a la historia, civilización y lingüística del Perú antiguo.* Colección de libros y documentos referentes a la historia del Perú, tomo I. Lima: Imprenta y Librería San Marti y Ca.

UHLE, Max
1903 *Pachacamac. Report of the William Pepper, M. D., LL. D. Peruvian Expedition of 1896.* Philadelphia: University of Pennsylvania.

[1903] 1991 *Pachacamac. A Reprint of the 1903 Edition by Max Uhle.* Introducción de Izumi Shimada. Philadelphia: The University of Museum of Archaeology and Anthropology, University of Pennsylvania.

[1910] 1998 «Acerca de las culturas tempranas de Lima y sus alrededores (1910)». En KAULICKE, P. (ed.) *Max Uhle y el Perú antiguo.* Lima: Pontificia Universidad Católica del Perú, pp. 231-254.

VALDIZÁN, Hermilio y Ángel MALDONADO
1985 *La medicina popular peruana.* 3 tomos. Edición facsimilar de la primera edición de 1922. Lima: Consejo Indio de Sudamérica.

VÁSQUEZ, Mario C.
1967 «La chicha en los países andinos». América Indígena 27 (2): 265-282.

VÁSQUEZ, Segundo
1984 «La Waka Pucllana». *Gaceta Arqueológica Andina* 9: 8-9.

VÁSQUEZ DE ESPINOZA, Antonio
[1630] 1969 *Compendio y descripción de las Indias Occidentales.* Biblioteca de autores españoles. Madrid: Atlas.

VELÁSQUEZ, Orlando
1996 *Cultura, tradición e idiosincracia del poblador piurano.* Trujillo: Universidad Nacional de Trujillo.

VILLAR CÓRDOVA, Pedro E.
1935 *Las culturas prehispánicas del departamento de Lima.* Edición auspiciada por la Municipalidad de Lima, Lima.

WARD, Owen P.
1991 «Biotecnología de la fermentación». Zaragoza: Editorial Aribia S.A.

WEBERBAUER, Augusto
1945 *El mundo vegetal de los Andes peruanos.* Lima: Ministerio de Agricultura.

WILLIAMS, Carlos
1980 «Arquitectura y urbanismo en el antiguo Perú». En *Historia del Perú.* Lima: Editorial Juan Mejía Baca, tomo 8, pp. 369-575.

WILLEY, Gordon
1943 «Excavations in the Chancay Valley». *Columbia Studies in Archaeology and Ethnology* 3 (1). Nueva York.

ZÁRATE, Agustín de
[1555] 1945 Historia del descubrimiento y conquista del Perú. Lima.

ZIÓLKOWSKI, Mariusz *et al.*
1994 *Radiocarbon Database for Bolivia, Ecuador and Peru.* Varsovia-Gliwice: Andean Archaeological Mission and Gliwice Radiocarbon Laboratory.

Impreso en los talleres de
INDUSTRIAL*gráfica* S.A.
Chavín 45 Lima 5 Perú
Email: igsa@bwnet.com.pe
Teléfono: 431-2505
Fax: 431-3601
Diciembre de 2001